Web 前端技术丛书

Bootstrap 5 从入门到精通（视频教学版）

李小威 编著

清華大学出版社
北京

内 容 简 介

本书结合示例和综合项目的演练，详细讲解Bootstrap开发技术，使读者快速掌握Bootstrap开发技能，提高使用Bootstrap开发Web前端的实战能力。本书配套示例源码、PPT课件、微课教学视频、教学大纲以及其他超值教学资源，方便读者快速上手或进行二次开发。

本书共分13章，内容包括Bootstrap 5的基本概念，使用Bootstrap 5的方法，Bootstrap的基本架构，Bootstrap的弹性布局，精通Bootstrap页面排版，使用CSS通用样式，常见CSS组件的使用，高级CSS组件的使用，卡片、旋转器和手风琴组件，认识JavaScript插件，精通JavaScript插件，Bootstrap表单的应用。每一章都配有很多示例和一个小综合案例，最后一章给出网上商城大综合案例来提升读者的实战能力。

本书内容全面、案例丰富，适合Bootstrap初学者以及Web前端开发人员，是Bootstrap开发人员手边非常方便的工具书和参考手册。本书也适合作为高等院校或高职高专相关专业Web前端课程的教材或教辅。

图书在版编目（CIP）数据

Bootstrap 5从入门到精通：视频教学版/李小威编著. —北京：清华大学出版社，2023.9（2025.1重印）
（Web前端技术丛书）
ISBN 978-7-302-64489-7

Ⅰ. ①B… Ⅱ. ①李… Ⅲ. ①网页制作工具 Ⅳ. ①TP393.092.2

中国国家版本馆CIP数据核字（2023）第153681号

责任编辑： 夏毓彦
封面设计： 王　翔
责任校对： 闫秀华
责任印制： 丛怀宇

出版发行： 清华大学出版社
网　　址： https://www.tup.com.cn，https://www.wqxuetang.com
地　　址： 北京清华大学学研大厦A座　　**邮　　编：** 100084
社 总 机： 010-83470000　　**邮　　购：** 010-62786544
投稿与读者服务： 010-62776969，c-service@tup.tsinghua.edu.cn
质量反馈： 010-62772015，zhiliang@tup.tsinghua.edu.cn
印 装 者： 涿州市般润文化传播有限公司
经　　销： 全国新华书店
开　　本： 190mm×260mm　　**印　　张：** 18.25　　**字　　数：** 493千字
版　　次： 2023年9月第1版　　**印　　次：** 2025年1月第3次印刷
定　　价： 69.00元

产品编号：103782-01

前　　言

Bootstrap 是目前非常流行的前端开源框架。采用 Bootstrap 不仅可以快速设计优美而整洁的网站，而且还可以轻松地维护和升级网站。由于 Bootstrap 与其他库或已有项目的整合非常方便，能够在很大程度上降低 Web 前端开发的难度，因此深受广大 Web 前端开发人员的喜爱。本书完整介绍 Bootstrap 前端开发技术，内容全面，条理清晰，实用性强，配套资源丰富，方便读者快速入门。

本书内容

第 1 章是认识 Bootstrap，主要包括 Bootstrap 概述、Bootstrap 特性、Bootstrap 开发工具和资源、Bootstrap 5 的新变化。

第 2 章是使用 Bootstrap 5，主要包括下载 Bootstrap 5.3、安装 Bootstrap 5.3。

第 3 章是 Bootstrap 的基本架构，主要包括 Bootstrap 布局基础、Bootstrap 的网格系统。

第 4 章是 Bootstrap 的弹性布局，主要包括定义弹性盒子、排列方向、定义弹性布局、自动浮动布局。

第 5 章是精通 Bootstrap 页面排版，主要包括页面排版的初始化、文字排版、显示代码、响应式图片、优化表格的样式。

第 6 章是使用 CSS 通用样式，主要包括文本处理、颜色样式、边框样式、宽度和高度、边距样式、浮动样式、display 属性和其他通用样式。

第 7 章是常见 CSS 组件的使用，主要包括下拉菜单、按钮、按钮组、导航组件和信息提示框。

第 8 章是高级 CSS 组件的使用，主要包括导航栏、进度条、列表组、分页效果、面包屑、徽章。

第 9 章是卡片、旋转器和手风琴组件，主要包括卡片内容、控制卡片的宽度、卡片中文本的对齐方式、卡片中添加导航、设计卡片的风格、卡片排版、旋转器和手风琴组件。

第 10 章是认识 JavaScript 插件，主要包括插件概述、警告框插件、按钮插件、轮播插件、折叠插件、下拉菜单插件、模态框插件。

第 11 章是精通 JavaScript 插件，主要包括侧边栏导航、弹出框插件、滚动监听插件、标签页插件、吐司消息插件、提示框插件。

第 12 章是 Bootstrap 表单的应用，主要包括 Bootstrap 创建表单、复选框和单选按钮、设计表单的布局、下拉列表、帮助文本、禁用表单、浮动标签。

第 13 章是开发网上商城网站，主要包括网站概述、设计主页、设计其他页面。

本书特色

（1）知识全面：内容由浅入深，涵盖所有 Bootstrap 开发的知识点，便于读者循序渐进地掌握 Bootstrap 前端开发技术。

（2）注重操作：结合知识点，把所有的开发技能融入操作步骤中，使本书变成一本能“操作”的书。

（3）图文并茂：在介绍案例的过程中，每一个操作均有对应的插图。这种图文结合的方式使读者在学习过程中能够直观、清晰地看到操作的过程以及效果，便于更快地理解和掌握操作要点。

（4）案例丰富：把知识点融汇于系统的案例实战当中，结合经典案例进行讲解和拓展，进而使读者达到“知其然，并知其所以然”的效果，并在实战中掌握 Bootstrap 前端开发技术。

（5）作者答疑：本书作者提供微信答疑服务，对读者在学习过程中可能会遇到的疑难问题进行解答，帮助读者尽快掌握 Bootstrap 框架。

超值资源下载

本书配套的超值资源包括：示例源代码、PPT 课件、同步教学视频、教学大纲、教案、经典上机习题和答案、Bootstrap 5 常见错误及解决方案、30 个企业级实战项目源码、就业面试题库和解答、Bootstrap 5 开发经验及技巧汇总等，需要用微信扫描下边二维码获取。如果读者在阅读过程中发现问题，请用电子邮件联系 booksaga@163.com，邮件主题务必写“Bootstrap 5 Web 前端开发实战”。

读者对象

- 没有任何 Bootstrap 5 前端开发基础的初学者
- 希望快速、全面掌握 Bootstrap 5 的 Web 前端开发人员
- 高等院校或高职高专 Web 前端技术相关课程的师生

鸣谢

本书由李小威主创，参加编写的作者还有王英英和刘增杰。虽然编写过程中倾注了编者的心血，但由于水平有限，加之时间仓促，书中难免有疏漏之处，欢迎各位读者批评指正。如果读者在阅读本书的过程中遇到问题或有好的建议，敬请与我们联系。

编　者

2023 年 6 月

目　　录

第 1 章 认识 Bootstrap

Bootstrap是目前十分流行的一个前端开发框架，集成了HTML、CSS和JavaScript技术，为网页快速开发提供了布局、网格、表格、按钮、表单、导航、提示、分页、表格等组件，使得开发者可以轻松地构建出非常精美的前端页面。

1.1 Bootstrap 概述

Bootstrap 是由 Twitter 公司主导开发的，基于 HTML、CSS、JavaScript 的，简洁、直观、强悍的前端开发框架，使用它可以快速、简单地构建网页和网站。

1.1.1 Bootstrap 的由来

在Twitter的早期，工程师们常常使用自己熟悉的库来满足前端开发的需求，这就造成了网站维护困难、可扩展性不强、开发成本高等问题。

2010年6月，为了提高Twitter内部的协调性和工作效率，Twitter公司的几个前端开发人员自发成立了一个兴趣小组，小组早期主要围绕一些具体产品展开讨论。在不断进行的讨论和实践中，小组逐渐确立了一个清晰的目标——创建一个统一的工具包，允许任何人在Twitter内部使用它，并不断进行完善和超越。后来，这个工具包逐步演化为一个有助于建立新项目的应用系统，在它的基础上，Bootstrap的构想产生了。Bootstrap成为应对问题的解决方案，并开始在Twitter内部迅速成长，形成稳定版本。

Bootstrap项目由Mark Otto（马克•奥托）和Jacob Thornton（雅各布•桑顿）主导建立，定位为一个开放源码的前端工具包。他们希望通过这个工具包提供一种精致、经典、通用且使用HTML、CSS和JavaScript构建的组件，为用户构建一个设计灵活且内容丰富的插件库。

随着工程师对Bootstrap的不断开发和完善，Bootstrap进步显著，不仅包括基本样式，而且有了更为优雅和持久的前端设计模式。

1.1.2 Bootstrap 的版本

通过Bootstrap版本变化的过程，能够更直观地了解Bootstrap在Web开发中的地位和价值，把握未来Web前端开发技术的发展方向。

1. Bootstrap 1.0

2011年8月，Twitter公司推出了用于快速搭建网页应用的轻量级前端开发工具Bootstrap，它是一个用于开发网页应用、符合HTML和CSS简洁且优美规范的库。

Bootstrap由动态CSS语言Less写成，与CSS框架Blueprint存在很多相似之处，经过编译后，它就是众多CSS的集合，这就是最初的Bootstrap框架，也被称为Bootstrap 1.0版本。Bootstrap一经推出后颇受欢迎，一直是GitHub上的热门开源项目。

2. Bootstrap 2.0

2012年1月，Twitter公司发布Bootstrap 2.0版本。

Bootstrap 2.0在原有特性的基础上着重改进了用户的体验和交互性。例如，新增加的媒体展示功能适用于智能手机上多种屏幕规格的响应式布局；另外，新增了12款jQuery插件，可以满足Web页面常用的用户体验和交互功能。

Bootstrap 2.0的一个重大改进是添加了响应式设计特性，而且为了提供更好的针对移动设备的响应式设计方案，Bootstrap 2.0采用了更为灵活的12栏网格布局。此外，它还更新了一些进度栏以及可定制的图片缩略图，并增加了一些新样式。

3. Bootstrap 3.0

2013年3月，Bootstrap发布了3.0预览版本，主要更新内容如下：

（1）更改Bootstrap URL。
（2）编译所有Less代码以及响应式样式到单个CSS文件中。
（3）不再支持IE7浏览器。
（4）许可证由Apache改为MIT。
（5）删除了一些分支样式。
（6）改进了响应式CSS。

Bootstrap 3.0版本被标记为“移动优先”，因为它被完全重写以更好地适应手机浏览器，移动的风格直接在库中存在。

4. Bootstrap 4.0

2015年8月，Twitter发布了Bootstrap 4.0内测版。Bootstrap 4.0是一次重大更新，几乎涉及每行代码。Bootstrap 4与Bootstrap 3相比拥有了更多具体的类并把相关代码变成了相应的组件。同时Bootstrap.min.css的体积减少了40%以上。

5. Bootstrap 5.0

2021年5月，Bootstrap 5.0正式发布，Bootstrap 5.0带来了大量的变化和改进，包括添加新组件，新类，旧组件的新样式，更新的浏览器支持，并删除一些旧组件。值得一提的是其logo也有相应变化。

1.1.3　浏览器支持

Bootstrap的目标是在最新的桌面和移动浏览器上有最佳的表现，也就是说，在较老旧的浏览器上某些组件的表现会有所不同，但功能是完整的。Bootstrap 5支持每个主要平台上的默认浏览器的最新版本，不过基于代理（proxy）模式的浏览器是不被支持的。

可以在Bootstrap源码文件中找到.browserslistrc文件，其中包括支持的浏览器及其版本信息，代码如下：

```
# https://github.com/browserslist/browserslist#readme

>= 0.5%
last 2 major versions
not dead
Chrome >= 60
Firefox >= 60
Firefox ESR
iOS >= 12
Safari >= 12
not Explorer <= 11
```

Bootstrap 5在移动设备浏览器上的支持情况如表1-1所示。

表 1-1　移动设备浏览器上的支持情况

浏　览　器	Chrome	Firefox	Safari	Android Browser & WebView
安卓（Android）	支持	支持	不支持	Android v6.0+支持
苹果（iOS）	支持	支持	支持	不支持

Bootstrap 5在桌面浏览器上的支持情况如表1-2所示。

表 1-2　桌面浏览器上的支持情况

浏　览　器	Chrome	Firefox	Microsoft Edge	Opera	Safari
Mac	支持	支持	支持	支持	支持
Windows	支持	支持	支持	支持	不支持

Bootstrap 5版本不再支持Internet Explorer浏览器，如果需要支持Internet Explorer，应使用Bootstrap 4版本。

1.2　Bootstrap 特性

Bootstrap是一个用于快速开发Web应用程序和网站的前端框架，本节主要介绍Bootstrap的功能和特色。

1.2.1　Bootstrap 的功能

Bootstrap集成HTML、CSS、JavaScript技术，包含三大主要部分，下面进行简单介绍：

（1）Bootstrap的HTML基于HTML 5最新的前沿技术，具有灵活高效、简洁流畅等特点。HTML 5引入了全新的<header>、<section>、<footer>、<video>、<canvas>等标签，大大增加了网页的语义性，使得网页不再是供机器阅读的枯燥文字，而是可供人们欣赏的优美作品。在网页中能直接插入多媒体，也是因为有了<video>和<canvas>标签。

（2）Bootstrap的CSS是使用Less创建的CSS，是新一代的动态CSS。对设计师来说，写得更少；对浏览器来说，解析更容易；对用户来说，阅读更轻松。Bootstrap的CSS直接用自然书写的四则运算和英文单词来表示宽度、高度、颜色，这就使得写CSS不再是高手才会的神秘技能。

（3）Bootstrap的JavaScript存在于jQuery，它不会使每个用户都为了相似的功能而在每个网站都去下载一份相同的代码，而是使用一个代码库将常用的函数放进去，按需取用。这样用户的浏览器只需要下载一份代码便可在各个网站上使用，真正实现了写更少的代码、实现更多的交互效果和应用功能。

Bootstrap的设计原则是“并行开发”且不断完善自己，以帮助开发者解决实际问题，吸引更多的人选择将Bootstrap应用于自己的项目中。

1.2.2　Bootstrap 的构成

Bootstrap的构成模块从大的方面可以分为页面布局、页面排版、通用样式和基本组件等部分。下面简单介绍一下Bootstrap中各模块的功能。

1. 页面布局

布局对于每个项目都至关重要。Bootstrap在960栅格系统的基础上扩展出一套优秀的栅格布局，并在响应式布局方面拥有更强大的功能，能够适应各种设备。这种栅格布局使用起来也相当简单，只需要按照HTML模板应用，即可轻松构建所需的布局效果。

2. 页面排版

页面排版的质量直接影响产品的整体风格，也就是说页面设计要美观。在Bootstrap中，页面的排版都是从全局的概念上出发，定制了主体文本、段落文本、强调文本、标题、Code风格、按钮、表单、表格等格式。

3. 通用样式

Bootstrap 定义了通用样式类，包括边距、边框、颜色、对齐方式、阴影、浮动，显示与隐藏等，可以使用这些通用样式进行快速开发，而无须编写大量CSS样式。

4. 基本组件

基本组件是Bootstrap的精华之一，其中都是开发者平时需要用到的交互组件。例如，按钮、下拉菜单、标签页、工具栏、工具提示和警告框等。运用这些组件可以大幅度提高用户的交互体验，使产品不再那么呆板。

1.2.3 Bootstrap 的特色

Bootstrap是十分优秀的前端开发工具包，它拥有以下特色：

（1）支持响应式设计：从Bootstrap 2开始，提供完整的响应式特性，所有的组件都能根据分辨率和设备尺寸灵活缩放，从而提供一致性的用户体验。

（2）适应各种技术水平：Bootstrap适应不同技术水平的从业者，无论是设计师还是程序开发人员，无论是业界的大拿还是刚入门槛的菜鸟，都能使用Bootstrap。使用Bootstrap既能开发简单的小东西，也能构造更为复杂的应用。

（3）跨设备、跨浏览器：最初设想的Bootstrap只支持现代浏览器，不过新版本已经能支持所有主流浏览器，甚至包括IE7。从Bootstrap 2开始，提供对平板电脑和智能手机的支持。

（4）提供12列网格布局：网格系统（Grid System）不是万能的，不过在应用的核心层有一个稳定和灵活的网格系统确实可以让开发变得简单。用户可以选用内置的网格，也可以自己手写。

（5）样式化的文档：与其他前端开发工具包不同，Bootstrap优先设计了一个样式化的使用指南，不仅用来介绍特性，更用来展示最佳实践、应用以及代码示例。

（6）不断完善的代码库：虽然Bootstrap的代码库只有10KB，但是它却是最完备的前端工具包之一，提供了几十个全功能的随时可用的组件。

（7）可定制的jQuery插件：任何出色的组件设计都应该提供易用、易扩展的人机界面，Bootstrap为此提供了定制的jQuery内置插件。

（8）选用Less构建动态样式：当传统的枯燥的CSS写法止步不前时，Less技术横空出世。Less使用变量、嵌套、操作、混合编码，帮助用户花费很小的时间成本，编写更快、更灵活的CSS。

（9）支持HTML 5：Bootstrap支持HTML 5标签和语法，要求在HTML 5文档类型基础上进行设计和开发。

（10）支持CSS 3：Bootstrap支持CSS 3所有的属性和标准，并逐步改进组件以达到最终效果。

（11）提供开源代码：Bootstrap全部托管于GitHub（https://github.com/），完全开放源码，并借助GitHub平台实现社区化开发和共建。

1.2.4 Bootstrap 的优势

Bootstrap是由Twitter发布并开源的前端框架，使用者极多。Bootstrap框架的优势如下：

（1）Bootstrap出自Twitter。由大公司发布，并且完全开源，自然久经考验，减少了测试的工作量。

（2）Bootstrap的代码有着良好的代码规范。在学习和使用Bootstrap时，有助于开发者养成良好的编码习惯。在Bootstrap的基础之上创建项目，日后代码的维护也变得非常简单、清晰。

（3）Bootstrap是基于Less打造的，并且也有Sass版本。Less和Sass是CSS的预处理技术，正因如此，它刚被推出时就包含了一个非常实用的Mixin库供开发者调用，从而使得开发过程中对CSS的处理变得更加简单。

（4）Bootstrap支持响应式开发。Bootstrap响应式的网格系统非常先进，它已经搭建好了实现响应式设计的基础框架，并且非常容易修改。Bootstrap可以帮助新手在非常短的时间内上手响应式布局的设计。

（5）丰富的组件与插件。Bootstrap的HTML组件和JavaScript组件非常丰富，并且代码简洁，非常易于修改。由于Bootstrap的流行，因此出现了许多围绕Bootstrap开发的JavaScript插件，这就使得开发的工作效率得到了极大提升。

下面介绍一个使用Bootstrap框架的网站——星巴克官方网站，网址为https://www.starbucks.com.cn。该网站比较独特，网页采用两栏的方式进行布局，如图1-1所示。

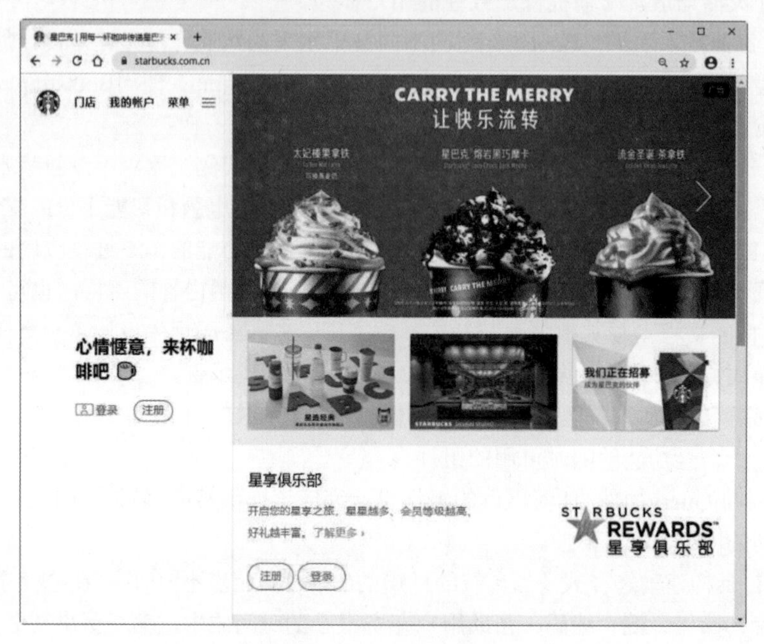

图 1-1　星巴克网站首页

当移动设备屏幕比较窄时，网页中的部分内容被折叠到菜单中，当需要使用时再展开，如图1-2所示。通过选择菜单进行导航，既使得页面布局更简洁，又提升了用户体验。

图 1-2　移动端浏览网页效果

这是非常典型的一个响应式的使用，因为如果保持导航布局结构，那么在低分辨率显示情况下，导航布局宽度可能会超出水平显示的宽度，浏览器中就会出现水平滚动条，在移动设备端，这是不友好的体现。

1.3　Bootstrap 开发工具和资源

认识Bootstrap开发工具和资源是学好Bootstrap的前提，本节就来简单介绍Bootstrap的开发工具和资源。

1.3.1　Bootstrap 开发工具

Layoutit（http://www.bootcss.com/p/layoutit/）是一个在线工具，它可以简单而又快速地搭建Bootstrap响应式布局，操作基本使用拖动方式来完成，而元素都是基于Bootstrap框架集成的，所以这个工具很适合网页设计师和前端开发人员使用。Layoutit的首页效果如图1-3所示。

图 1-3　Layoutit 工具首页效果

1.3.2　Bootstrap 资源

使用Bootstrap开发网站就像拼图一样，需要什么就拿什么，最后拼成一个完整的样子。Bootstrap框架定义了大量的组件，根据网页的需要，可以直接使用相应的组件进行拼凑，然后稍微添加一些自定义的样式风格，即可完成网页的开发。对于初学者来说，花几个小时阅读本书，就能快速了解各个组件的用法，只要按照它的使用规则使用即可。

下面推荐一些Bootstrap 5的学习资源。

（1）Bootstrap 5中文网：https://www.bootcss.com/。

（2）Bootstrap 5中文文档：https://v5.bootcss.com/。

（3）Bootstrap所有版本：https://getbootstrap.com/docs/versions/。

1.4 Bootstrap 5 的新变化

目前，Bootstrap官网提供了Bootstrap 3、Bootstrap 4、Bootstrap 5三个发行版本。和Bootstrap 4版本相比，Bootstrap 5发生了一些变化，包括对浏览器支持的更改、不再依赖jQuery库、改变了数据属性的命名方式等，下面进行简单介绍。

1. 浏览器支持的更改

在Bootstrap 5之前，Bootstrap曾经支持Internet Explorer 10及以上版本的浏览器。从Bootstrap 5开始，对Internet Explorer浏览器的支持已完全取消。因此，如果网站需要支持Internet Explorer浏览器，则不要使用Bootstrap 5版本。

Bootstrap 5支持的浏览器如下：

（1）支持浏览器Firefox 60和Chrome 60 及以上版本。

（2）支持浏览器Safari 12及以上版本。

（3）支持Android System WebView 6及以上版本。

2. 不再依赖jQuery库

在Bootstrap 5之前，Bootstrap需要加载jQuery库。在Bootstrap 5中，用户可以在项目中不使用jQuery库，不过，如果用户需要使用jQuery库，也可以加载jQuery库。

没有jQuery库，Bootstrap 5是如何工作的呢？例如，在Bootstrap 4中，用户可以在JavaScript中使用以下代码来创建一个消息元素：

```
$('.toast').toast()
```

在Bootstrap 5中，在没有jQuery库的情况下，用户可以使用以下代码创建消息元素：

```
//使用JavaScript来查询文档中具有.toast类的元素
const toastElList = […document.querySelectorAll('.toast')]
//使用 new bootstrap.Toast() 在元素上初始化一个Toast组件
const toastList = toastElList.map((toastEl) =>{
   return new bootstrap.Toast(toastEl)
})
```

注意 如果网站中存在jQuery库，但又不希望Bootstrap加载jQuery库，那么应该如何设定呢？用户可以通过在<body>标签里添加属性data-bs-no-jquery来实现。

```
<body data-bs-no-jquery = "true">
</body>
```

3. 数据属性的更改

在Bootstrap 5之前，Bootstrap命名data属性使用“data-*”的形式。在Bootstrap 5中，为了避免属性冲突，中间加了bs，命名data属性使用“data-bs-*”的形式。

```
//在Bootstrap 5之前的版本中
data-toggle = "tooltip"
//在Bootstrap 5版本中
data-bs-toggle = "tooltip"
```

4. 其他变化

除了上述比较明显的变化外，还有一些细微的变化。

（1）Bootstrap 5使用Popper v2版本，通过@popperjs/core引用，而不再需要以前的Popper.js文件，所以Popper v1将不再工作。

（2）Bootstrap 5版本之前，如果想隐藏一个元素，需要使用.sr-only类。在Bootstrap 5版本中，该类被替换为.visually-hidden。Bootstrap 5版本之前，如果想隐藏一个交互式元素，需要同时使用.sr-only类和.sr-only-focusable类。在Bootstrap 5版本中，只需要使用.visually-hidden-focusable，而不需要.visually-hidden。

（3）用于命名引用源的<blockquote>元素需要被<figure>元素包裹。

（4）Bootstrap 5版本之前，表的样式是继承的。例如一张表嵌套在另外一张表中，嵌套的表将继承父表的样式。在Bootstrap 5版本中，各张斌表的样式是相互独立的。

（5）关于位置类的命名也发生了变化。由于left修改为start，right修改为end，因此缩写也发生了变化。例如ml修改为ms，mr修改为me，pl修改为ps，pr修改为pe。

（6）面包屑的默认样式已经更改，删除了默认的灰色背景、填充和边框半径。

（7）用于范围输入的.form-control-range类被修改为.form-range类。

（8）链接默认有下划线，即使鼠标没有在链接上悬停。

（9）自定义表单元素类的名称已经从.custom-*变成了表单组件类的一部分。例如，.custom-check被.form-check取代，.custom-select被.form-select取代，以此类推。

（10）Bootstrap 5默认启用了响应式字体大小（RFS）。RFS最初是为了响应式地缩放和调整字体大小，现在，RFS也能为margin、padding、box-shadow等属性做同样的事情。其所做的基本工作是根据浏览器的尺寸计算出最合适的数值，有助于实现更好的响应性。

注意　这里的响应式的意思是根据屏幕大小和网页元素的外观自动做出对应的调整。

（11）新增了一些实用的组件，包括Accordion（手风琴）、Offcanvas（侧边栏导航）和Floating Label（浮动标签）。

第 2 章

使用 Bootstrap 5

Bootstrap是一个简洁、直观、强悍的前端开发框架，只要遵守它的标准，即使是没有学过网页设计的开发者，也能制作出专业且美观的页面，极大地提高了工作效率。目前，Bootstrap 5版本的具体代表是5.3，本章将以Bootstrap 5.3为例来介绍Bootstrap 5的下载和安装。

2.1 下载 Bootstrap 5

下载Bootstrap 5.3之前，先确保系统中已准备好了一个网页编辑器，本书使用WebStorm软件。另外，读者应该对自己的网页水平进行初步评估，确认已基本掌握HTML 5、CSS 3和JavaScript技术，以便在网页设计和开发中轻松学习和使用Bootstrap 5.3。

Bootstrap 5.3提供了几种快速上手的方式，每种方式都针对不同级别的开发者和不同的使用场景。Bootstrap压缩包包含两个版本，一个是供学习使用的完整源码版，一个是供直接引用的编译版。

1. 下载源码版Bootstrap 5.3

访问GitHub，找到Twitter公司的Bootstrap项目页面（https://github.com/twbs/bootstrap/），即可下载最新版本的Bootstrap 5.3压缩包，如图2-1所示。通过这种方式下载的Bootstrap 5.3压缩包，名称为bootstrap-master.zip，包含Bootstrap 5.3库中所有的源文件以及参考文档，它们适合读者学习和交流使用。

用户也可以通过访问https://getbootstrap.com/docs/5.3/getting-started/download/页面下载源码文件，如图2-2所示。

2. 下载编译版Bootstrap 5.3

如果希望能快速使用Bootstrap 5.3，那么可以直接下载经过编译、压缩后的发布版。访问https://getbootstrap.com/docs/5.3/getting-started/download/页面，单击Download按钮进行下载，下载文件名称为bootstrap-5.3.0-dist.zip，如图2-3所示。

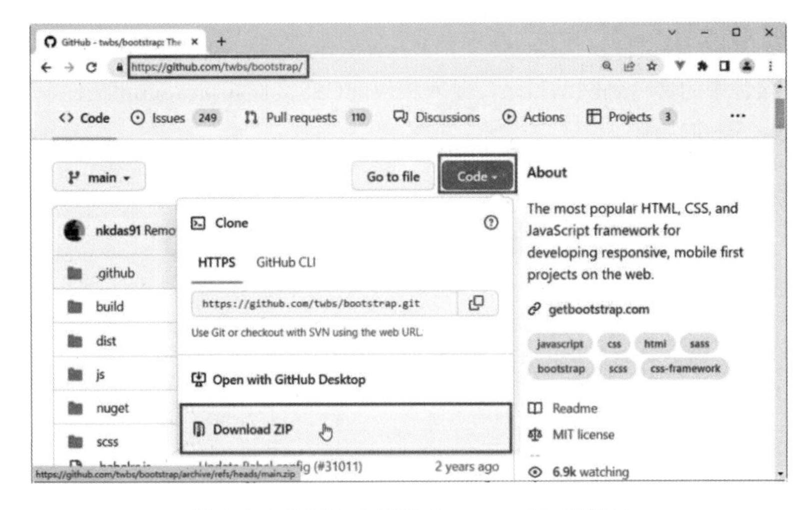

图 2-1　GitHub 上下载 Bootstrap 5.3 压缩包

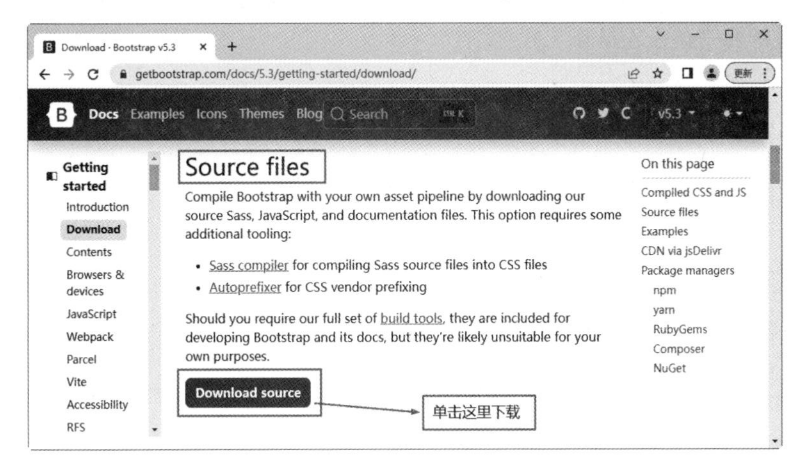

图 2-2　在官网下载 Bootstrap 5.3 源代码

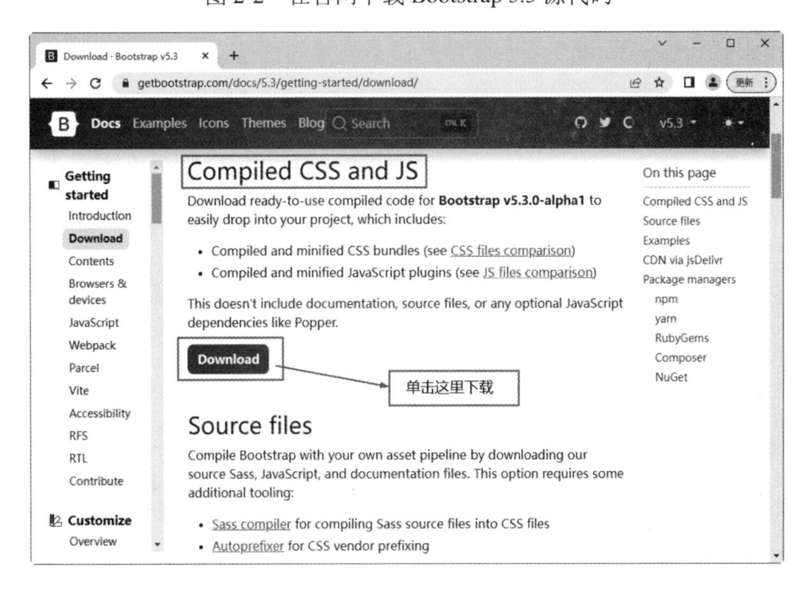

图 2-3　在官网下载编译版的 Bootstrap

编译版的Bootstrap 5.3文件仅包括CSS文件和JavaScript文件，Bootstrap 5.3中删除了字体图标文件。直接复制压缩包中的文件到网站目录，导入相应的CSS文件和JavaScript文件，即可在网站和网页中应用Bootstrap 5.3的内容。

2.2 安装 Bootstrap 5.3

Bootstrap 5.3压缩包下载到本地之后，就可以安装使用了，本节介绍两种安装Bootstrap 5.3框架的方法。

2.2.1 本地安装

Bootstrap 5.3不同于历史版本，它首先为移动设备优化代码，即移动设备优先，然后用CSS媒体查询来扩展组件。安装Bootstrap 5.3，需要以下4步：

01 添加HTML 5 doctype。Bootstrap 5.3要求使用HTML 5文件类型，因此需要添加HTML 5 doctype声明。HTML 5 doctype在文档头部声明，并设置对应编码：

```
<!DOCTYPE html>
<html>
  <head>
    <meta charset="utf-8">
  </head>
</html>
```

02 为了确保所有的设备的渲染和触摸效果，必须在网页的<head>标签中添加响应式的视图标签，代码如下：

```
<meta name="viewport" content="width=device-width, initial-scale=1">
```

代码中的“width=device-width”表示宽度是设备屏幕的宽度；“initial-scale=1”表示初始的缩放比例。

03 安装bootstrap 5.3的基本样式。在<head>标签中，使用<link>标签调用CSS样式，这是常见的一种调用方法。

```
<head>
    <meta charset="utf-8">
    <meta name="viewport" content="width=device-width, initial-scale=1">
    <link rel="stylesheet" href=" bootstrap-5.3.0/dist/css/bootstrap.css">
    <link rel="stylesheet" href="css/style.css">
</head>
```

其中bootstrap.css是Bootstrap的基本样式，style.css是项目自定义的样式。

注意 调用必须遵从先后顺序。style.css是项目中的自定义样式，用来覆盖Bootstrap中的一些默认设置，便于开发者定制本地样式，因此必须在bootstrap.css文件后面引用。

04 CSS样式安装完成后，开始安装bootstrap.js文件。方法很简单，按照与CSS样式相似的引入方式，把bootstrap.js引入页面代码中即可。

```
<!DOCTYPE html>
<html>
<head>
    <meta charset="utf-8">
    <meta name="viewport" content="width=device-width, initial-scale=1">
    <link rel="stylesheet" href="bootstrap-5.3.0/dist/css/bootstrap.css">
    <link rel="stylesheet" href="css/style.css">
    <script src="bootstrap-5.3.0/dist/js/bootstrap.js"></script>
</head>
<body>
<!–页面内容-->
</body>
</html>
```

bootstrap.js是Bootstrap框架的源文件。

2.2.2 在线安装

Bootstrap官网为Bootstrap构建了CDN加速服务。使用CDN加速服务后，访问速度快，加速效果明显。读者可以在文档中直接引用，代码如下：

```
    <!-- 新Bootstrap 5核心CSS文件 -->
    <link rel="stylesheet"
href="https://cdn.staticfile.org/twitter-bootstrap/5.3.0/css/bootstrap.min.css">
    <!-- 最新的Bootstrap 5核心JavaScript文件 -->
    <script src="https://cdn.staticfile.org/twitter-bootstrap/5.3.0/js/bootstrap.min.js">
</script>
```

也可以使用另外一些CDN加速服务。例如，BootCDN为Bootstrap免费提供了CDN加速器。使用CDN提供的链接即可引入Bootstrap文件：

```
<!--Bootstrap核心CSS文件-->
https://cdn.bootcss.com/twitter-bootstrap/5.3.0/css/bootstrap.min.css
<!--Bootstrap核心JavaScript文件-->
https://cdn.bootcss.com/twitter-bootstrap/5.3.0/js/bootstrap.min.js
```

注意 在之后的章节中，案例不再提供完整的代码，而是根据上下文单独展示HTML部分与JavaScript部分，省略了<head>、<body>等标签以及Bootstrap的加载等。

2.3 实战案例设计——古诗网页显示样式

本案例借助Bootstrap 5的布局版式来设计一个完整的页面效果，即在网页中布局古诗显示样式。运行效果图2-4所示。

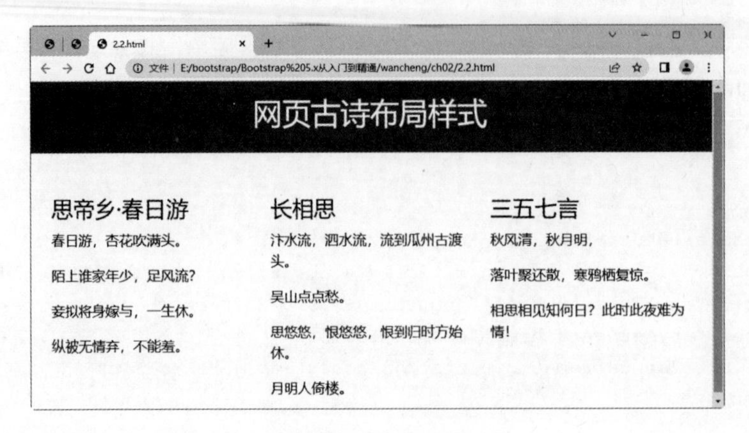

图 2-4　古诗布局样式

案例代码如下：

```
<!DOCTYPE html>
<html>
<head>
    <meta charset="utf-8">
    <meta name="viewport" content="width=device-width, initial-scale=1">
    <link rel="stylesheet" href="bootstrap-5.3.0/dist/css/bootstrap.css">
    <script src="bootstrap-5.3.0/dist/js/bootstrap.js"></script>
</head>
<body>
<div class="container-fluid p-3 bg-primary text-white text-center">
    <h1>古诗布局样式</h1>
</div>
 <div class="container mt-5">
    <div class="row">
        <div class="col-sm-4">
        <h3>思帝乡·春日游</h3>
        <p>春日游，杏花吹满头。</p>
        <p>陌上谁家年少，足风流？</p>
        <p>妾拟将身嫁与，一生休。</p>
        <p>纵被无情弃，不能羞。</p>
        </div>
        <div class="col-sm-4">
        <h3>长相思</h3>
        <p>汴水流，泗水流，流到瓜州古渡头。</p>
        <p>吴山点点愁。</p>
        <p>思悠悠，恨悠悠，恨到归时方始休。</p>
        <p>月明人倚楼。</p>
        </div>
        <div class="col-sm-4">
        <h3>三五七言</h3>
        <p>秋风清，秋月明，</p>
        <p>落叶聚还散，寒鸦栖复惊。</p>
        <p>相思相见知何日？此时此夜难为情！</p>
        </div>
    </div>
</div>
</body>
</html>
```

第 3 章 Bootstrap 的基本架构

Bootstrap为用户提供了大量的CSS组件和JavaScript插件，其实CSS组件和JavaScript插件只是Bootstrap框架的表现形式而已，它们都是构建在基本架构之上的。本章就来介绍Bootstrap的基本架构。

3.1 Bootstrap 布局基础

Bootstrap 5的布局基础包括布局容器、响应式容器、媒体查询、z-index堆叠样式属性等，下面将分别进行介绍。

3.1.1 响应式设计

页面可以根据用户的终端设备尺寸或浏览器的窗口尺寸来自动地进行布局调整，这就是响应式布局设计。现今，用户终端设备种类繁多，从台式计算机到笔记本电脑、平板电脑再到手机，屏幕尺寸大小一不，且同一类设备但不同厂家的产品屏幕尺寸也不尽相同，设计页面时屏幕尺寸问题就非常难解决。而响应式布局就是为了解决这个问题而诞生的，而且目前已经是主流的设计方式了。

如图3-1所示为一个直观的响应式布局设计示意图，图中演示了同一个页面在iPhone、iPad和台式显示器3种设备屏幕尺寸上显示的效果。

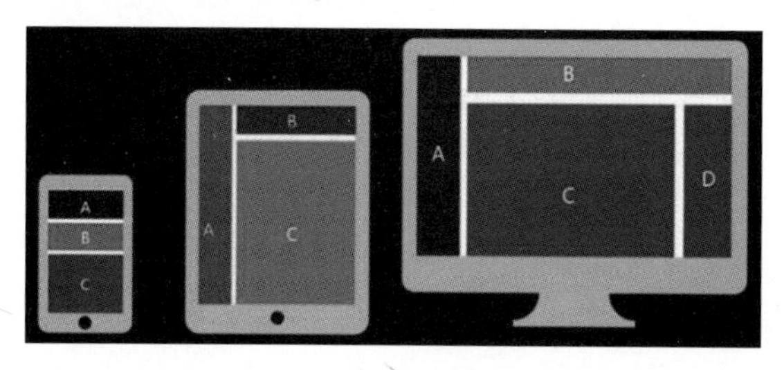

图 3-1　响应式布局设计示意图

响应式设计越来越流行，Bootstrap框架也因此应运而生。可以说，Bootstrap框架的出现解决了之前一直困扰设计人员的终端设备屏幕尺寸的兼容性问题，是广大前端设计开发人员的福音。下面再来看一个网页的显示效果示例，如图3-2所示为在手机上的显示样式，如图3-3所示为在平板电脑上的显示样式，如图3-4所示为在台式计算机上的显示样式。这就是一个典型的响应式网页案例，读者可以直观地感受一下。

图 3-2　手机上的显示样式

图 3-3　平板电脑上的显示样式

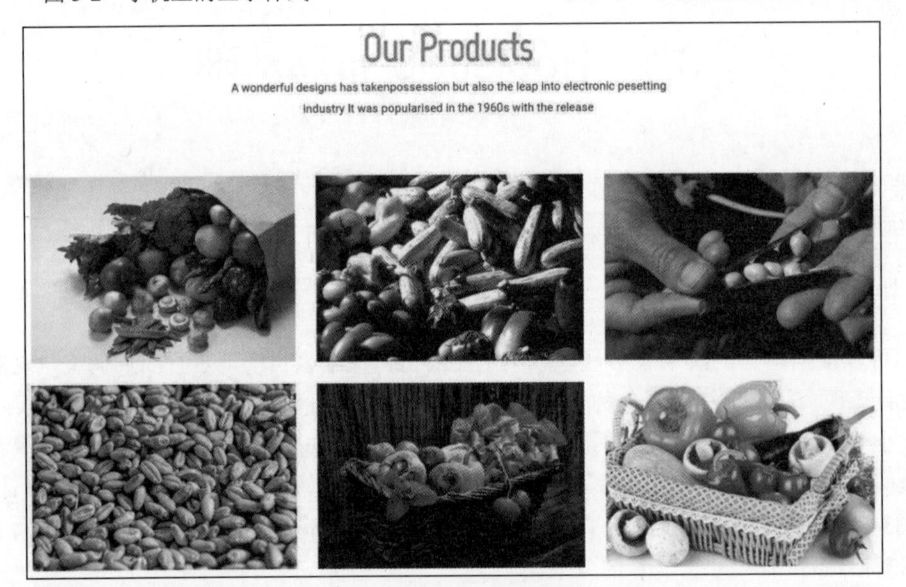

图 3-4　台式计算机上的显示样式

3.1.2　布局容器

Bootstrap 5需要一个容器元素来包裹网站的内容。容器是Bootstrap中最基本的布局元素，在使用默认网格系统时是必需的。Bootstrap 5提供了两个容器类。

（1）.container类用于固定宽度并支持响应式布局的容器。

（2）.container-fluid类用于100%宽度并占据全部视口（viewport）的容器。

上述两个容器类显示效果如图3-5所示。

.container	.container-fluid

图 3-5　两个容器类

container容器和container-fluid容器最大的不同之处在于宽度的设定。container容器根据屏幕宽度的不同，会利用媒体查询（Media Query）设定固定的宽度，当改变浏览器的大小时，页面会呈现阶段性变化。这就意味着container容器的最大宽度在每个断点都发生变化。

> 提示　媒体查询是CSS 3的新语法。断点是Bootstrap中的触发器，用于触发布局响应按照设备或视口大小的变化而变化。

.container类的样式代码如下：

```
.container {
{
  width: 100%;
  padding-right: var(--bs-gutter-x, 0.75rem);
  padding-left: var(--bs-gutter-x, 0.75rem);
  margin-right: auto;
  margin-left: auto;
}
```

在每个断点中，container容器的最大宽度如下面的代码所示：

```
@media (min-width: 576px) {
  .container-sm, .container {
    max-width: 540px;
  }
}
@media (min-width: 768px) {
  .container-md, .container-sm, .container {
    max-width: 720px;
  }
}
@media (min-width: 992px) {
  .container-lg, .container-md, .container-sm, .container {
    max-width: 960px;
  }
}
@media (min-width: 1200px) {
  .container-xl, .container-lg, .container-md, .container-sm, .container {
    max-width: 1140px;
  }
}
@media (min-width: 1400px) {
  .container-xxl, .container-xl, .container-lg, .container-md, .container-sm, .conta
iner {
    max-width: 1320px;
  }
}
```

container-fluid容器则会保持全屏大小，始终保持100%的宽度。container-fluid用于一个全宽度容器，当需要一个元素横跨视口的整个宽度时，可以添加.container-fluid类。

.container-fluid类的样式代码如下：

```
.container-fluid {
  width: 100%;
  padding-right: var(--bs-gutter-x, 0.75rem);
  padding-left: var(--bs-gutter-x, 0.75rem);
  margin-right: auto;
  margin-left: auto;
}
```

默认情况下，容器都有填充左、右内边距，顶部和底部都没有填充内边距。为此，Bootstrap提供了一些间距类（如：.p-5、.my-5等）用于填充边距。另外，Bootstrap还提供了一些边框（border）和颜色（如：.bg-dark、.bg-primary等）类用于设置容器的样式。

实例 1：在容器中显示优美的古诗词（案例文件：ch03\3.1.html）

```
<div class="container p-3 my-4 bg- info">
    <h1>《卜算子·我住长江头》</h1>
    <p>明月几时有？把酒问青天。不知天上宫阙，今夕是何年。</p>
    <p>我欲乘风归去，又恐琼楼玉宇，高处不胜寒。</p>
  </div>
  <div class="container-fluid p-3 my-4 bg-info">
    <h1>《水调歌头·明月几时有》</h1>
    <p>我住长江头，君住长江尾。日日思君不见君，共饮长江水。
    <p>此水几时休，此恨何时已。只愿君心似我心，定不负相思意。</p>
  </div>
```

程序运行效果如图3-6所示。

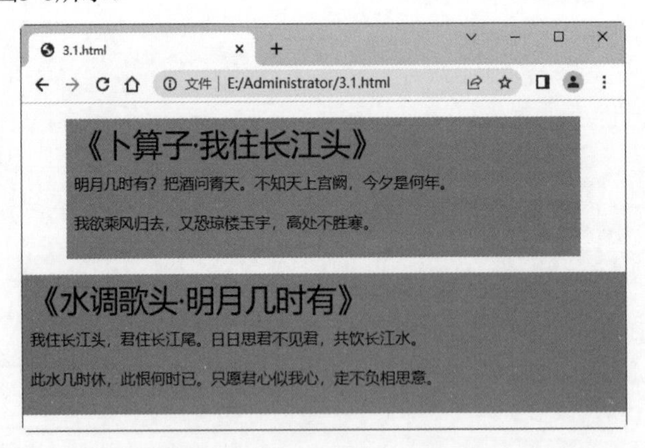

图 3-6 在容器中显示诗词

3.1.3 响应式容器

使用.container-sm|md|lg|xl|xxl|类可以创建响应式容器，容器的max-width属性值会根据屏幕的大小来改变。具体改变情况表3-1所示。

表 3-1　不同的屏幕下容器的 max-width 属性值

类	超小屏设备（<576px）	小屏设备（≥576px 且小于 768px）	中屏设备（≥768px 且小于 992px）	大屏设备（≥992px 且小于 1200px）	特大屏设备（≥1200px 且小于 1400px）	超大屏设备（≥1400px）
.container-sm	100%	540px	720px	960px	1140px	1320px
.container-md	100%	100%	720px	960px	1140px	1320px
.container-lg	100%	100%	100%	960px	1140px	1320px
.container-xl	100%	100%	100%	100%	1140px	1320px
.container-xxl	100%	100%	100%	100%	100%	1320px

实例 2：利用响应式容器制作图书采购单（案例文件：ch03\3.2.html）

```
<div class="container pt-3">
    <h1>三月图书采购单</h1>
</div>
  <div class="container-sm mt-3">《红楼梦》50本</div>
  <div class="container-md mt-3">《西游记》65本</div>
  <div class="container-lg mt-3">《水浒传》75本</div>
  <div class="container-xl mt-3">《三国演义》65本</div>
  <div class="container-xxl mt-3">《唐诗宋词集》34本</div>
```

程序运行效果如图3-7所示。

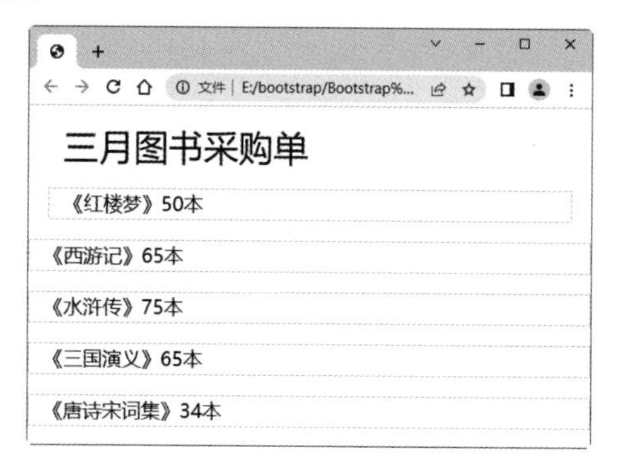

图 3-7　图书采购单

3.1.4　媒体查询

Bootstrap使用媒体查询为布局和接口创建合理的断点。这些断点主要基于最小的视口宽度，并且允许随着视口的变化而扩展元素。

Bootstrap程序主要使用源Sass文件中的以下媒体查询范围（或断点）来处理布局、网格系统和组件：

```
// 超小屏设备（xs，小于576px）
// 没有媒体查询"xs"，因为它在Bootstrap中是默认的
// 小屏设备（sm，576px及以上）
@media (min-width: 576px) { ... }
// 中屏设备（md，768px及以上）
```

```
@media (min-width: 768px) { ... }
// 大屏设备（lg，992px及以上）
@media (min-width: 992px) { ... }
// 特大屏设备（xl，1200px及以上）
@media (min-width: 1200px) { ... }
// 超大屏设备（xxl，1400px及以上）
@media (min-width: 1400px) { ... }
// xs断点不需要媒体查询
@include media-breakpoint-up(sm) { ... }
@include media-breakpoint-up(md) { ... }
```

实例 3：利用媒体查询实现响应式导航栏布局效果（案例文件：ch03\3.3.html）

```
<!DOCTYPE html>
<html>
    <head>
        <meta charset="utf-8">
        <meta name="viewport" content="width=device-width, initial-scale=1">
        <link rel="stylesheet" href="bootstrap-5.3.0/dist/css/bootstrap.css">
        <script src="bootstrap-5.3.0/dist/js/bootstrap.js"></script>
    </head>
    <style>
        * {
            margin: 0%;
            padding: 0px
        }
        nav {
            text-align: center;
            font-size: 20px;
            line-height: 45px;
            background: #8ccbe7;
            display: flex;
        }
        .item {
            flex: 1;
            color: #000
        }
        @media screen and (max-width:600px) {
            .a {
                display: none;
            }
            ul {
                display: block !important;
            }
        }
        @media all and (max-width:600px) and (max-width:800px) {
            nav {
                justify-content: space-around;
            }
        }
        ul {
            display: none;
```

```
        }
        li {
            list-style: none;
            line-height: 40px;
            background-color: #8ccbe7;
            color: #000;
            width: 100%;
            border-bottom: 2px solid #fff;
            width: 100vw;
        }
        li:hover {
            background-color: #00Aeea;
        }
        div:hover {
            background-color: #00Aeea;
        }
    </style>
    </head>
    <body>
        <nav>
            <div class="item a">首页</div>
            <div class="item a">简介</div>
            <div class="item a">公司介绍</div>
            <div class="item a">联系我们</div>
            <ul>
                <li>首页</li>
                <li>介绍</li>
                <li>公司介绍</li>
                <li>联系我们</li>
            </ul>
        </nav>
    </body>
</html>
```

页面宽度大于600px且小于800px的时候，显示效果如图3-8所示；页面宽度小于600px的时候自动换行，显示效果如图3-9所示。

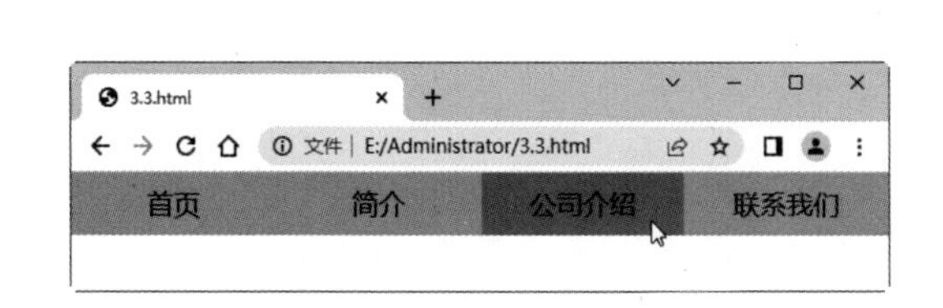

图 3-8　横向导航栏效果

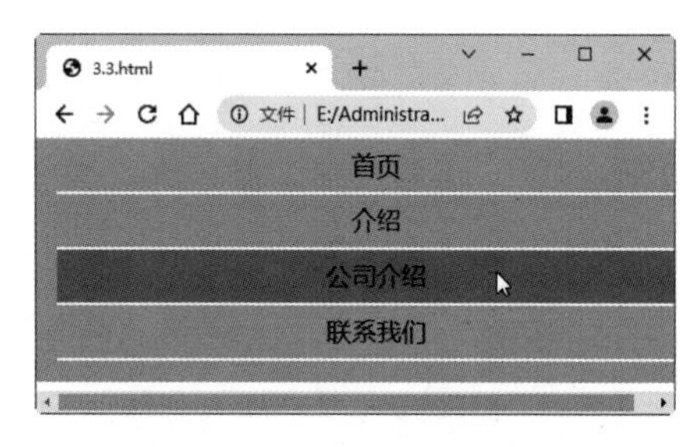

图 3-9　竖向导航栏效果

3.1.5　z-index 属性

z-index属性可以设置元素在文档中的层叠顺序，用于确认元素在当前层叠上下文中的层叠级别。每个元素层叠顺序由所属的层叠上下文和元素本身的层叠级别决定（每个元素仅属于一个层叠上下文）。

Bootstrap利用该属性来安排内容，帮助控制布局。Bootstrap中定义了相应的z-index数值，可以对导航、工具提示和弹出窗口、模态框等进行分层。

```
$zindex-dropdown:          1000 !default;
$zindex-sticky:            1020 !default;
$zindex-fixed:             1030 !default;
$zindex-modal-backdrop:    1040 !default;
$zindex-modal:             1050 !default;
$zindex-popover:           1060 !default;
$zindex-tooltip:           1070 !default;
```

提示 不推荐自定义z-index属性值，因为如果改变了其中一个数值，则可能需要改变所有的数值。

实例 4：利用 z-index 样式属性实现层叠布局效果（案例文件：ch03\3.4.html）

```
<!DOCTYPE html>
<html>
    <head>
        <meta charset="utf-8">
        <meta name="viewport" content="width=device-width, initial-scale=1">
        <link rel="stylesheet" href="bootstrap-5.3.0/dist/css/bootstrap.css">
        <script src="bootstrap-5.3.0/dist/js/bootstrap.js"></script>
    </head>
    <style>
        .div-relative {
            position: relative;
            color: #000;
            border: 1px solid #000;
            width: 400px;
            height: 300px
        }
        .div-a {
            position: absolute;
            left: 30px;
            top: 30px;
            z-index: 70;
            background: #aaffff;
            width: 200px;
            height: 200px
        }
        .div-b {
            position: absolute;
            left: 50px;
            top: 60px;
            z-index: 80;
            background: #FF0;
            width: 200px;
```

```
            height: 200px
        }
        .div-c {
            position: absolute;
            left: 80px;
            top: 80px;
            z-index: 100;
            background: #0ff;
            width: 200px;
            height: 200px
        }
    </style>
    </head>
    <body>
        <div class="div-relative">
            <div class="div-a">A</div>
            <div class="div-b">B</div>
            <div class="div-c">C</div>
        </div>
    </body>
</html>
```

程序运行效果如图3-10所示。

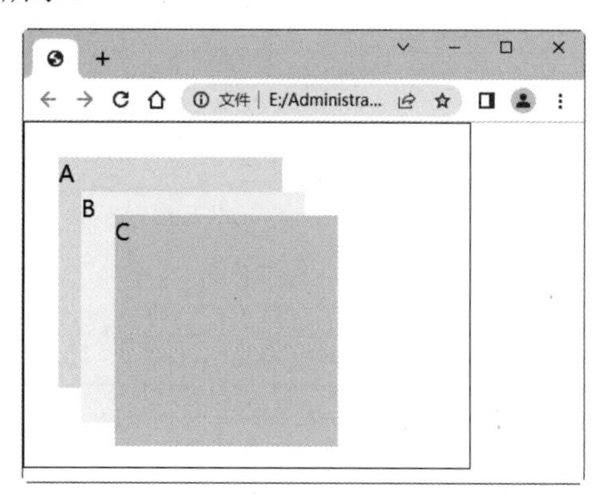

图 3-10　层叠效果

3.2　Bootstrap 的网格系统

Bootstrap提供了一套响应式、移动设备优先的流式网格系统，随着屏幕或视口尺寸的增加，系统会自动分为最多12列。Bootstrap 5中网格系统又得到了加强，从原先的5个响应尺寸变成了现在的6个。

3.2.1　认识网格系统

在网页设计中，网格是一种用于快速创建一致的布局和有效地使用HTML和CSS的方法。

Bootstrap包含了一个响应式的、移动设备优先的、不固定的网格系统，可以随着设备或视口大小的增加而适当地扩展到12列。它包含了用于简单的布局选项的预定义类，也包含了用于生成更多语义布局的功能强大的混合类。

在实际应用中，用户可以根据项目实际开发的需求自定义列数。由于Bootstrap 5的网格是响应式的，因此列会根据屏幕大小自动重新排列，如图3-11所示。

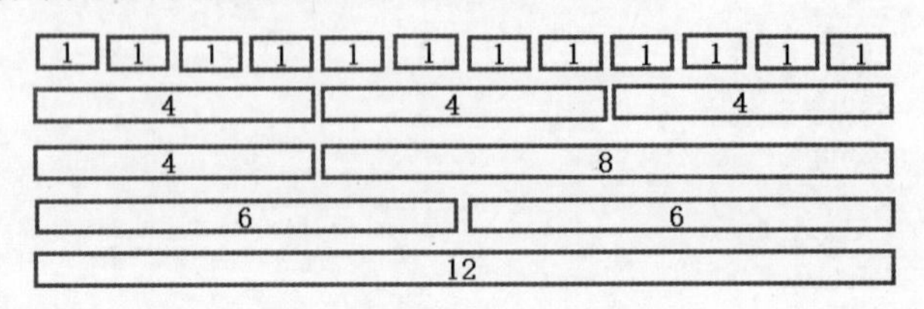

图 3-11　自定义列数

注意　在定义列数时，需要确保每一行中列的总和等于或小于12。

Bootstrap 5的网格系统在各种屏幕设备上的约定如表3-2所示。

表 3-2　网格系统在各种屏幕设备上的约定

屏幕设备	超小屏设备（<576px）	小屏设备（≥576px 且小于 768px）	中屏设备（≥768px 且小于 992px）	大屏设备（≥992px 且小于 1200px）	特大屏设备（≥1200px 且小于 1400px）	超大屏设备（≥1400px）
容器最大宽度	无（自动）	540px	720px	960px	1140px	1320px
类前缀	.col-	.col-sm-	.col-md-	.col-lg-	.col-xl-	.col-xll-
列数	小于或等于 12					
间隙宽度	1.5rem（一个列的每边分别为 0.75rem）					
可嵌套	允许					
列排序	允许					

实例 5：在手机、平板电脑、台式计算机上显示宋词（案例文件：ch03\3.5.html）

本实例提供了3种不同的列布局，分别适用于3种设备。在手机上，显示为左边25%、右边75%的布局；在平板电脑上，显示为左边50%、右边50%的布局；在大型视口的设备上，显示为左边66%、右边33%的布局。

```
<div class="container">
   <h1 class="text-center">宋词二首</h1>
   <div class="row">
      <div class="col-sm-3 col-md-6 col-lg-8"
        style="box-shadow: inset 1px -1px 1px #444,
        inset -1px 1px 1px #444;">
        <p>《丑奴儿·书博山道中壁》</p>
        <p>[宋]辛弃疾</p>
        <p>少年不识愁滋味，爱上层楼。爱上层楼。为赋新词强说愁。</p>
        <p>而今识尽愁滋味，欲说还休。欲说还休。却道天凉好个秋。</p>
      </div>
```

```
        <div class="col-sm-9 col-md-6 col-lg-4"
          style="box-shadow: inset 1px -1px 1px #444,
          inset -1px 1px 1px #444;">
          <p>《鹧鸪天·送人》</p>
          <p>[宋]辛弃疾</p>
          <p>唱彻《阳关》泪未干，功名馀事且加餐。浮天水送无穷树，带雨云埋一半山。</p>
          <p>今古恨，几千般，只应离合是悲欢？江头未是风波恶，别有人间行路难！</p>
        </div>
    </div>
</div>
```

程序运行效果如图3-12～图3-14所示，其中图3-12为在手机上的显示样式，图3-13为在平板电脑上的显示样式，图3-14为在台式计算机上的显示样式。

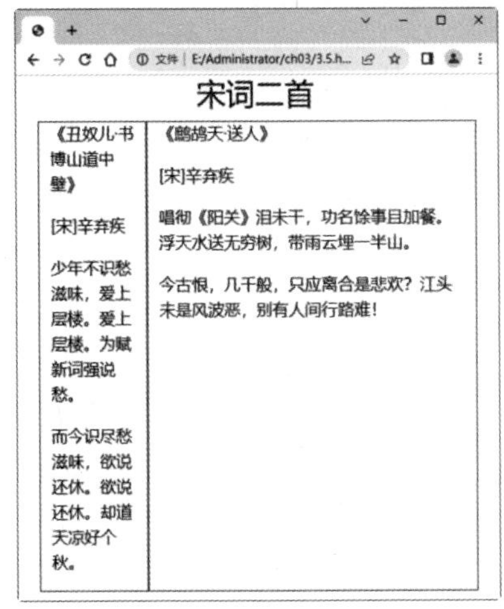

图 3-12　手机上的显示样式

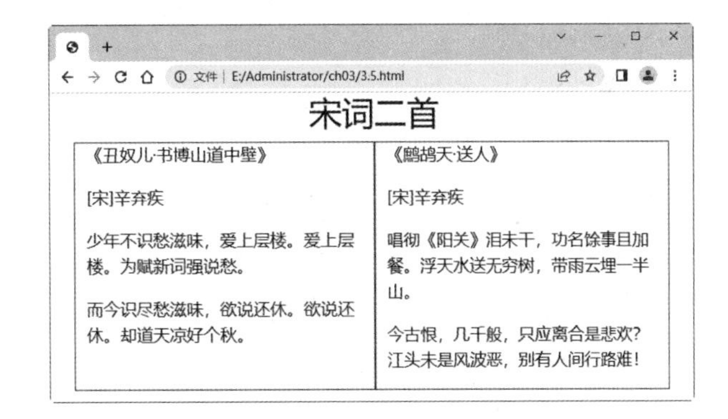

图 3-13　平板电脑上的显示样式

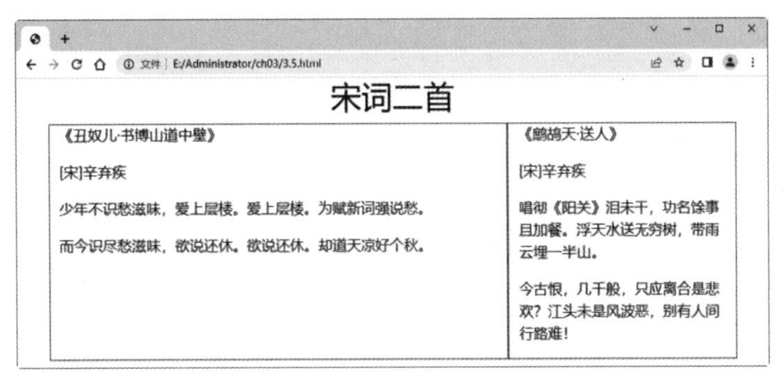

图 3-14　台式计算机上的显示样式

3.2.2　响应列

通过使用特定于断点的列类，可以轻松调整列大小（例如.col-sm-6类），而无须使用明确样式。

1. 相等宽度的列，Bootstrap自动布局

有些相等宽度的列，Bootstrap可以自动布局。下面的例子，展示了1行2列、1行3列、1行4列和

1行12列的布局，从xs（见表3-2，实际上并不存在xs这个空间命名，其实是以.col表示）到xxl（即.col-xxl-*），所有设备上都是等宽并占满一行，只需简单地应用.col就可以完成。

实例 6：利用相等宽度的列实现公司人员组织结构图效果（案例文件：ch03\3.6.html）

```
<h3 class="mb-4 text-center">董事长：张宇</h3>
<div class="row">
   <div class="col border py-3 text-center">总经理：李玉芳</div>
   <div class="col border py-3 text-center">总监事：谢之贤</div>
</div>
<div class="row">
   <div class="col border py-3 text-center">销售部长：王智</div>
   <div class="col border py-3 text-center">设计部长：李煜</div>
   <div class="col border py-3 text-center">财务部长：马玉</div>
</div>
<div class="row">
   <div class="col border py-3 text-center">销售总监：明玉</div>
   <div class="col border py-3 text-center">销售总监：张晓明</div>
   <div class="col border py-3 text-center">设计总监：苏小丽</div>
   <div class="col border py-3 text-center">财务总监：张璇</div>
</div>
<div class="row">
   <div class="col border py-3 text-center">李秋丽</div>
   <div class="col border py-3 text-center">王晚婷</div>
   <div class="col border py-3 text-center">陶佳艺</div>
   <div class="col border py-3 text-center">章云琪</div>
   <div class="col border py-3 text-center">冯子烨</div>
   <div class="col border py-3 text-center">李康博</div>
   <div class="col border py-3 text-center">李晓玲</div>
   <div class="col border py-3 text-center">刘静涵</div>
   <div class="col border py-3 text-center">胡子焕</div>
   <div class="col border py-3 text-center">张雨轩</div>
   <div class="col border py-3 text-center">侯新阳</div>
   <div class="col border py-3 text-center">钟子琳</div>
   <div class="col border py-3 text-center">明之尚</div>
</div>
```

程序运行效果如图3-15所示。

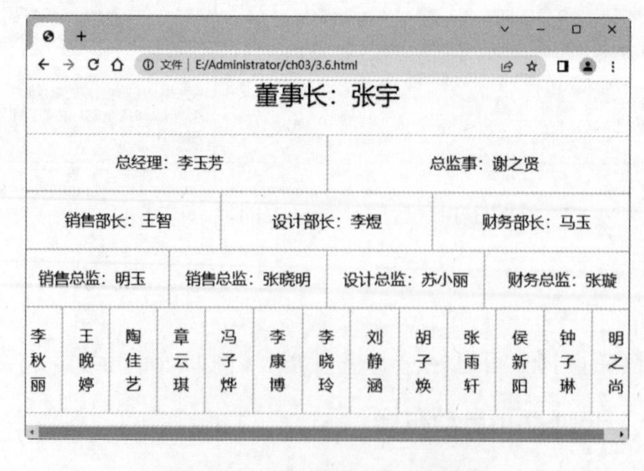

图 3-15　公司人员组织结构图

2. 自定义列宽

可以在一行多列的情况下，特别指定一列并进行宽度定义，同时其他列自动调整大小；也可以使用预定义的网格类，从而实现网格宽或行宽的优化处理。

下面的实例，为第1行中的第1列设置了.col-2类、第2列设置了.col-6类，为第2行的第1列设置.col-2类、第2列设置了.col-6类。

实例 7：利用自定义列宽布局旅游事项内容（案例文件：ch03\3.7.html）

```
        <h4 class="mb-4 text-center">旅游事项</h4>
        <div class="row">
            <div class="col-2 border py-1">1.门票</div>
            <div class="col-6 border py-1">旅游行程里所有的景点门票，提前订票省去了排队时间
</div>
            <div class="col border py-1 bg-info"><img src="01.jpg"
class="img-fluid"></div>
        </div>
        <div class="row">
            <div class="col-2 border py-1">2.餐费</div>
            <div class="col-6 border py-1">早上自助餐、景区特色中餐（晚餐自己品尝当地特色美食）
</div>
            <div class="col border py-1"><img src="02.jpg" class="img-fluid"></div>
        </div>
        <div class="row">
            <div class="col-2 border py-1">3.住宿</div>
            <div class="col-6 border py-1">四晚豪华商务酒店，一晚特色客栈（环境位置都很好，千户
苗家客栈晚上打开窗户，可以看到美丽的苗寨夜景）</div>
            <div class="col border py-1 bg-info"><img src="03.jpg"
class="img-fluid"></div>
        </div>
```

程序运行效果如图3-16所示。

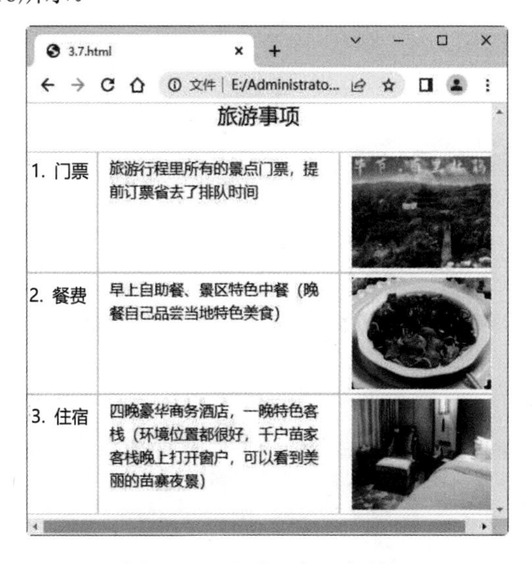

图 3-16　设置一个列宽效果

3. 可变宽度内容

使用col-{breakpoint}-auto断点方法，可以根据其内容的自然宽度来对列进行大小调整。

实例 8：利用可变宽度布局旅游注意事项（案例文件：ch03\3.8.html）

```
        <h3 class="mb-2 text-center">贵州旅游注意事项</h3>
        <div class="row">
            <div class="col-md-auto border py-1">1</div>
            <div class="col-md-auto border py-1">饮食：</div>
            <div class="col border py-1">食物以酸、辣为主，平常饮食清淡的朋友们可以提前告诉导游，
将饭菜做得清淡点。</div>
        </div>
        <div class="row">
            <div class="col-md-auto border py-1">2</div>
            <div class="col-md-auto border py-1">气候：</div>
            <div class="col border py-1">贵州气候复杂，天气预报不完全准确，带好雨具、外套和口罩。
</div>
        </div>
        <div class="row">
            <div class="col-md-auto border py-1">3</div>
            <div class="col-md-auto border py-1">风俗：</div>
            <div class="col border py-1">贵州少数民族较多，要尊重当地少数民族习惯，苗族人民大多
善饮好客，席间主人殷勤劝酒，如果不能饮，提前告知。</div>
        </div>
```

程序运行在不同型号的设备上时效果也不一样。在小屏设备（<768px）上的显示效果如图3-17所示。在中屏设备（≥768px且<992px）上的显示效果如图3-18所示。在大屏设备（≥992px）上的显示效果如图3-19所示。

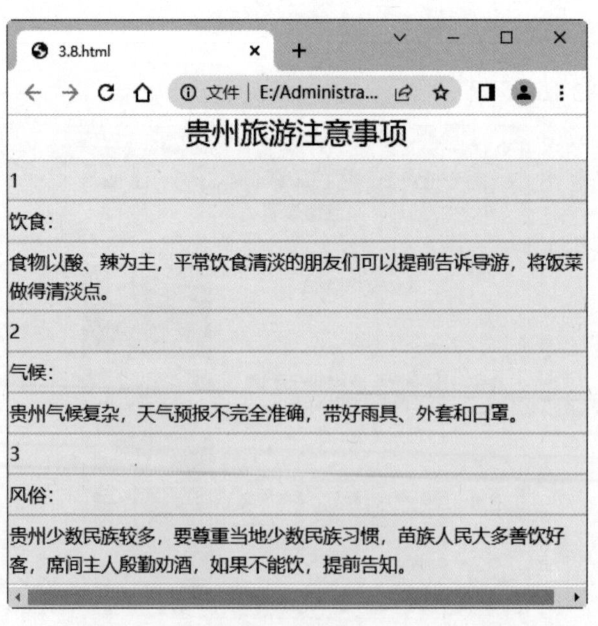

图 3-17　在小屏设备（<768px）上的显示效果

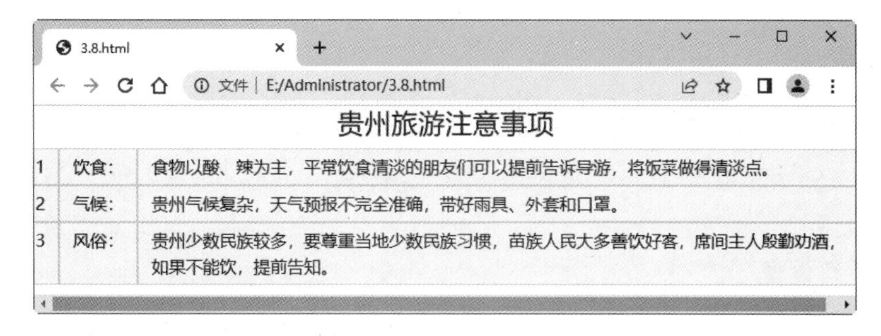

图 3-18　在中屏设备上（≥768px 且<992px）的显示效果

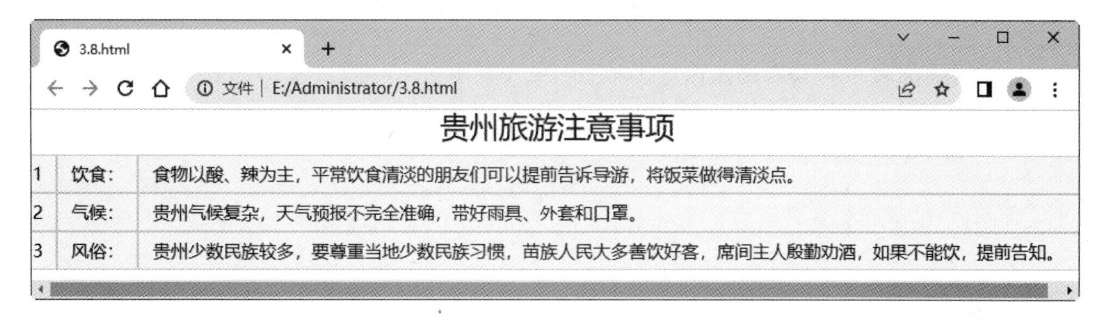

图 3-19　在大屏设备（≥992px）上的显示效果

4. 等宽多列

创建跨多个行的等宽列的方法是插入.w-100通用样式类，将列拆分为新行。

实例 9：利用等宽多列布局古诗显示效果（案例文件：ch03\3.9.html）

```
<h3 class="mb-4 text-center ">《小池》</h3>
<div class="row">
    <div class="col border py-3 bg-light text-center">泉眼无声惜细流，</div>
    <div class="col border py-3 bg-light text-center">树阴照水爱晴柔。</div>
    <div class="w-100"></div>
    <div class="col border py-3 bg-light text-center">小荷才露尖尖角，</div>
    <div class="col border py-3 bg-light text-center">早有蜻蜓立上头。</div>
</div>
```

程序运行效果如图3-20所示。

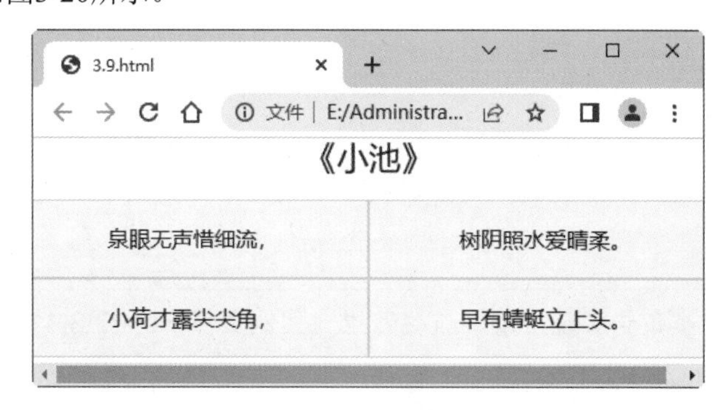

图 3-20　等宽多列效果

3.2.3 响应类

Bootstrap的网格系统包括5种宽度预定义，用于构建复杂的响应布局，可以根据需要定义在特小（.col）、小（.col-sm-*）、中（.col-md-*）、大（.col-lg-*）、特大（.col-xl-*）5种屏幕（设备）下的样式。

1. 覆盖所有设备

如果要一次性定义从最小设备到最大设备都相同的网格系统布局表现，可以使用.col和.col-*类。后者是用于指定特定的大小（例如.col-6），否则使用.col就可以了。

实例 10：利用.col 和.col-*类布局知识竞答入围名单（案例文件：ch03\3.10.html）

```
<h3 class="mb-4 text-center">知识竞答入围名单</h3>
        <div class="row">
            <div class="col-4 border py-3 bg-light">刘笑笑</div>
            <div class="col-4 border py-3 bg-light">张宇轩</div>
            <div class="col-4 border py-3 bg-light">王子龙</div>
        </div>
        <div class="row">
            <div class="col border py-3 bg-light">刘明泽</div>
            <div class="col border py-3 bg-light">张潇潇</div>
            <div class="col border py-3 bg-light">李寻志</div>
            <div class="col border py-3 bg-light">肖庆铃</div>
        </div>
```

程序运行效果如图3-21所示。

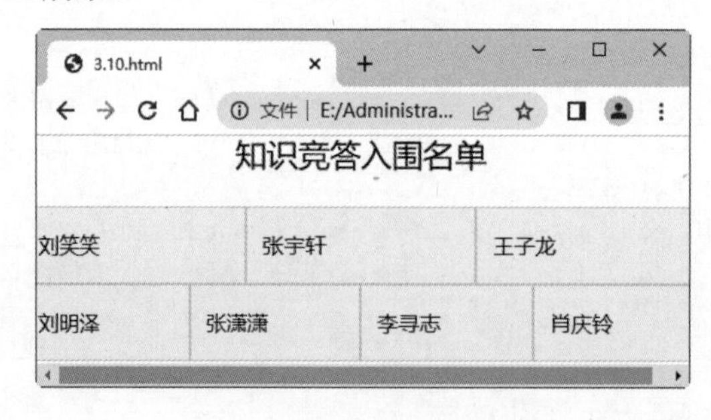

图 3-21 覆盖所有设备效果

2. 水平排列

使用单一的.col-sm-*类方法可以创建一个基本的网格系统，此时如果没有指定其他媒体查询断点宽度，那么这个网格系统是成立的，而且会随着屏幕变窄成为超小屏幕.col-后，自动成为每列一行、水平堆砌的布局。

实例 11：利用 col-sm-*类布局实现旅游导航栏效果（案例文件：ch03\3.11.html）

```
<div class="row">
            <div class="col border py-2 bg-light"><img src="04.jpg" class="img-fluid">
</div>
```

```
        </div>
        <div class="row">
            <div class="col-sm-3 border py-2 bg-light"><img src="05.jpg"
class="img-fluid"> 行程精选</div>
            <div class="col-sm-3 border py-2 bg-light"><img src="05.jpg"
class="img-fluid"> 优惠套餐</div>
            <div class="col-sm-3 border py-2 bg-light"><img src="05.jpg"
class="img-fluid"> 预定便捷</div>
            <div class="col-sm-3 border py-2 bg-light"><img src="05.jpg"
class="img-fluid"> 优质服务</div>
        </div>
```

程序运行在不同型号的设备上的效果也不一样，在小屏设备（≤768px）上的显示效果如图3-22所示，在中屏及以上设备（≥768px）上的显示效果如图3-23所示。

图 3-22　在小屏设备（≤576px）上的显示效果

图 3-23　在中屏及以上设备（≥768px）上的显示效果

3. 混合搭配

可以根据需要对每一个列都进行不同的设备定义。

实例 12：利用混合搭配实现邮轮百科新手入门问题布局（案例文件：ch03\3.12.html）

```
        <h3 class="mb-4">邮轮百科—新手入门</h3>
        <!--在小于md型的设备上显示为一个全宽列和一个半宽列，在大于或等于md型设备上显示为一列，分别占
8份和4份-->
        <div class="row">
            <div class="col-12 col-md-8 border py-3 bg-light">邮轮新手10大误区，你中招了
吗?</div>
            <div class="col-6 col-md-4 border py-3 bg-light">邮轮旅行和传统旅行的区别在哪里？
</div>
        </div>
        <!--在任何类型的设备上，列的宽度都是占50%-->
        <div class="row">
            <div class="col-6 border py-3 bg-light">10个三峡游轮常见问题，解答你的出行疑问。
</div>
```

```
        <div class="col-6 border py-3 bg-light">带儿童上邮轮，有什么需要注意的？</div>
    </div>
```

程序运行在不同型号的设备上的效果也不一样。在小于md型的设备上显示为一个全宽列和一个半宽列，效果如图3-24所示；在大于或等于md型的设备上显示为一行，分别占8份和4份，效果如图3-25所示。

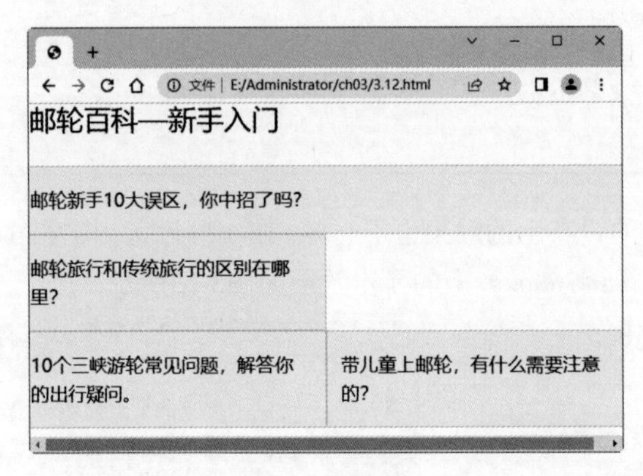

图 3-24　在小于 md 型的设备上的显示效果

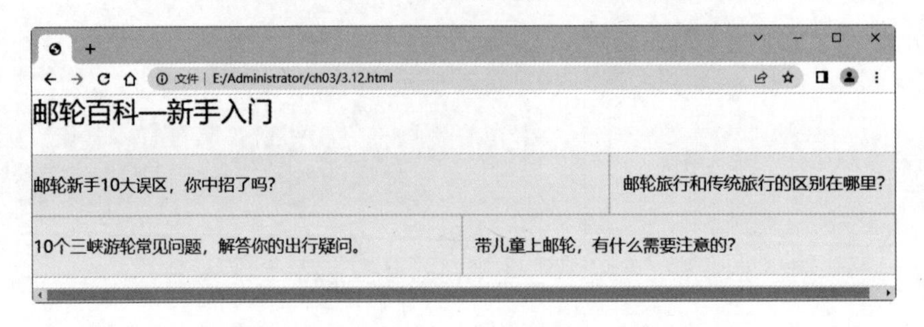

图 3-25　在大于或等于 md 型的设备上的显示效果

4. 删除边距

Bootstrap默认网格与列之间有边距，可以使用.g-0类来删除，但这将影响到行列平行间隙及所有子列。

实例 13：利用删除边距类删除网格与列之间的边距（案例文件：ch03\3.13.html）

```
    <h4 class="mb-2 text-center">删除边距</h4>
    <div class="row g-0">
        <div class="col-12 col-sm-6 col-md-8 py-3 border bg-light"><img src="05.jpg" 
class="img-fluid">一张船票，吃住全含
        </div>
        <div class="col-6 col-md-4 py-3 border bg-light"><img src="05.jpg" 
class="img-fluid">一家大小，尽享团员</div>
    </div>
    <h4 class="mb-2 text-center">不删除边距</h4>
    <div class="row">
        <div class="col-12 col-sm-6 col-md-8 py-3 border bg-light"><img src="05.jpg" 
class="img-fluid">一张船票，吃住全含
```

```
            </div>
            <div class="col-6 col-md-4 py-3 border bg-light"><img src="05.jpg"
class="img-fluid">一家大小，尽享团员</div>
        </div>
```

程序运行效果如图3-26所示。

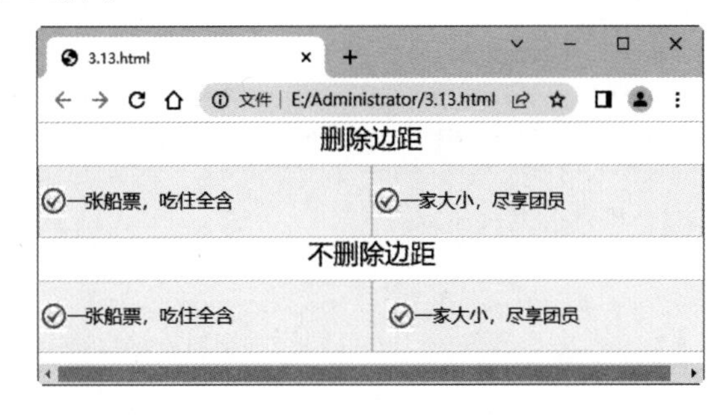

图 3-26　删除边距效果

3.2.4　偏移列

偏移列通过.offset-*-*类来设置。第1个星号可以是sm、md、lg、xl和xll，表示屏幕设备的类型，第2个星号可以是1～11的数字。例如：.offset-md-4是把.col-md-4往右移了4列。

实例 14：利用偏移列实现公司职务结构（案例文件：ch03\3.14.html）

```
        <h3 class="md-4 text-center">公司职务</h3>
        <div class="row">
            <div class="col-md-6 offset-md-3 py-2 border text-center">董事长</div>
        </div>
        <div class="row">
            <div class="col-md-4 offset-md-1 py-2 border text-center">总经理</div>
            <div class="col-md-4 offset-md-2 py-2 border text-center">总会计</div>
        </div>
        <div class="row">
            <div class="col-md-4 py-2 border  text-center">副总经理</div>
            <div class="col-md-4 offset-md-4 py-2 border  text-center">财务主管</div>
        </div>
```

程序运行效果如图3-27所示。

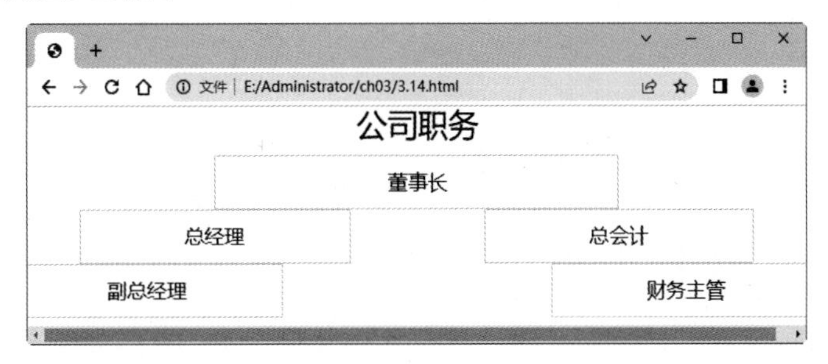

图 3-27　偏移类效果

除了对列进行偏移处理外，还可以对列进行排序，从而改变列的排列顺序。例如，使用.order-first可以快速更改一个列到最前面，使用.order-last可以快速更改一个列到最后面。

实例 15：利用.order-first 和.order-last 类更改人员名单顺序（案例文件：ch03\3.15.html）

```
<h3 class="mb-2">排列顺序前</h3>
<div class="row">
    <div class="col py-2 border bg-light">王小明</div>
    <div class="col py-2 border bg-light">李翔宇</div>
    <div class="col py-2 border bg-light">张腾飞</div>
</div>
<h3 class="mb-2">排列顺序后</h3>
<div class="row">
    <div class="col order-last py-2 border bg-light">王小明</div>
    <div class="col py-2 border bg-light">李翔宇</div>
    <div class="col order-first py-2 border bg-light">张腾飞</div>
</div>
```

程序运行效果如图3-28所示。

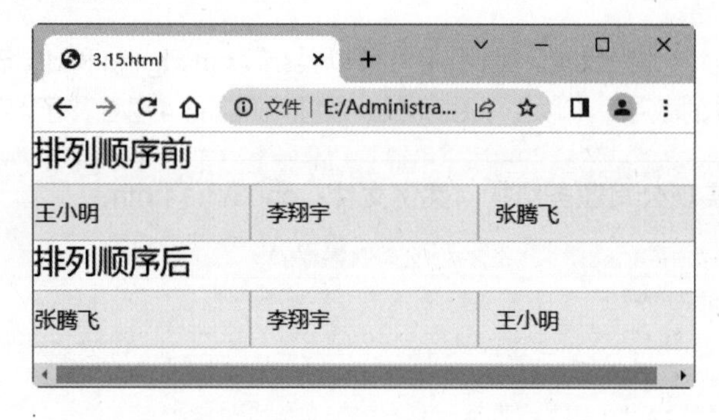

图 3-28 .order-first 和.order-last 类效果

3.2.5 嵌套列

如果想在网格系统中再次嵌套内容，可以通过将一个新的.row元素和一系列.col-*元素添加到已经存在的.col-*元素内来实现。被嵌套的行（row）所包含的列（column）的数量建议不要超过12个。

下面实例创建两列布局，其中左侧列内又嵌套着另外2列。

实例 16：利用嵌套列实现旅游景点与行程安排布局（案例文件：ch03\3.16.html）

```
<div class="container-fluid mt-3">
    <h3 align="center">旅游景点和行程安排</h3>
</div>
<div class="container-fluid">
    <div class="row">
        <div class="col-8 bg-secondary p-3">
            <h2 align="center">推荐景点</h2>
            <div class="row">
                <div class="col-6 bg-light p-2">
                    <img src="06.jpg" class="img-fluid">
```

```
            </div>
            <div class="col-6 bg-light p-2">
                <img src="07.jpg" class="img-fluid">
            </div>
        </div>
    </div>
    <div class="col-4 bg-info p-3">
        <h3 align="center">行程安排</h3>
        <h6>Day 1 抵达昆明后签订正规旅游合同，晚上在昆明住五星酒店</h6>
        <h6>Day 2 石林风景区+石林彝族风味餐，住特色酒店</h6>
        <h6>Day 3 敞篷吉普车+私人游艇+罗茎半岛</h6>
        <h6>Day 4 大理古城+拉市海+丽江古城+丽水金沙</h6>
        <h6>Day 5 束河古镇+玉龙雪山冰川大索道+蓝月谷</h6>
        <h6>Day 6 送机</h6>
    </div>
</div>
</div>
```

程序运行效果如图3-29所示。

图 3-29　嵌套列效果

3.3　实战案例——设计美食博客页面

本案例使用Bootstrap的网格系统进行布局，其中设置了一些博客网页经常出现的动画效果。最终效果如图3-30所示。

当鼠标指针悬浮到图片上时，触发美食图片的动画效果，即实现图片的放大和旋转显示（具体效果请打开网页进行验证，本书有关页面效果的测试都需要读者亲自验证一下），如图3-31所示。

图 3-30　美食博客页面

图 3-31　图片动画效果

下面介绍案例的实现步骤。

01 使用Bootstrap设计结构，并添加响应式布局。

```
<div class="row">
<div class="col-md-12"></div>
</div>
```

02 设计内容。内容部分包括美食图片、美食名称及说明。

```
<ul>
    <li class="wow fadeInLeft" data-wow-duration="300ms" data-wow-delay="300ms">
        <div class="blog-img">
            <img src="images/blog/blog-img-1.jpg" alt="blog-img">
        </div>
        <div class="content-right">
            <h3>鸡肉比萨</h3>
            <p>鸡肉比萨吃起来有着浓郁的鸡肉香味，色味俱佳，闻起来芳香四溢。</p>
        </div>
    </li>
```

```
    <li class="wow fadeInLeft" data-wow-duration="300ms" data-wow-delay="400ms">
        <div class="blog-img">
            <img src="images/blog/blog-img-2.jpg" alt="blog-img">
        </div>
        <div class="content-right">
            <h3>草莓奶酪</h3>
            <p>香甜的草莓搭配浓浓的奶酪，松软细腻的口感真是太棒了!</p>
        </div>
    </li>
    <li class="wow fadeInLeft" data-wow-duration="300ms" data-wow-delay="500ms">
        <div class="content-left">
            <h3>香煎牛排</h3>
            <p>香煎牛排肉质柔软松化，吃一口各种香味的汁液和肉香在口腔中融为一体。</p>
        </div>
        <div class="blog-img-2">
            <img src="images/blog/blog-img-3.jpg" alt="blog-img">
        </div>
    </li>
    <li class="wow fadeInLeft" data-wow-duration="300ms" data-wow-delay="600ms">
            <div class="content-left">
            <h3>蜜汁香肠</h3>
            <p>蜜汁香肠皮脆肉鲜嫩，颜色很红润，口感不错！咬一口，很有层次感。</p>
        </div>
        <div class="blog-img-2">
            <img src="images/blog/blog-img-4.jpg" alt="blog-img">
        </div>
    </li>
</ul>
```

03 设计样式。样式主要使用CSS 3的动画来设计，为美食图片添加过渡动画以及2D转换；为美食名称及说明设计字体显示效果。具体样式代码如下：

```
#blog {
  padding-top: 75px;
  padding-bottom: 100px;
  background: url("");
  background-repeat: no-repeat;
  background-size: cover;
  background-attachment: fixed;
  position: relative;
}
#blog:before {
  content: "";
  position: absolute;
  left: 0;
  right: 0;
  bottom: 0;
  top: 0;
  width: 100%;
  height: 100%;
  background: url("../images/overlay-pattern.png") #000000;
```

```
  opacity: 0.3;
}
#blog .block .heading {
  color: #fff;
}
#blog .block ul {
  padding-top: 40px;
}
#blog .block ul li {
  overflow: hidden;
  width: 50%;
  float: left;
  background: #fff;
  text-align: center;
  color: #959595;
  transform: 1s;
}
#blog .block ul li:hover img {
  transform: scale(1.2) rotate(10deg);
}
#blog .block ul li h3 {
  color: #323232;
  padding: 0px 40px 20px;
  line-height: 26px;
  position: relative;
}
#blog .block ul li h3:before {
  content: "";
  position: absolute;
  left: 50%;
  bottom: 0;
  width: 90px;
  height: 1px;
  background: #CBC4B5;
  margin-left: -45px;
}
#blog .block ul li p {
  padding-top: 25px;
}
#blog .block ul li .blog-img {
  float: left;
  width: 50%;
  height: 100%;
  background: red;
  overflow: hidden;
}
<!-- 此处省略的代码请读者参看源文件-->
```

第 4 章 Bootstrap 的弹性布局

Bootstrap 5支持弹性盒子布局方式。弹性盒子是CSS 3的一种新的布局模式，更适合响应式的设计。通过Bootstrap中的弹性盒子布局，可以轻松实现复杂的网页布局样式。本章就来介绍Bootstrap的弹性布局。

4.1 定义弹性盒子

Flex是Flexible Box的缩写，意为“弹性布局”，用于为盒状模型提供最大的灵活性。任何一个容器都可以指定为Flex布局。

采用Flex布局的元素，被称为Flex容器，简称“容器”。其所有子元素自动成为容器成员，称为Flex项目（Flex item），简称“项目”。

在Bootstrap中有两个创建弹性盒子的类，分别为.d-flex和.d-inline-flex。.d-flex类设置对象为弹性伸缩盒子，.d-inline-flex类设置对象为内联块级弹性伸缩盒子。

Bootstrap中定义了.d-flex和.d-inline-flex类：

```
.d-flex {
    display: -ms-flexbox !important;
    display: flex !important;
}
.d-inline-flex {
    display: -ms-inline-flexbox !important;
    display: inline-flex !important;
}
```

下面分别使用这两个类来创建弹性盒子容器，并设置3个弹性项目。

实例 1：定义弹性盒子布局效果（案例文件：ch04\4.1.html）

```
<h3 align="center" >定义弹性盒子</h3>
<h4>使用.d-flex类创建弹性盒子</h4>
<!--使用.d-flex类创建弹性盒子-->
<div class="d-flex p-3 bg-warning text-white">
```

```
    <div class="p-2 bg-primary">首页</div>
    <div class="p-2 bg-success">热销水果</div>
    <div class="p-2 bg-danger">热销蔬菜</div>
</div><br/>
<h4>使用.d-inline-flex类创建弹性盒子</h4>
<!--使用.d-inline-flex类创建弹性盒子-->
<div class="d-inline-flex p-3 bg-warning text-white">
    <div class="p-2 bg-primary">首页</div>
    <div class="p-2 bg-success">热销水果</div>
    <div class="p-2 bg-danger">热销蔬菜</div>
</div>
```

程序运行结果如图4-1所示。

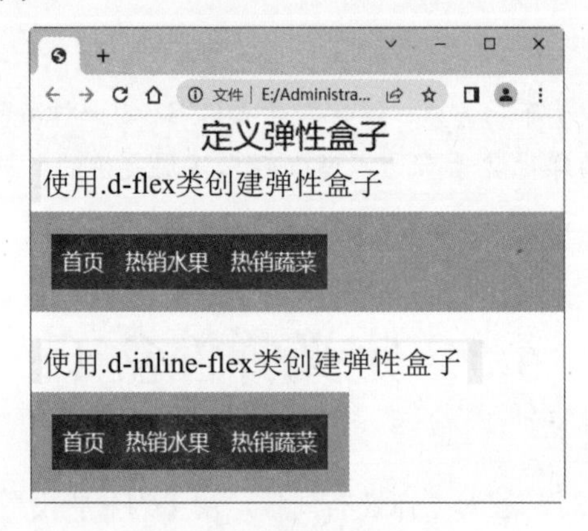

图 4-1　弹性盒子容器效果

提示 .d-flex和.d-inline-flex也存在响应式变化，可根据不同的断点来设置：

```
.d-{sm|md|lg|xl}-flex
.d-{sm|md|lg|xl}-inline-flex
```

4.2　排列方向

弹性盒子中子项目的排列方式包括水平排列和垂直排列，Bootstrap中定义了相应的类来进行设置。

4.2.1　水平方向排列

对于水平方向的排列，使用.flex-row设置子项目从左到右排列，是默认值；使用.flex-row-reverse设置子项目从右到左排列。

实例 2：水平方向排列子项目（案例文件：ch04\4.2.html）

```
<h3 align="center">水平方向排列</h3>
<h4>使用.flex-row（从左侧开始）</h4>
<div class="d-flex flex-row p-3 bg-warning text-white">
```

```
    <div class="p-2 bg-primary">家用电器</div>
    <div class="p-2 bg-success">办公电脑</div>
    <div class="p-2 bg-danger">男装女装</div>
</div><br/>
<h4>使用.flex-row-reverse（从右侧开始）</h4>
<div class="d-flex flex-row-reverse bg-warning p-3 text-white">
    <div class="p-2 bg-primary">家用电器</div>
    <div class="p-2 bg-success">办公电脑</div>
    <div class="p-2 bg-danger">男装女装</div>
</div>
```

程序运行结果如图4-2所示。

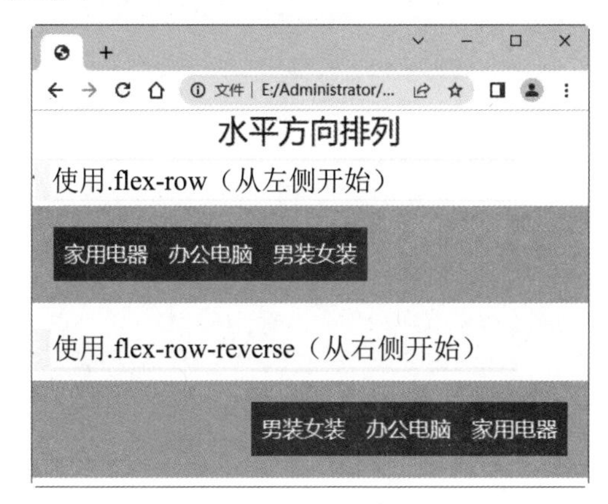

图 4-2 水平方向排列效果

水平方向布局还可以添加响应式的设置，响应式类如下：

```
.flex-{sm|md|lg|xl}-row
.flex-{sm|md|lg|xl}-row-reverse
```

4.2.2 垂直方向排列

使用.flex-column设置垂直方向布局（从上往下），或使用.flex-column-reverse实现垂直方向的反转布局（从下往上）。

实例 3：垂直方向排列子项目（案例文件：ch04\4.3.html）

```
<h3 align="center">垂直方向排列</h3>
<h4>.flex-column（从上往下）</h4>
<div class="d-flex flex-column p-3 bg-warning text-white">
    <div class="p-2 bg-primary">家用电器</div>
    <div class="p-2 bg-success">办公电脑</div>
    <div class="p-2 bg-danger">男装女装</div>
</div><br/>
<h4>.flex-column-reverse（从下往上）</h4>
<div class="d-flex flex-column-reverse bg-warning p-3 text-white">
    <div class="p-2 bg-primary">家用电器</div>
    <div class="p-2 bg-success">办公电脑</div>
```

```
    <div class="p-2 bg-danger">男装女装</div>
</div>
```

程序运行结果如图4-3所示。

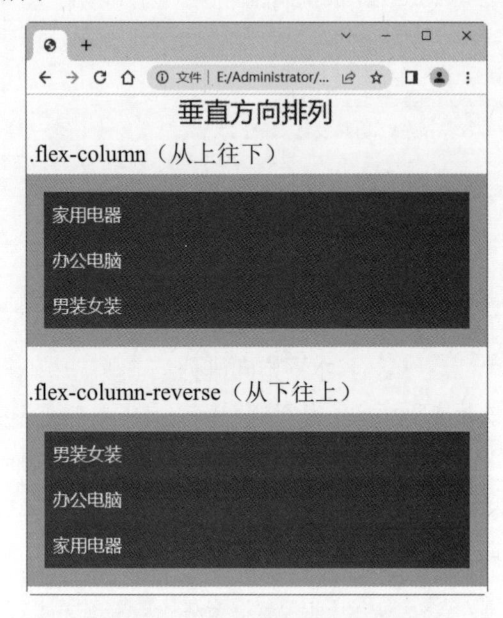

图 4-3　垂直方向排列效果

垂直方向布局也可以添加响应式的设置，响应式类如下：

```
.flex-{sm|md|lg|xl}-column
.flex-{sm|md|lg|xl}-column-reverse
```

4.3　定义弹性布局

4.3.1　内容排列布局

使用Flexbox弹性布局容器上的.justify-content-*通用样式可以改变Flex项目在主轴上的对齐方式（从X轴开始，如果是.flex-direction: column，则从Y轴开始），可选方向值包括start（浏览器默认值）、end、center、between和around，说明如下：

（1）.justify-content-start：项目位于容器的开头。

（2）.justify-content-center：项目位于容器的中心。

（3）.justify-content-end：项目位于容器的结尾。

（4）.justify-content-between：项目位于各行之间留有空白的容器内。

（5）.justify-content-around：项目位于各行之前、之间、之后都留有空白的容器内。

实例 4：以内容排列方式布局子项目（案例文件：ch04\4.4.html）

```
<h3 align="center">内容排列</h3>
<!--内容位于容器的开头-->
<div class="d-flex justify-content-start mb-3 bg-warning text-white">
    <div class="p-2 bg-primary">家用电器</div>
    <div class="p-2 bg-success">办公电脑</div>
    <div class="p-2 bg-danger">男装女装</div>
</div>
<!--内容位于容器的中心-->
<div class="d-flex justify-content-center mb-3 bg-warning text-white">
    <div class="p-2 bg-primary">家用电器</div>
    <div class="p-2 bg-success">办公电脑</div>
    <div class="p-2 bg-danger">男装女装</div>
</div>
<!--内容位于容器的结尾-->
<div class="d-flex justify-content-end mb-3 bg-warning text-white">
    <div class="p-2 bg-primary">家用电器</div>
    <div class="p-2 bg-success">办公电脑</div>
    <div class="p-2 bg-danger">男装女装</div>
</div>
<!--内容位于各行之间留有空白的容器内-->
<div class="d-flex justify-content-between mb-3 bg-warning text-white">
    <div class="p-2 bg-primary">家用电器</div>
    <div class="p-2 bg-success">办公电脑</div>
    <div class="p-2 bg-danger">男装女装</div>
</div>
<!--内容位于各行之前、之间、之后都留有空白的容器内-->
<div class="d-flex justify-content-around bg-warning text-white">
    <div class="p-2 bg-primary">家用电器</div>
    <div class="p-2 bg-success">办公电脑</div>
    <div class="p-2 bg-danger">男装女装</div>
</div>
```

程序运行结果如图4-4所示。

图 4-4 内容排列效果

4.3.2 项目对齐布局

使用.align-items-*通用样式可以在Flexbox容器上实现Flex项目的对齐（从Y轴开始，如果选择.flex-direction: column，则从X轴开始），可选值有start、end、center、baseline和stretch（浏览器默认值）。

实例 5：以项目对齐方式布局子项目（案例文件：ch04\4.5.html）

```
<style>
    .box{
        width: 100%;           /*设置宽度*/
        height: 70px;          /*设置高度*/
    }
</style>
<body class="container">
<h3 align="center">项目对齐布局</h3>
<div class="d-flex align-items-start bg-warning text-white mb-3 box">
    <div class="p-2 bg-primary">家用电器</div>
    <div class="p-2 bg-success">电脑办公</div>
    <div class="p-2 bg-danger">家装家具</div>
</div>
<div class="d-flex align-items-end bg-warning text-white mb-3 box">
    <div class="p-2 bg-primary">家用电器</div>
    <div class="p-2 bg-success">电脑办公</div>
    <div class="p-2 bg-danger">家装家具</div>
</div>
<div class="d-flex align-items-center bg-warning text-white mb-3 box">
    <div class="p-2 bg-primary">家用电器</div>
    <div class="p-2 bg-success">电脑办公</div>
    <div class="p-2 bg-danger">家装家具</div>
</div>
<div class="d-flex align-items-baseline bg-warning text-white mb-3 box">
    <div class="p-2 bg-primary">家用电器</div>
    <div class="p-2 bg-success">电脑办公</div>
    <div class="p-2 bg-danger">家装家具</div>
</div>
<div class="d-flex align-items-stretch bg-warning text-white mb-3 box">
    <div class="p-2 bg-primary">家用电器</div>
    <div class="p-2 bg-success">电脑办公</div>
    <div class="p-2 bg-danger">家装家具</div>
</div>
</body>
```

程序运行结果如图4-5所示。

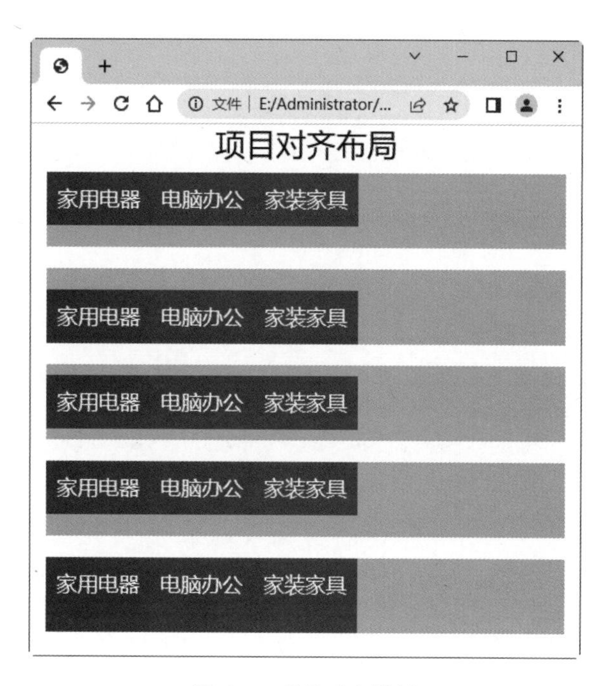

图 4-5　项目对齐效果

项目对齐布局也可以添加响应式的设置，响应式类如下：

```
.align-items-{sm|md|lg|xl}-start
.align-items-{sm|md|lg|xl}-end
.align-items-{sm|md|lg|xl}-center
.align-items-{sm|md|lg|xl}-baseline
.align-items-{sm|md|lg|xl}-stretch
```

4.3.3　自动对齐布局

使用.align-self-*通用样式，可以使Flexbox上的项目单独改变在横轴上的对齐方式（从Y轴开始，如果是.flex-direction: column，则从X轴开始），其拥有与.align-items相同的可选子项：start、end、center、baseline和stretch（浏览器默认值）。

实例 6：以自动对齐方式布局子项目（案例文件：ch04\4.6.html）

```
<style>
    .box{
        width: 100%;          /*设置宽度*/
        height: 70px;         /*设置高度*/
    }
</style>
<body class="container">
<h3 align="center">自动对齐布局</h3>
<div class="d-flex bg-warning text-white mb-3 box">
    <div class="px-2 bg-primary">家用电器</div>
    <div class="px-2 bg-success align-self-start">电脑办公</div>
    <div class="px-2 bg-danger">男装女装</div>
</div>
```

```
<div class="d-flex bg-warning text-white mb-3 box">
   <div class="px-2 bg-primary">家用电器</div>
   <div class="px-2 bg-success align-self-center">电脑办公</div>
   <div class="px-2 bg-danger">男装女装</div>
</div>
<div class="d-flex bg-warning text-white mb-3 box">
   <div class="px-2 bg-primary">家用电器</div>
   <div class="px-2 bg-success align-self-end">电脑办公</div>
   <div class="px-2 bg-danger">男装女装</div>
</div>
<div class="d-flex bg-warning text-white mb-3 box">
   <div class="px-2 bg-primary">家用电器</div>
   <div class="px-2 bg-success align-self-baseline">电脑办公</div>
   <div class="px-2 bg-danger">男装女装</div>
</div>
<div class="d-flex bg-warning text-white mb-3 box">
   <div class="px-2 bg-primary">家用电器</div>
   <div class="px-2 bg-success align-self-stretch">电脑办公</div>
   <div class="px-2 bg-danger">男装女装</div>
</div>
</body>
```

程序运行结果如图4-6所示。

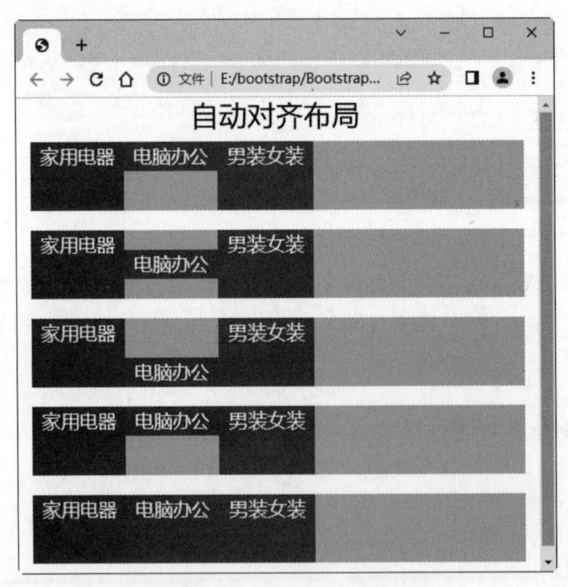

图 4-6　自动对齐效果

自动对齐布局也可以添加响应式的设置，响应式类如下：

```
.align-self-{sm|md|lg|xl}-start
.align-self-{sm|md|lg|xl}-end
.align-self-{sm|md|lg|xl}-center
.align-self-{sm|md|lg|xl}-baseline
.align-self-{sm|md|lg|xl}-stretch
```

4.3.4　自动相等布局

通过在一系列子元素上使用.flex-fill类来强制它们平分剩下的空间。

实例 7：以自动相等方式布局子项目（案例文件：ch04\4.7.html）

```
<h3 align="center">平均分配剩下的空间</h3>
<div class="d-flex bg-warning text-white">
    <div class="flex-fill p-2 bg-primary ">首页</div>
    <div class="flex-fill p-2 bg-success">热销水果</div>
    <div class="flex-fill p-2 bg-danger">热销蔬菜</div>
</div>
```

程序运行结果如图4-7所示。

图 4-7　自动相等效果

自动相等也可以添加响应式的设置，响应式类如下：

```
.flex-{sm|md|lg|xl}-fill
```

4.3.5　等宽变换布局

使用.flex-grow-*属性可以定义弹性项目的扩大系数，用于分配容器的剩余空间。在下面的实例中，.flex-grow-1元素可以使用所有的空间，同时允许剩余的两个Flex项目具有必要的空间。

实例 8：以等宽变换方式布局子项目（案例文件：ch04\4.8.html）

```
<h5 align="center">增长变换布局</h5>
<div class="d-flex bg-warning text-white mb-4">
    <div class="p-2 flex-grow-1 bg-primary">家用电器</div>
    <div class="p-2 bg-success">电脑办公</div>
    <div class="p-2 bg-danger">男装女装</div>
</div>
<h5 align="center">收缩变换布局</h5>
<div class="d-flex bg-warning text-white">
    <div class="p-2 w-100 bg-primary">家用电器</div>
    <div class="p-2 bg-success">电脑办公</div>
    <div class="p-2 w-100 bg-danger">男装女装</div>
</div>
```

程序运行结果如图4-8所示。

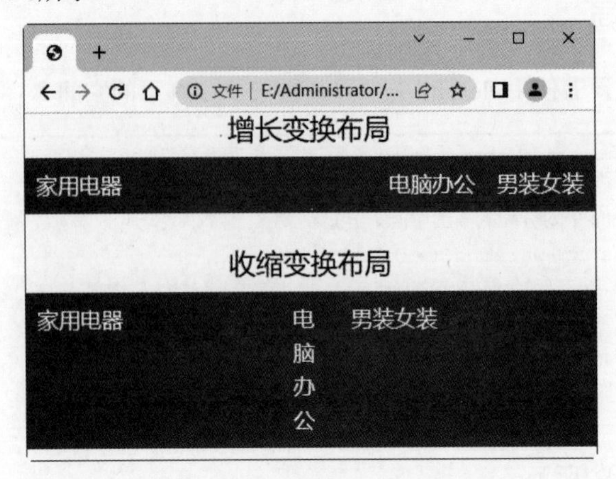

图 4-8　等宽变换效果

等宽变换布局也可以添加响应式的设置，响应式类如下：

```
.flex-{sm|md|lg|xl}-grow-0
.flex-{sm|md|lg|xl}-grow-1
.flex-{sm|md|lg|xl}-shrink-0
.flex-{sm|md|lg|xl}-shrink-1
```

4.3.6　包裹弹性布局

改变Flex项目在Flex容器中的包裹方式可以实现弹性布局，包裹方式包括无包裹.flex-nowrap（浏览器默认）、包裹.flex-wrap和反向包裹.flex-wrap-reverse。

实例 9：以包裹弹性方式布局子项目（案例文件：ch04\4.9.html）

```
<h3 align="center">包裹的弹性布局</h3>
<div class="d-flex bg-warning text-white mb-4 flex-wrap " >
   <div class="p-2 bg-primary">首页</div>
   <div class="p-2 bg-success">家用电器</div>
   <div class="p-2 bg-danger">电脑办公</div>
   <div class="p-2 bg-primary">男装女装</div>
   <div class="p-2 bg-success">生鲜酒品</div>
   <div class="p-2 bg-danger">箱包钟表</div>
</div>
<div class="d-flex bg-warning text-white mb-4 flex-wrap-reverse">
   <div class="p-2 bg-primary">首页</div>
   <div class="p-2 bg-success">家用电器</div>
   <div class="p-2 bg-danger">电脑办公</div>
   <div class="p-2 bg-primary">男装女装</div>
   <div class="p-2 bg-success">生鲜酒品</div>
   <div class="p-2 bg-danger">箱包钟表</div>
</div>
```

程序运行结果如图4-9所示。

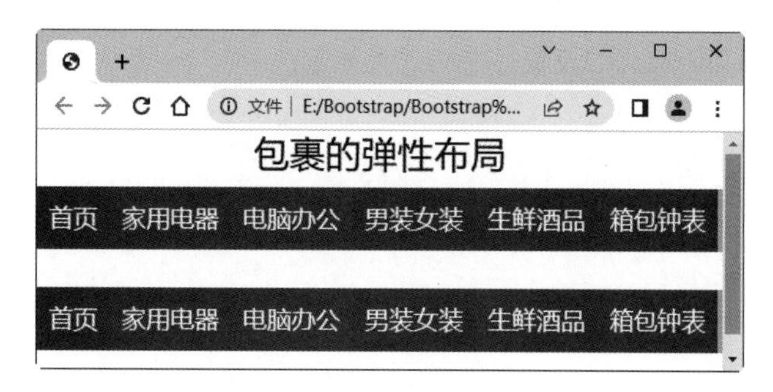

图 4-9　包裹效果

包裹布局也可以添加响应式的设置，响应式类如下：

```
.flex-{sm|md|lg|xl}-nowrap
.flex-{sm|md|lg|xl}-wrap
.flex-{sm|md|lg|xl}-wrap-reverse
```

4.3.7　排列顺序布局

使用一些order可以实现弹性项目的可视化排序。Bootstrap仅提供将一个项目排在第一或最后，以及重置DOM顺序。由于order只能使用从0到5的整数值，因此对于任何额外值都需要自定义CSS样式。

实例 10：以排列顺序方式布局子项目（案例文件：ch04\4.10.html）

```
<h3 align="center">设置排列顺序</h3>
<div class="d-flex bg-warning text-white">
    <div class="order-3 p-2 bg-primary">首页</div>
    <div class="order-2 p-2 bg-success">热销水果</div>
    <div class="order-1 p-2 bg-danger">热销蔬菜</div>
</div>
<div class="d-flex bg-warning text-white">
    <div class="order-1 p-2 bg-primary">首页</div>
    <div class="order-2 p-2 bg-success">热销水果</div>
    <div class="order-3 p-2 bg-danger">热销蔬菜</div>
</div>
```

程序运行结果如图4-10所示。

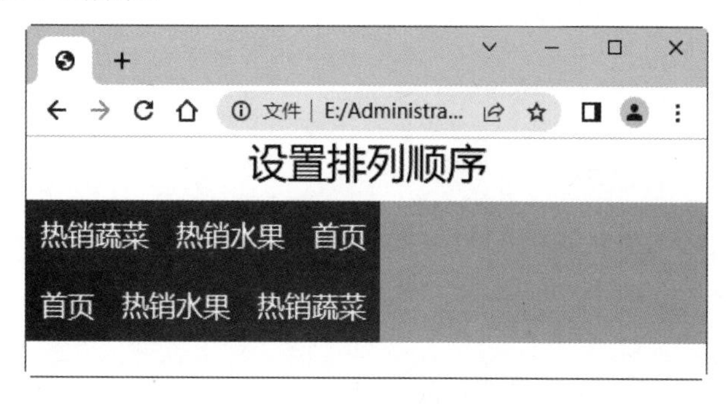

图 4-10　排列顺序效果

排列顺序也可以添加响应式的设置，响应式类如下：

```
.order-{sm|md|lg|xl}-0
.order-{sm|md|lg|xl}-1
.order-{sm|md|lg|xl}-2
.order-{sm|md|lg|xl}-3
.order-{sm|md|lg|xl}-4
.order-{sm|md|lg|xl}-5
.order-{sm|md|lg|xl}-6
.order-{sm|md|lg|xl}-7
.order-{sm|md|lg|xl}-8
.order-{sm|md|lg|xl}-9
.order-{sm|md|lg|xl}-10
.order-{sm|md|lg|xl}-11
.order-{sm|md|lg|xl}-12
```

4.3.8　对齐内容布局

使用Flex容器上的.align-content通用样式，可以将弹性项目对齐到横轴上，可选方向有start（浏览器默认值）、end、center、between、around和stretch。

实例 11：以对齐内容方式布局子项目（案例文件：ch04\4.11.html）

```
    <h3  align="center">align-content-start</h3>
    <div class="d-flex align-content-start bg-warning text-white flex-wrap mb-4"
style="height: 150px;">
        <div class="p-2 bg-primary">首页</div>
        <div class="p-2 bg-success">家用电器</div>
        <div class="p-2 bg-danger">电脑办公</div>
        <div class="p-2 bg-primary">男装女装</div>
        <div class="p-2 bg-success">生鲜酒品</div>
        <div class="p-2 bg-danger">箱包钟表</div>
        <div class="p-2 bg-primary">玩具乐器</div>
        <div class="p-2 bg-success">汽车用品</div>
        <div class="p-2 bg-danger">特产食品</div>
    </div>
    <h3  align="center">align-content-center</h3>
    <div class="d-flex align-content-center bg-warning text-white flex-wrap mb-4"
style="height: 150px;">
        <div class="p-2 bg-primary">首页</div>
        <div class="p-2 bg-success">家用电器</div>
        <div class="p-2 bg-danger">电脑办公</div>
        <div class="p-2 bg-primary">男装女装</div>
        <div class="p-2 bg-success">生鲜酒品</div>
        <div class="p-2 bg-danger">箱包钟表</div>
        <div class="p-2 bg-primary">玩具乐器</div>
        <div class="p-2 bg-success">汽车用品</div>
        <div class="p-2 bg-danger">特产食品</div>
    </div>
    <h3  align="center">align-content-end</h3>
```

```
<div class="d-flex align-content-end bg-warning text-white flex-wrap" style="height:150px;">
    <div class="p-2 bg-primary">首页</div>
    <div class="p-2 bg-success">家用电器</div>
    <div class="p-2 bg-danger">电脑办公</div>
    <div class="p-2 bg-primary">男装女装</div>
    <div class="p-2 bg-success">生鲜酒品</div>
    <div class="p-2 bg-danger">箱包钟表</div>
    <div class="p-2 bg-primary">玩具乐器</div>
    <div class="p-2 bg-success">汽车用品</div>
    <div class="p-2 bg-danger">特产食品</div>
</div>
```

程序运行结果如图4-11所示。

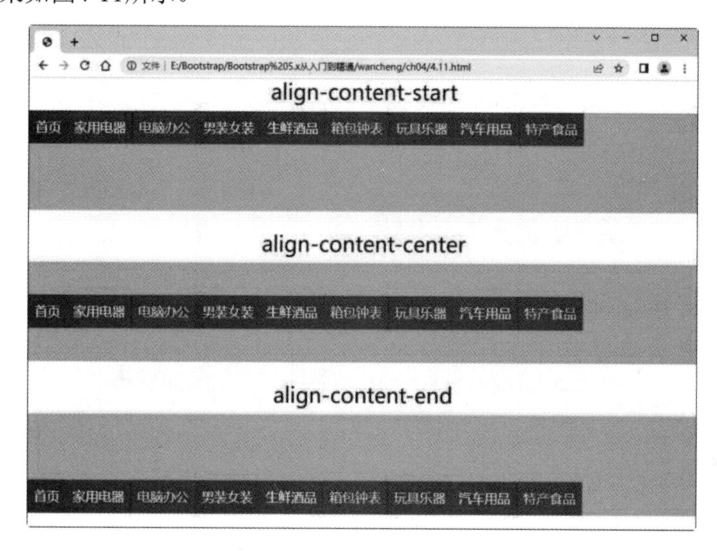

图 4-11　对齐内容效果

4.4　自动浮动布局

当flex对齐和自动浮动配合使用时，Flexbox也能正常运行，从而实现自动浮动布局效果。

4.4.1　水平方向浮动布局

通过margin来控制弹性盒子的布局方式有3种，包括预设（无margin）、向右推两个项目（.me-auto）、向左推两个项目（.ms-auto）。

实例 12：以水平方向浮动方式布局子项目（案例文件：ch04\4.12.html）

```
<h3 align="center">水平方向浮动布局</h3>
<div class="d-flex bg-warning text-white mb-3">
    <div class="p-2 bg-primary">家用电器</div>
```

```
        <div class="p-2 bg-success">电脑办公</div>
        <div class="p-2 bg-danger">男装女装</div>
    </div>
    <div class="d-flex bg-warning text-white mb-3">
        <div class="me-auto p-2 bg-primary">家用电器</div>
        <div class="p-2 bg-success">电脑办公</div>
        <div class="p-2 bg-danger">男装女装</div>
    </div>
    <div class="d-flex bg-warning text-white mb-3">
        <div class="p-2 bg-primary">家用电器</div>
        <div class="p-2 bg-success">电脑办公</div>
        <div class="ms-auto p-2 bg-danger">男装女装</div>
    </div>
```

程序运行结果如图4-12所示。

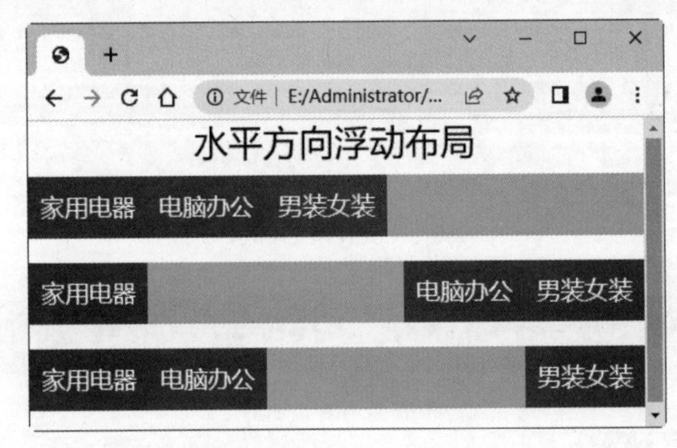

图 4-12 水平方向浮动效果

4.4.2 垂直方向浮动布局

结合 align-items、flex-direction: column、margin-top: auto或margin-bottom: auto，可以垂直移动一个Flex子容器到顶部或底部。

实例 13：以垂直方向浮动方式布局子项目（案例文件：ch04\4.13.html）

```
    <h3  align="center">垂直方向浮动布局</h3>
    <div class="d-flex align-items-start flex-column bg-warning text-white mb-4"
style="height: 200px;">
        <div class="mb-auto p-2 bg-primary">家用电器</div>
        <div class="p-2 bg-success">电脑办公</div>
        <div class="p-2 bg-danger">男装女装</div>
    </div>
    <div class="d-flex align-items-end flex-column bg-warning text-white" style="height:
200px;">
        <div class="p-2 bg-primary">家用电器</div>
        <div class="p-2 bg-success">电脑办公</div>
        <div class="mt-auto p-2 bg-danger">男装女装</div>
    </div>
```

程序运行结果如图4-13所示。

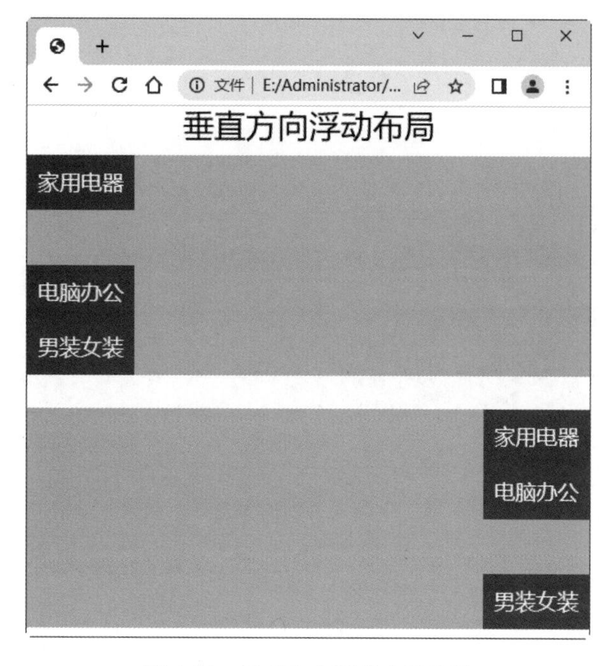

图 4-13　垂直方向浮动布局效果

4.5　实战案例——弹性布局产品页面

本案例使用Bootstrap的弹性样式进行网页布局，在大屏设备中产品介绍页面的显示效果如图4-14所示，在中屏设备中产品介绍页面的显示效果如图4-15所示。

图 4-14　大屏设备中的页面显示效果

图 4-15　中屏设备中的页面显示效果

下面介绍案例的实现步骤。

01 使用Bootstrap设计结构，并添加响应式布局。代码如下：

```
<div class="d-flex container">
    <div class="col-md-4"></div>
    <div class="col-md-4"></div>
    <div class="col-md-4"></div>
</div>
```

02 设计内容。内容部分包括产品图片、产品介绍等，代码如下：

```
<div class="service-section">
    <div class=" d-flex container">
        <h3>我们的产品</h3>
        <div class="service-grids">
            <div class="col-md-4 service-grid">
                <h4>水稻</h4>
                <img src="images/img3.jpg" class="img-responsive" alt="" />
                <h5>农家水稻</h5>
                <p>无公害绿色自种农家水稻，自然米色米香，种植地域无污染，无任何添加剂，纯正自种农家米。
</p>
            </div>
            <div class="col-md-4 service-grid">
                <h4>水果</h4>
                <img src="images/img7.jpg" class="img-responsive" alt="" />
                <h5>甜宝草莓</h5>
                <p>甜宝草莓果大、颜色红润、果型好看、果质较硬、耐运输、口感酸甜。</p>
            </div>
            <div class="col-md-4 service-grid">
                <h4>蔬菜</h4>
                <img src="images/img5.jpg" class="img-responsive" alt="" />
                <h5>农家蔬菜</h5>
                <p>小菜园的蔬菜均采用土杂肥种植，无公害栽培，自然生长，自然成熟。</p>
```

```
            </div>
        </div>
    </div>
</div>
```

03 设计样式。样式主要使用CSS 3来设计，具体样式代码如下：

```
.service-section {
  text-align: center;
  padding: 5em 0;
}
.service-section h3 {
  font-size: 3em;
  text-transform: uppercase;
  color: #99bf38;
  font-weight: 600;
  margin-bottom: 1em;
  font-family: "Roboto Slab", serif;
}
.service-grid h4 {
  font-size: 2em;
  text-transform: uppercase;
  color: #fff;
  font-weight: 700;
  background:#10DDE5;
  padding: 0.8em 0;
 }
.service-grid h5 {
  font-size: 1.5em;
  text-transform: uppercase;
  color: #99bf38;
  padding: 1em 0;
      font-weight: 700;
}
.service-grid p {
  font-size: 1em;
  color: #555;
  margin-bottom: 2em;
    line-height: 1.8em;
}
```

第 5 章 精通 Bootstrap 页面排版

网页是一种特殊的版面，其中包括文字、图片、视频或者流动窗口等，内容繁多且复杂，设计时必须要根据内容的需要将图片和文字按照一定的次序进行合理的编排和布局，使它们组成一个有序的整体。

5.1 页面排版的初始化

Bootstrap致力于提供一个简洁、优雅的版式，下面是页面排版的初始化内容。

1. 指导方针

系统重置建立新的规范，只允许元素选择器向HTML元素提供自有的风格，额外的样式只能通过明确的.class类来规范。例如，重置了一系列<table>样式，然后提供了.table、.table-bordered等样式类。

以下是Bootstrap的指导方针：

（1）重置浏览器默认值，使用rem代替em来作为尺寸规格单位，用于指定可缩放的组件的间隔与缝隙。

（2）尽量避免使用margin-top，防止使用它造成的垂直排版的混乱或其他意想不到的结果。更重要的是，一个单一方向的margin是一个简单的构思模型。

（3）为了易于跨设备缩放，block块元素必须使用rem作为margin的单位。

（4）保持font相关属性最小的声明，尽可能地使用inherit属性，不影响容器溢出。

2. 页面默认值

为提供更好的页面展示效果，Bootstrap更新了<html>和<body>元素的一些属性：

（1）盒模型尺寸box-sizing的设置是全局有效的，这可以确保元素声明的宽度不会因为填充或边框而超出容器。在<html>上没有声明基本的字体大小，使用浏览器默认值16 px。然后在此基础上将font-size:1 rem的比例应用于<body>上，使媒体查询能够轻松地实现缩放，从而最大程度保障用户的偏好和网页的易于访问。

（2）<body>元素被赋予一个全局性的.font-family和.line-height类，下面的表单元素也继承此属性，以防止字体大小错位冲突。

（3）为了安全起见，<body>的background-color的默认值设置为#fff。

3. 本地字体属性

Bootstrap删除了默认的Web字体（Helvetica Neue、Helvetica和Arial），并替换为“本地OS字体引用机制”，以便在每个设备和操作系统上实现最佳文本呈现。具体代码如下：

```
$font-family-sans-serif:
  // Safari for OS X and iOS (San Francisco)
  -apple-system,
  // Chrome < 56 for OS X (San Francisco)
  BlinkMacSystemFont,
  // Windows
  "Segoe UI",
  // Android
  "Roboto",
  // Basic web fallback
  "Helvetica Neue", Arial, sans-serif,
  // Emoji fonts
  "Apple Color Emoji", "Segoe UI Emoji", "Segoe UI Symbol" !default;
```

这样，font-family用于<body>并被全局自动继承。要切换全局font-family，只需更新$font-family-base即可。

5.2 文字排版

Bootstrap重写HTML默认样式，实现对页面版式的优化，以满足当前网页文字内容呈现的需要。

5.2.1 标题

在Bootstrap 5中，HTML定义的所有标题标签都是可用的，从<h1>到<h6>。如图5-1所示是将标题标签默认样式与Bootstrap样式风格进行对比。

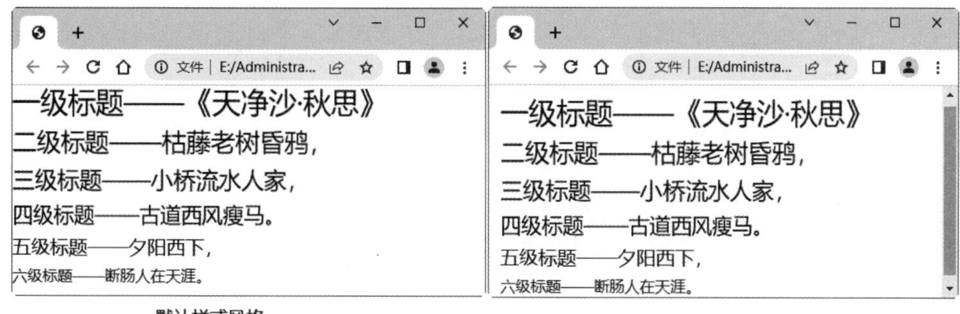

图 5-1　标题样式风格样式

在Bootstrap 5中，所有标题和段落元素（如<h1>、<p>）都被重置，标题元素都被设置为如下样式：

```
h6, .h6, h5, .h5, h4, .h4, h3, .h3, h2, .h2, h1, .h1 {
  margin-top: 0;
  margin-bottom: 0.5rem;
  font-weight: 500;
  line-height: 1.2;
}
```

Bootstrap 5将上外边距的margin-top设置为0，下外边距的margin-bottom设置为0.5 rem；font-weight（字体加粗）都设置为500；line-height（标题行高）固定为1.2，可避免行高因标题字体大小变化而变化，同时也可避免不同级别的标题行高不一致，影响版式风格的统一。每级标题的字体大小设置如下：

```
h1, .h1{font-size: 2.5rem;}
h2, .h2{font-size: 2rem;}
h3, .h3{font-size: 1.75rem;}
h4, .h4 {font-size: 1.5rem;}
h5, .h5 {font-size: 1.25rem;}
h6, .h6 {font-size: 1rem;}
```

在HTML标签元素上使用标题类（.h1～.h6），得到的字体样式和相应的标题字体样式完全相同。

实例 1：使用标题类（.h1～.h6）展示古诗《忆江南》（案例文件：ch05\5.1.html）

```
<div class="container mt-3">
    <p class="h6">六级标题——《忆江南》</p>
    <p class="h5">五级标题——江南好，</p>
    <p class="h4">四级标题——风景旧曾谙；</p>
    <p class="h3">三级标题——日出江花红胜火，</p>
    <p class="h2">二级标题——春来江水绿如蓝。</p>
    <p class="h1">一级标题——能不忆江南？</p>
</div>
```

程序运行效果如图5-2所示。

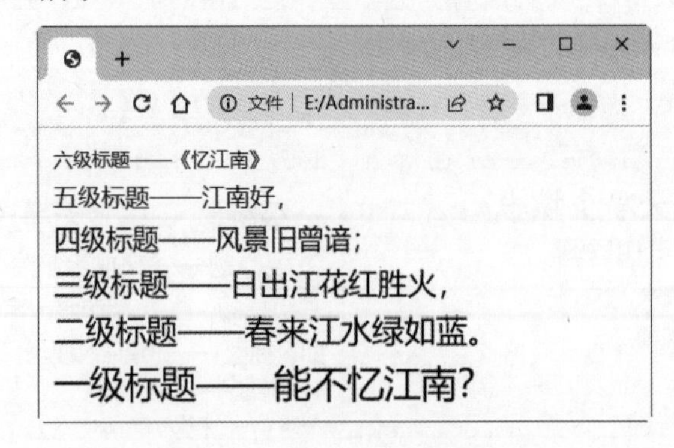

图 5-2　.h1 到.h6 标题类效果

在标题内可以包含<small>标签或赋予.small类的元素，用来设置小型辅助的标题文本。

实例 2：使用.small 类添加古诗作者信息（案例文件：ch05\5.2.html）

```
<div class="container mt-3">
    <p class="h6">六级标题——《忆江南》<small>[唐]白居易</small></p>
    <p class="h5">五级标题——江南好，</p>
    <p class="h4">四级标题——风景旧曾谙；</p>
    <p class="h3">三级标题——日出江花红胜火，</p>
    <p class="h2">二级标题——春来江水绿如蓝。</p>
    <p class="h1">一级标题——能不忆江南？</p>
</div>
```

程序运行效果如图5-3所示。

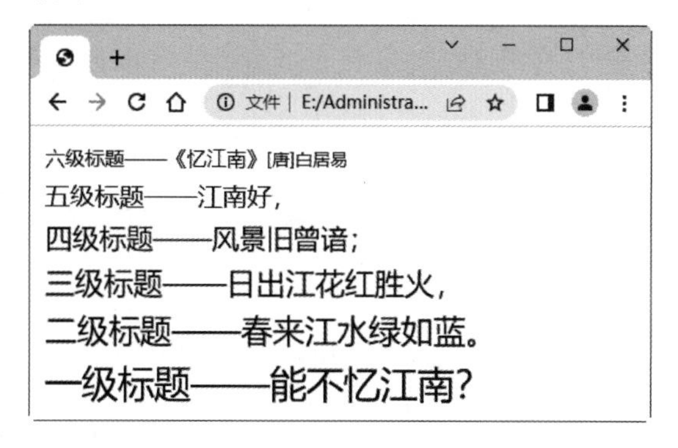

图 5-3　使用 small 类设置辅助标题

注意　当<small>标签或赋予.small类的元素的font-weight被设置为400时，font-size变为父元素的80%。

当需要一个标题突出显示时，可以使用.display类，使字体变得更大。Bootstrap中提供了6个.display类，分别为：.display-1、.display-2、.display-3、.display-4、.display-5和.display-6。如图5-4所示为标题类.h1添加不同.display类的显示效果。

实例 3：使用.display 类突出显示古诗题目（案例文件：ch05\5.3.html）

```
<div class="container mt-3">
    <p class="display-6">《忆江南》</p>
    <p class="h6">[唐]白居易</p>
    <p class="h5">江南好，</p>
    <p class="h4">风景旧曾谙；</p>
    <p class="h3">日出江花红胜火，</p>
    <p class="h2">春来江水绿如蓝。</p>
    <p class="h1">能不忆江南？</p>
</div>
```

程序运行效果如图5-5所示。

提示　使用了.display类以后，原有标题的font-size、font-weight样式会发生改变。

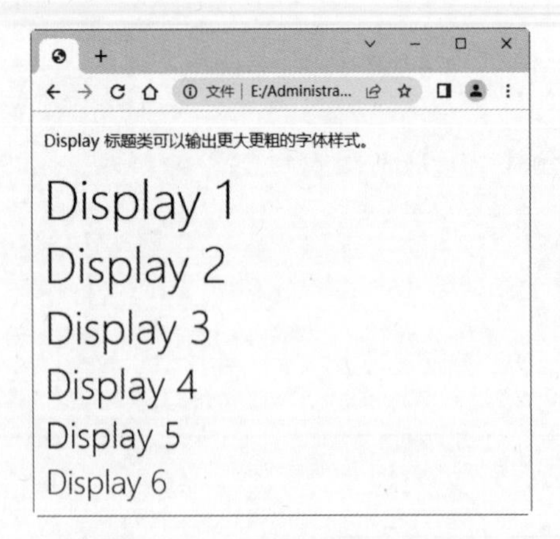

图 5-4　添加.display 类的显示效果

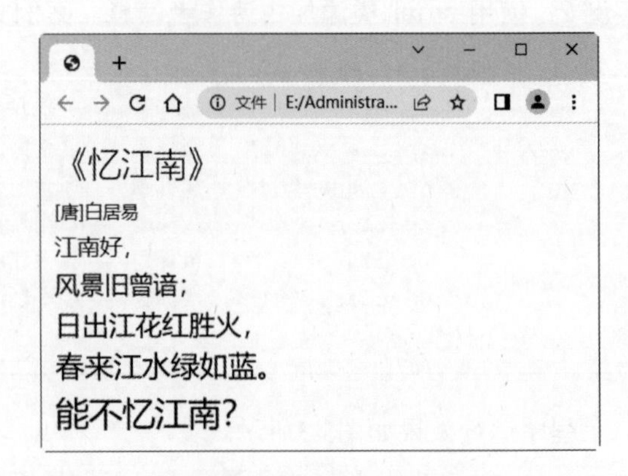

图 5-5　标题突出显示

5.2.2　段落

在Bootstrap 5中，段落标签<p>被设置上外边距为0，下外边距为1rem，CSS样式代码如下：

```
p {margin-top: 0;margin-bottom: 1 rem;}
```

如果想要段落突出显示，则可以为段落添加.lead类样式，被突出的段落文本的font-size变为1.25rem，font-weight变为300，CSS样式代码如下：

```
.lead {font-size: 1.25rem;font-weight: 300;}
```

实例 4：通过设置不同的段落效果展示旅游攻略（案例文件：ch05\5.4.html）

```
<h1>海南旅游攻略之行程安排</h1>
<h3 align="center"><small>——三亚之旅</small></h3>
<p>第一天：抵达三亚—接机入住海景酒店—自由活动</p>
<p class="lead">第二天：天堂森林公园—全海景玻璃栈道</p>
<p>第三天：南山文化苑—玫瑰谷—浪人湾6步曲</p>
<p class="lead">第四天：豪华游艇出海—海陆空海上直升机体验</p>
<p>第五天：自由活动—送机结束三亚之旅</p>
```

程序运行效果如图5-6所示。

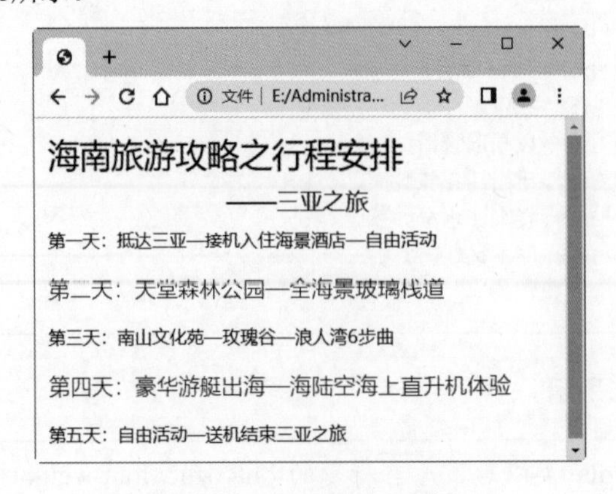

图 5-6　.lead 类样式效果

5.2.3　强调

HTML5文本元素的常用内联表现方法也适用于Bootstrap，可以使用<mark>、<del>、<s>、<ins>、<u>、<strong>、<em>等标签为常见的内联HTML 5元素添加强调样式。

实例 5：添加强调样式（案例文件：ch05\5.5.html）

```
<div class="container mt-3">
    <h2>强调文本</h2>
    <p>< mark >标签：<mark>标记的重点内容</mark></p>
    <p>< del >标签：<del>删除的文本</del></p>
    <p>< s >标签：<s>不再准确的文本</s></p>
    <p>< ins >标签：<ins>对文档的补充文本</ins></p>
    <p>< u >标签：<u>添加下划线的文本</u></p>
    <p>< strong >标签：<strong>粗体文本</strong></p>
    <p>< em >标签：<em>斜体文本</em></p>
</div>
```

程序运行效果如图5-7所示。

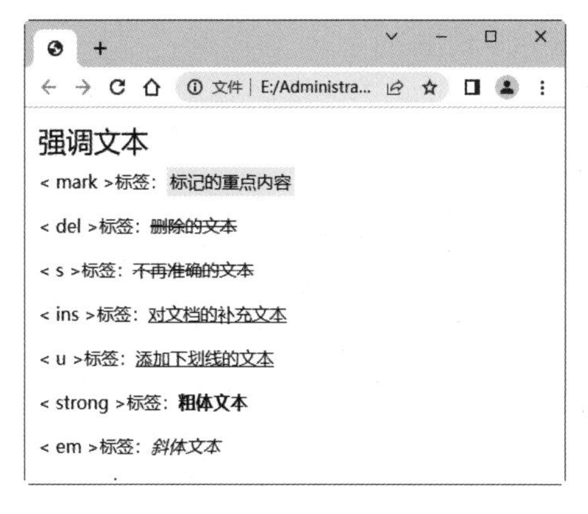

图 5-7　强调文本效果

提示 HTML 5支持使用<b>和<i>标签定义强调文本。<b>标签会加粗文本，用于突出强调单词或短语，而不赋予额外的重要含义；<i>标签使文本显示为斜体，主要用于技术名称、技术术语等。

5.2.4　缩略语

缩略语是指当鼠标指针悬停在缩写语上时会显示完整的内容。HTML 5中通过使用<abbr>标签来实现缩略语，在Bootstrap中只是对<abbr>进行了加强。加强后缩略语具有默认下画虚线，鼠标指针悬停时显示帮助光标。

实例 6：通过缩略语为古诗添加注释（案例文件：ch05\5.6.html）

```
<div class="container mt-2">
        <h2 align="center"><abbr title="元日：阴历正月初一">元日</abbr></h2>
```

```
        <p>爆竹声中一岁除，春风送暖入屠苏。</p>
        <p>千门万户曈曈日，总把新桃换旧符。</p>
    </div>
```

程序运行效果如图5-8所示。

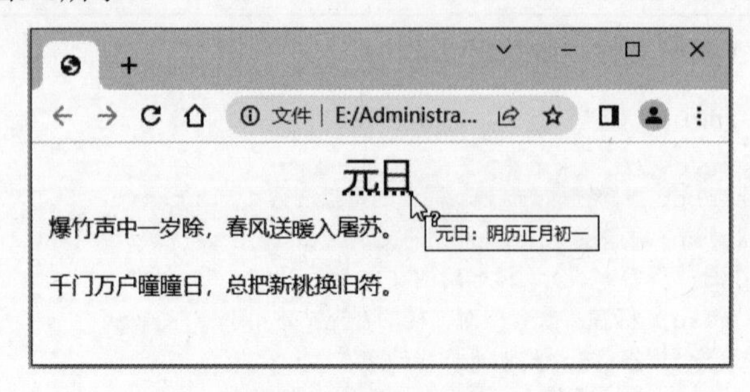

图 5-8　缩略语效果

5.2.5　引用

如果要添加引用文本，则可以在正文中插入引用块，引用块使用带.blockquote类的<blockquote>标签。在引用块中，有3个标签可以使用：

（1）<blockquote>：引用块。

（2）<cite>：引用块内容的来源。

（3）<footer>：包含引用来源和作者的元素。

Bootstrap 5为<blockquote>标签定义了.blockquote类，设置<blockquote>标签的底外边距为1 rem，字体大小为1.25 rem；为<footer>标签定义了.blockquote-footer类，设置元素为块级元素，字体大小为0.875 em，字体颜色为#6c757d；通过使用.text-end类，可以实现引用文本右对齐的效果。

实例 7：通过添加引用文本内容显示古诗词作者（案例文件：ch05\5.7.html）

```
<blockquote class="blockquote">
        <p>金炉香尽漏声残，剪剪轻风阵阵寒。</p>
        <p>春色恼人眠不得，月移花影上栏杆。</p>
        <footer class="blockquote-footer text-end">王安石<cite>《春夜》</cite></footer>
</blockquote>
```

程序运行效果如图5-9所示。

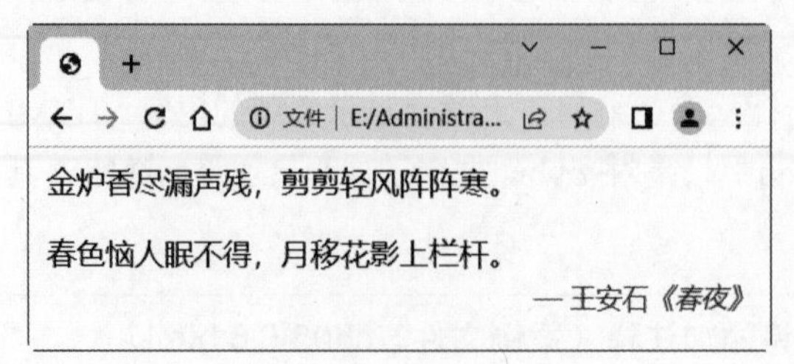

图 5-9　引用效果

5.3 显示代码

Bootstrap支持在网页中显示代码，主要通过<code>标签和<pre>标签来分别实现嵌入的行内代码和多行代码块。

5.3.1 行内代码

<code>标签用于表示计算机源代码或者其他机器可以阅读的文本内容。Bootstrap 5优化了<code>标签默认样式效果，样式代码如下：

```
code {
  font-size: 0.875em;
  color: #d63384;
  word-wrap: break-word;
}
```

实例 8：利用<code>标签制作饮食健康咨询信息（案例文件：ch05\5.8.html）

```
<div class="container mt-3">
        <h3>健康饮食咨询</h3>
        <p><code>过敏</code>时，这些食物不能吃。</p>
        <p><code>女性气色</code>不好可以吃什么调理。</p>
        <p><code>低血压</code>的人要怎样进行调理？</p>
        <p>温和又平价的<code>美容食物</code>，才是最好的护肤品！</p>
    </div>
```

程序运行结果如图5-10所示。

图 5-10　行内代码效果

5.3.2 多行代码块

使用<pre>标签可以包裹代码块，可以对HTML的尖括号进行转义。

实例 9：使用<pre>标签显示古诗词信息（案例文件：ch05\5.9.html）

```
<div class="container mt-3">
    <h3>《丑奴儿·书博山道中壁》</h3>
    <p align="center">[宋]辛弃疾</p>
    <pre>
少年不识愁滋味，爱上层楼。爱上层楼。为赋新词强说愁。
而今识尽愁滋味，欲说还休。欲说还休。却道天凉好个秋。
    </pre>
</div>
```

程序运行结果如图5-11所示。

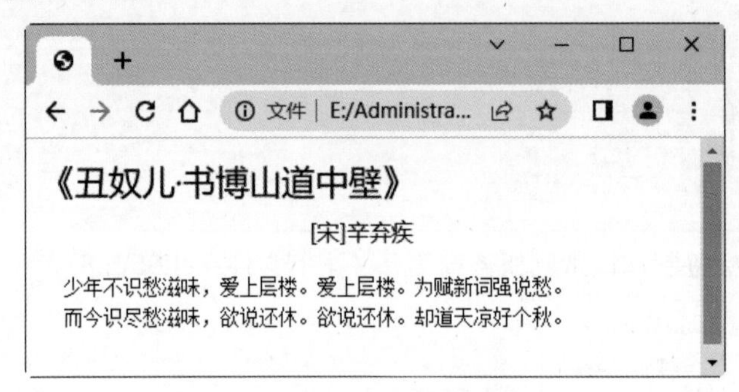

图 5-11　代码块效果

5.4　响应式图片

Bootstrap 5为图片添加了轻量级的样式和响应式行为，因此在设计中可以更加方便地引用图片且不会轻易破坏页面布局。

5.4.1　图片的同步缩放

在Bootstrap 5中，给图片添加.img-fluid样式或定义max-width: 100%、height:auto样式，即设置响应式特性，图片大小会随着父元素大小同步缩放。

实例 10：设计图片的同步缩放效果（案例文件：ch05\5.10.html）

```
<div class="container mt-3">
    <h2>图片的同步缩放</h2>
    <img src="1.jpg" class="img-fluid">
</div>
```

程序运行结果如图5-12所示。如果改变浏览器窗口大小，此时图片也会跟着同步缩放。

图 5-12　图片的同步缩放

5.4.2　图片缩略图

可以使用.img-thumbnail类给图片加上一个带圆角且宽度为1px的外框样式。

实例 11：设计图片缩略图效果（案例文件：ch05\5.11.html）

```
<h2>图片缩略图</h2>
<img src="2.jpg" class="img-thumbnail">
<img src="3.jpg" class="img-thumbnail">
```

程序运行结果如图5-13所示。

图 5-13　图片缩略图效果

5.4.3　图片对齐方式

设置图片对齐方式的方法如下：

（1）使用浮动类来实现图片的左浮动或右浮动效果。

（2）使用.text-start、.text-center和.text-end类来分别实现水平居左、居中和居右对齐。

（3）使用外边距.mx-auto类来实现水平居中，注意要把<img>标签转换为块级元素，添加.d-block类。

实例 12：设置图片的对齐方式（案例文件：ch05\5.12.html）

```
<div class="container mt-3">
        <div class="clearfix">
            <img src="1.jpg" class="float-start" width="200">
            <img src="1.jpg" class="float-end" width="200">
        </div>
        <p class="text-center">浮动类实现左右对齐</p>
        <div class="text-center">
            <img src="1.jpg" width="200">
            <p class="text-center">文本类实现水平居中</p>
        </div>
        <div>
            <img src="1.jpg" class="mx-auto d-block" width="200">
            <p class="text-center">外边距类实现水平居中</p>
        </div>
    </div>
```

程序运行结果如图5-14所示。

图 5-14　图片的对齐效果

5.5　优化表格的样式

Bootstrap 5优化了表格的结构标签，并定义了很多表格的专用样式类。优化的结构标签如下：

（1）<table>：表格容器。

（2）<thead>：表格表头容器。

（3）<tbody>：表格主体容器。

（4）<tr>：表格行结构。

（5）<td>：表格单元格（在<tbody>内使用）。

（6）<th>：表格表头容器中的单元格（在<thead>内使用）。

（7）<caption>：表格标题容器。

提示　只有为<table>标签添加.table类样式，才可以为它赋予Bootstrap表格的优化效果。

5.5.1　表格默认样式

Bootstrap通过.table类来设置表格的默认样式。

实例 13：利用表格默认样式设计员工信息表（案例文件：ch05\5.13.html）

```
<div class="container mt-3">
    <h2 class="text-center">员工信息表</h2>
<table class="table">
    <thead>
        <tr>
            <th>姓名</th><th>性别</th><th>年龄</th><th>学历</th><th>专业</th>
        </tr>
    </thead>
    <tbody>
        <tr>
            <td>张晓明</td><td>男</td><td>22</td><td>本科</td><td>通信技术</td>
        </tr>
        <tr>
            <td>张子彬</td><td>女</td><td>21</td><td>本科</td><td>电子工程</td>
        </tr>
        <tr>
            <td>贾雨轩</td><td>男</td><td>23</td><td>本科</td><td>土木工程</td>
        </tr>
        <tr>
            <td>白欢喜</td><td>女</td><td>22</td><td>研究生</td><td>计算机科学</td>
        </tr>
    </tbody>
</table>
</div>
```

程序运行结果如图5-15所示。

图 5-15　表格默认样式

5.5.2　无边框表格样式

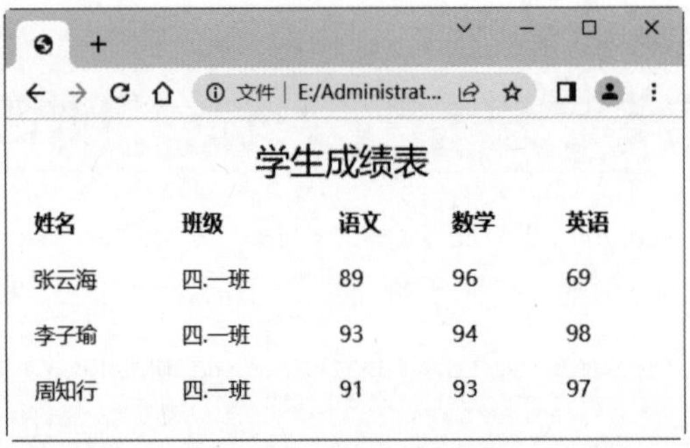

为<table>标签添加.table-borderless类即可设计没有边框的表格。

实例 14：设计无边框的学生成绩表（案例文件：ch05\5.14.html）

```
<h2 align="center">学生成绩表</h2>
<table class="table table-borderless">
    <thead>
    <tr>
        <th>姓名</th><th>班级</th><th>语文</th><th>数学</th><th>英语</th></tr>
    </thead>
    <tbody>
    <tr>
        <td>张云海</td><td>四.一班</td><td>89</td><td>96</td><td>69</td></tr>
    <tr>
        <td>李子瑜</td><td>四.一班</td><td>93</td><td>94</td><td>98</td></tr>
    <tr>
        <td>周知行</td><td>四.一班</td><td>91</td><td>93</td><td>97</td></tr>
</table>
```

程序运行结果如图5-16所示。

图 5-16　无边框表格效果

5.5.3　条纹状表格样式

为<table>标签添加.table-striped类即可设计条纹状的表格。

实例 15：设计条纹状表格样式的工资表（案例文件：ch05\5.15.html）

```
<div class="container mt-3">
    <h2  align="center">1月份工资表</h2>
    <table class="table table-striped">
        <thead>
        <tr>
            <th>姓名</th><th>部门</th><th>工资</th><th>奖金</th></tr>
        </thead>
        <tbody>
        <tr>
```

```
            <td>李阳光</td><td>销售部</td><td>8600元</td><td>800元</td></tr>
        <tr>
            <td>田优优</td><td>销售部</td><td>4500元</td><td>900元</td></tr>
        <tr>
            <td>张小文</td><td>财务部</td><td>6800元</td><td>1200元</td> </tr>
        <tr>
            <td>李修平</td><td>设计部</td><td>7800元</td><td>600元</td>
        </tr>
        </tbody>
    </table>
</div>
```

程序运行结果如图5-17所示。

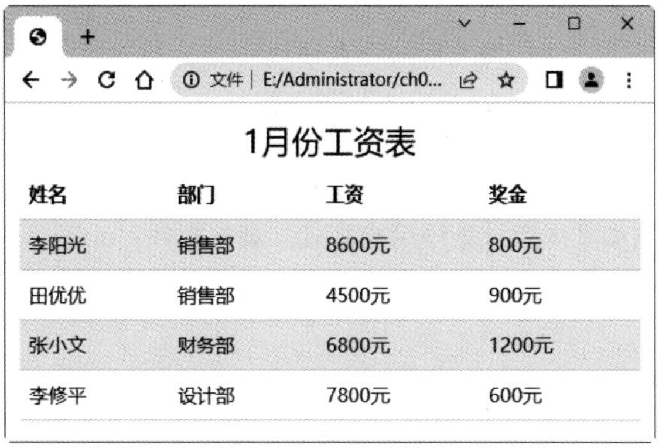

图 5-17　条纹状表格效果

5.5.4　设计表格边框样式

为<table>标签添加.table-bordered类即可设计表格的边框风格。

实例 16：为商品入库表添加表格边框样式（案例文件：ch05\5.16.html）

```
<h2  align="center">商品入库表</h2>
<table class="table table-bordered">
    <thead>
    <tr>
        <th>名称</th><th>入库时间</th><th>产地</th><th>数量</th></tr>
    </thead>
    <tbody>
    <tr>
        <td>洗衣机</td><td>3月18日</td><td>上海</td><td>500台</td></tr>
    <tr>
        <td>冰箱</td><td>3月21日</td><td>北京</td><td>600台</td></tr>
    <tr>
        <td>电视机</td><td>4月11日</td><td>广州</td><td>900台</td> </tr>
     </tbody>
</table>
```

程序运行结果如图5-18所示。

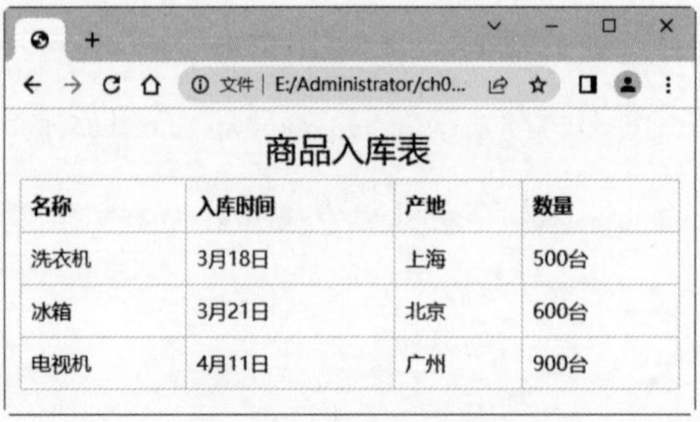

商品入库表

名称	入库时间	产地	数量
洗衣机	3月18日	上海	500台
冰箱	3月21日	北京	600台
电视机	4月11日	广州	900台

图 5-18　表格边框风格

5.5.5　鼠标指针悬停表格样式

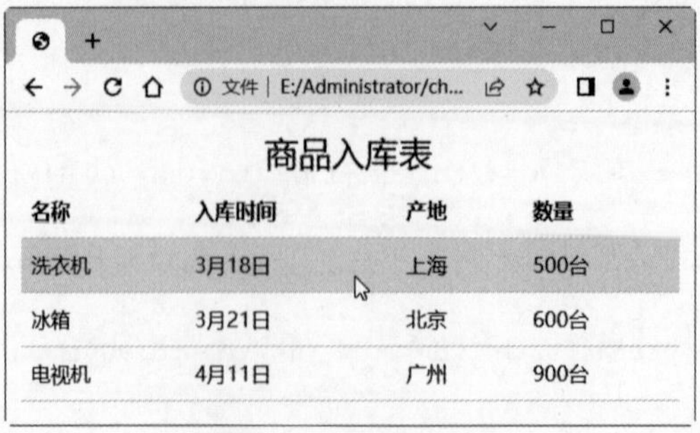

为<table>标签添加.table-hover类，可以产生行悬停效果，也就是当鼠标移到某一行上时，该行会出现底纹并且颜色发生变化。

实例 17：为商品入库表添加鼠标指针悬停风格样式（案例文件：ch05\5.17.html）

```
<h2  align="center">商品入库表</h2>
<table class="table table-hover ">
    <thead>
    <tr>
        <th>名称</th><th>入库时间</th><th>产地</th><th>数量</th></tr>
    </thead>
    <tbody>
    <tr>
        <td>洗衣机</td><td>3月18日</td><td>上海</td><td>500台</td></tr>
    <tr>
        <td>冰箱</td><td>3月21日</td><td>北京</td><td>600台</td></tr>
    <tr>
        <td>电视机</td><td>4月11日</td><td>广州</td><td>900台</td> </tr>
     </tbody>
</table>
```

程序运行结果如图5-19所示。将鼠标放在任意一行，即可发现该行的颜色发生了变化。

商品入库表

名称	入库时间	产地	数量
洗衣机	3月18日	上海	500台
冰箱	3月21日	北京	600台
电视机	4月11日	广州	900台

图 5-19　鼠标指针悬停风格

5.5.6　设置表格背景颜色

利用Bootstrap中的颜色类可以设置表格的背景颜色，也可以是表格行和单元格的背景颜色，还可以是表头容器<thead>和表格主体容器<tbody>的背景颜色。表5-1列出了表格颜色类。

表 5-1　表格颜色类

类　名	说　明
.table-primary	蓝色：指定这是一个重要的操作
.table-success	绿色：指定这是一个允许执行的操作
.table-danger	红色：指定这是一个危险的操作
.table-info	浅蓝色：表示内容已变更
.table-warning	黄色：表示需要注意的操作
.table-active	灰色：用于鼠标悬停效果
.table-secondary	深灰色：表示内容不怎么重要
.table-light	浅灰色：可以是表格行的背景
.table-dark	黑色：可以是表格行的背景

实例 18：为商品销售报表添加不同的背景颜色（案例文件：ch05\5.18.html）

```
<h2 align="center">商品销售报表</h2>
<table class="table">
    <thead class="table-primary">
    <tr>
        <th>编码</th><th>名称</th><th>销售时间</th><th>销售数量</th><th>单价</th><th>金额</th>
    </tr>
    </thead>
    <tbody>
    <tr class="table-warning">
        <td>1001</td><td>洗衣机</td><td>3月1日</td><td>6</td><td>2300元</td><td>13800元</td>
    </tr>
    <tr class="table-danger">
        <td>1002</td><td>冰箱</td><td>3月1日</td><td>10</td><td>6800元</td><td>68000元</td>
    </tr>
    <tr class="table-light">
        <td>1003</td><td>空调</td><td>3月2日</td><td>8</td><td>1800元</td><td>14400元</td>
    </tr>
    <tr class="table-info">
        <td>1004</td><td>电视机</td><td>3月3日</td><td>5</td><td>3800元</td><td>19000元</td>
    </tr>
    </tbody>
</table>
```

程序运行结果如图5-20所示。

图 5-20　表格背景颜色效果

5.6　实战案例——设计商品信息管理页面

本案例使用Bootstrap的表格设计一个商品信息管理页面，最终效果如图5-21所示。

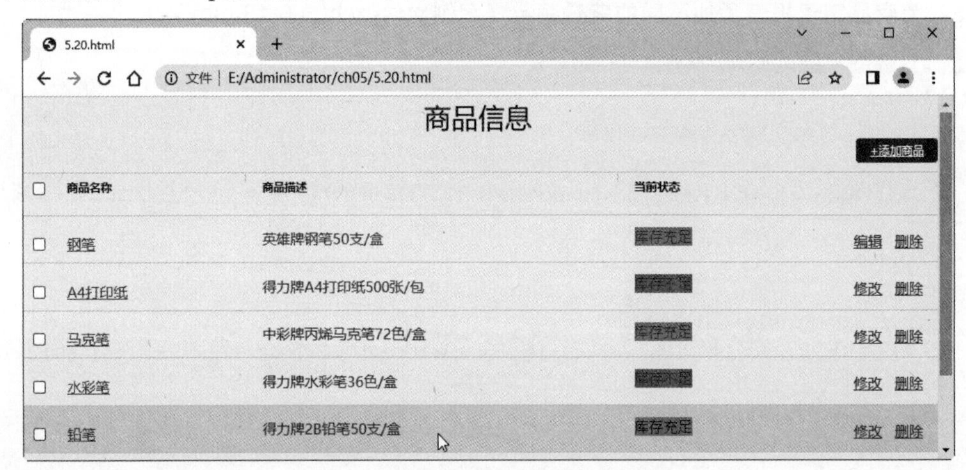

图 5-21　商品信息管理页面

具体实现步骤如下：

01 设计顶部的功能区域。功能区域包括表头和右侧的“添加商品”按钮。具体的代码如下：

```
<div class="row-fluid head">
      <div class="span12">
          <h4 class="text-center">商品信息</h4>
      </div>
  </div>
  <div class="row-fluid filter-block">
      <div class="pull-right">
          <a class="btn-flat bg-success new-product">+添加商品</a>
      </div>
  </div>
```

02 设计表格。为<table>标签添加，table-hover类设计鼠标指针悬停时的表格样式。添加代码如下：

```
<div class="row-fluid">
    <table class="table table-hover">
        <thead>
            <tr>
                <th class="span3"><input type="checkbox" />商品名称</th>
                <th class="span3"><span class="line"></span>商品描述</th>
                <th class="span3"><span class="line"></span>当前状态</th>
            </tr>
        </thead>
        <tbody>
            <tr class="first">
                <td><input type="checkbox" /><a href="#" class="name">钢笔</a></td>
                <td class="description">英雄牌钢笔50支/盒</td>
                <td>
                    <span class="label label-success">库存充足</span>
                    <ul class="actions">
                        <li><a href="#">编辑</a></li>
                        <li class="last"><a href="#">删除</a></li>
                    </ul>
                </td>
            </tr>
            <tr>
                <td><input type="checkbox" /><a href="#" class="name">A4打印纸</a></td>
                <td class="description">得力牌A4打印纸500张/包</td>
                <td>
                    <span class="label label-info">库存不足</span>
                    <ul class="actions">
                        <li><a href="#">修改</a></li>
                        <li class="last"><a href="#">删除</a></li>
                    </ul>
                </td>
            </tr>
            <tr>
                <td><input type="checkbox" /><a href="#" class="name">马克笔</a></td>
                <td class="description">中彩牌丙烯马克笔72色/盒</td>
                <td>
                    <span class="label label-success">库存充足</span>
                    <ul class="actions">
                        <li><a href="#">修改</a></li>
                        <li class="last"><a href="#">删除</a></li>
                    </ul>
                </td>
            </tr>
            <tr>
                <td><input type="checkbox" /><a href="#" class="name">水彩笔</a></td>
                <td class="description">得力牌水彩笔36色/盒</td>
                <td>
                    <span class="label label-info">库存不足</span>
                    <ul class="actions">
```

```
                    <li><a href="#">修改</a></li>
                    <li class="last"><a href="#">删除</a></li>
                </ul>
            </td>
        </tr>
        <tr>
            <td><input type="checkbox" /><a href="#" class="name">铅笔</a></td>
            <td class="description">得力牌2B铅笔50支/盒</td>
            <td>
                <span class="label label-success">库存充足</span>
                <ul class="actions">
                    <li><a href="#">修改</a></li>
                    <li class="last"><a href="#">删除</a></li>
                </ul>
            </td>
        </tr>
    </tbody>
</table>
```

第 6 章

使用 CSS 通用样式

Bootstrap核心是一个CSS框架，它定义了大量的通用样式类，包括边距、边框、颜色、对齐方式、阴影、浮动，显示与隐藏等，很容易上手。开发人员不需要花费太多的时间，无须编写大量CSS样式，使用Bootstrap的通用样式就可以快速地开发出精美的网页。

6.1 文 本 处 理

Bootstrap定义了一些关于文本的样式类，用来控制文本的对齐、换行、转换等。

6.1.1 文本对齐

在Bootstrap中定义了以下3个类，用来设置文本的水平对齐方式。

（1）.text-start：设置左对齐。

（2）.text-center：设置居中对齐。

（3）.text-end：设置右对齐。

实例 1：以不同的对齐方式显示古诗词（案例文件：ch06\6.1.html）

这里定义3个段落，然后为每个段落分别设置.text-start、.text-center、.text-end类，以实现不同的对齐方式。

```
<div class="container mt-3">
    <h3 align="center">《游子吟》</h3>
    <p class="text-start">慈母手中线，游子身上衣。</p>
    <p class="text-center">临行密密缝，意恐迟迟归。</p>
    <p class="text-end">谁言寸草心，报得三春晖。</p>
</div>
```

程序运行结果如图6-1所示。

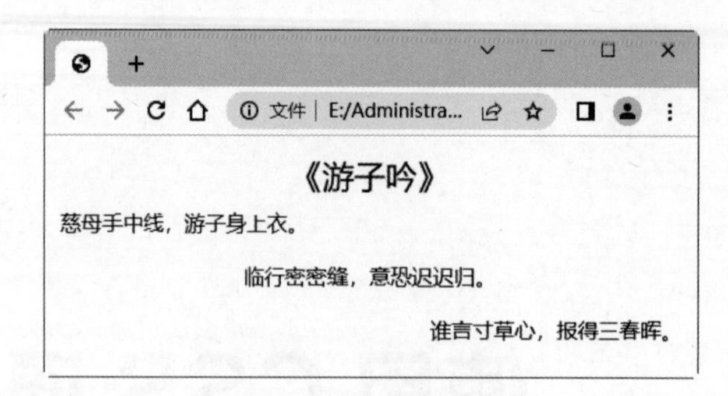

图 6-1　文本对齐效果

左对齐、右对齐和居中对齐，可以结合网格系统的响应断点来定义响应式的对齐方式。具体设置方法如下：

（1）.text-(sm|md|lg|xl)-start：表示在sm|md|lg|xl型设备上左对齐。

（2）.text-(sm|md|lg|xl)-center：表示在sm|md|lg|xl型设备上居中对齐。

（3）.text-(sm|md|lg|xl)-end：表示在sm|md|lg|xl型设备上右对齐。

实例 2：响应式对齐方式（案例文件：ch06\6.2.html）

这里定义1个div，并添加.text-sm-center类和.text-md-end类。.text-sm-center类表示在sm（576px≤sm<768px）型设备上显示为水平居中，.text-md-end类表示在md（768px≤md<992px）型设备上显示为右对齐。

```
<h3 align="center">响应式对齐</h3>
<div class="text-sm-center text-md-end border">重置浏览器窗口大小查看对齐效果</div>
```

程序运行在sm型设备上的显示效果如图6-2所示。

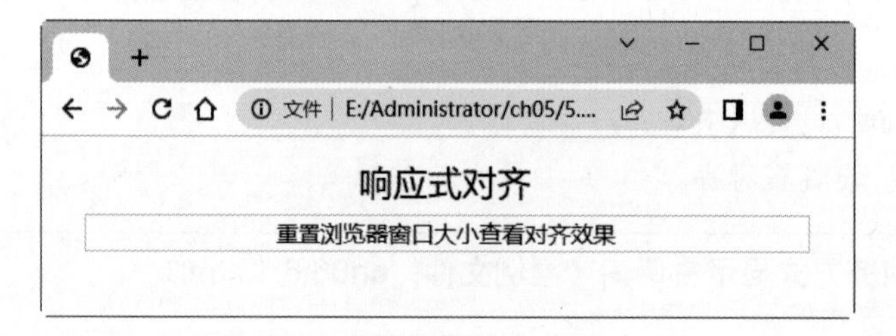

图 6-2　sm 型设备上的显示效果

程序运行在md型设备上的显示结果如图6-3所示。

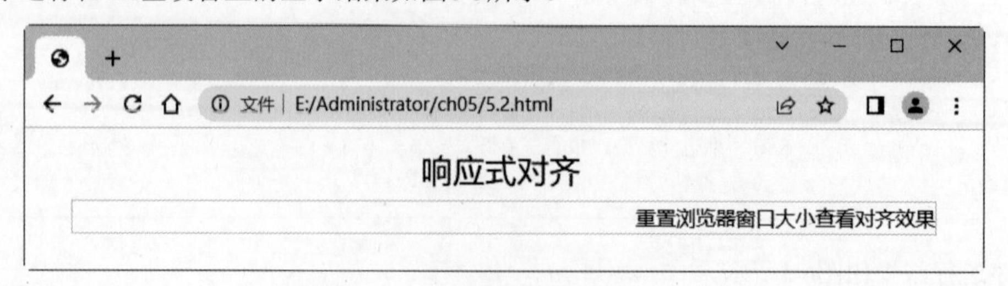

图 6-3　md 型设备上的显示效果

6.1.2　文本换行

在Bootstrap中定义了以下2个类，用来设置文本的换行方式。

（1）.text-justify：设定文本对齐，段落中超出屏幕部分的文字自动换行。

（2）.text-nowrap：段落中超出屏幕的部分不换行。

如果元素中的文本超出了元素本身的宽度，默认情况下会自行换行。如果不需要换行，可以使用.text-nowrap类来阻止。

实例 3：以不同换行方式显示古诗词（案例文件：ch06\6.3.html）

这里定义了2个宽度为15 rem的div，第1个没有添加.text-nowrap类来阻止文本换行，第2个添加了.text-nowrap类来阻止文本换行。

```
<div class="container mt-3">
    <h5 align="center">超出屏幕部分文字自动换行</h5>
    <p class="text-justify">白发青丝一瞬间，年华老去向谁言？春风若有怜花意，可否许我再少年。</p>
    <h5 align="center">默认情况下自行换行</h5>
    <div class="border border-primary mb-5" style="width: 15rem;">
        白发青丝一瞬间，年华老去向谁言？春风若有怜花意，可否许我再少年。
    </div>
    <h5 align="center">阻止文本换行</h5>
    <div class="text-nowrap border border-primary" style="width: 15rem;">
        白发青丝一瞬间，年华老去向谁言？春风若有怜花意，可否许我再少年。
    </div>
</div>
```

程序运行结果如图6-4所示。

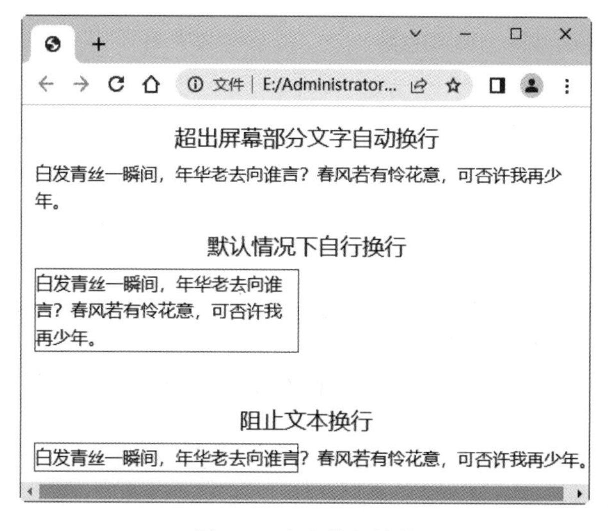

图 6-4　文本换行效果

在Bootstrap中，对于较长的文本内容，如果超出了元素盒子的宽度，那么可以添加.text-truncate类，以省略号的形式表示超出的文本内容。

注意　添加.text-truncate类的元素，只有包含display: inline-block或display:block样式才能实现效果。

实例 4：省略溢出的文本内容（案例文件：ch06\6.4.html）

这里给定div的宽度，然后添加.text-truncate类。当文本内容溢出时，将以省略号显示。

```
<h3 align="center">省略溢出的文本内容</h3>
<div class="border border-primary mb-5 text-truncate" style="width: 15rem;">
少年不识愁滋味，爱上层楼。爱上层楼，为赋新词强说愁。
</div>
```

程序运行结果如图6-5所示。

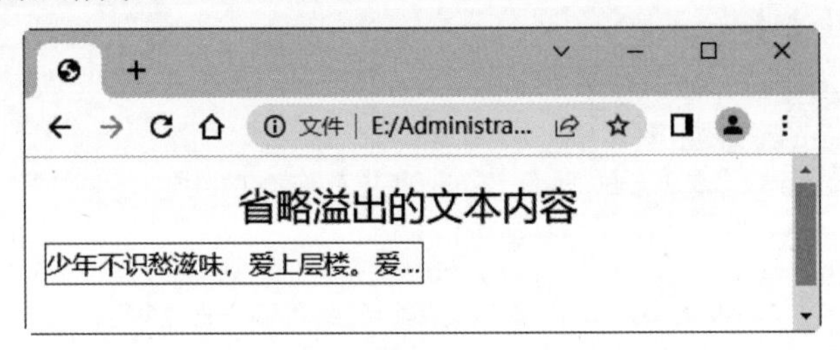

图 6-5　省略溢出文本效果

6.1.3　转换大小写

在Bootstrap中定义了以下3个类，用来设置文本中的字母大小写。具体的类的含义如下：

（1）.text-lowercase：将字母转换为小写。

（2）.text-uppercase：将字母转换为大写。

（3）.text-capitalize：将每个单词的第一个字母转换为大写。

注意　.text-capitalize只更改每个单词的第一个字母，不影响其他字母。

实例 5：转换大小写（案例文件：ch06\6.5.html）

```
    <div class="container mt-3">
        <h3 align="center">字母转换大小写</h3>
        <p class="text-uppercase">转换成大写：i believe that the heart does go on </p>
        <p class="text-lowercase">转换成小写：I BELIEVE THAT THE HEART DOES GO ON </p>
        <p class="text-capitalize">转换每个单词的首字母为大写：I believe that the heart does go 
on </p>
    </div>
```

程序运行结果如图6-6所示。

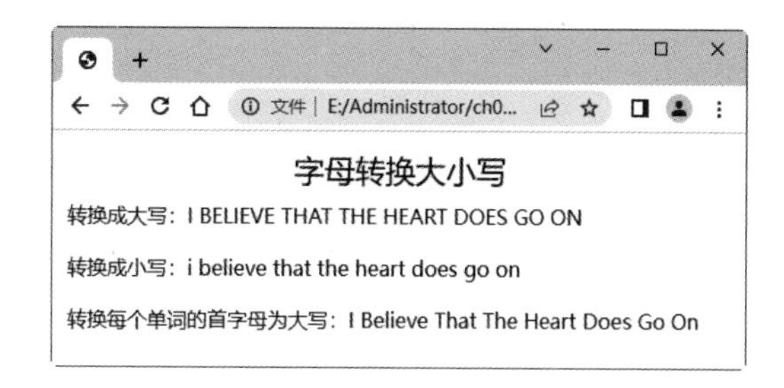

图 6-6　字母转换大小写

6.1.4　粗细和斜体

在Bootstrap 5中，字体的粗细被分为了5类，具体如下：

（1）.fw-bolder：超粗体。

（2）.fw-bold：粗体。

（3）.fw-normal：正常。

（4）.fw-light：细体。

（5）.fw-lighter：超细体。

要设置斜体，可以使用.fst-italic类，若要取消斜体，则使用.fst-normal类。

实例 6：以粗细和斜体方式显示文本（案例文件：ch06\6.6.html）

```
<div class="container mt-3">
    <h3 align="center">字体的粗细和斜体效果</h3>
    <p class="fw-bolder">燕雁无心，太湖西畔随云去。数峰清苦，商略黄昏雨（fw-bolder）</p>
    <p class="fw-bold">燕雁无心，太湖西畔随云去。数峰清苦，商略黄昏雨（fw-bold）</p>
    <p class="fw-normal">燕雁无心，太湖西畔随云去。数峰清苦，商略黄昏雨（fw-normal）</p>
    <p class="fw-light">燕雁无心，太湖西畔随云去。数峰清苦，商略黄昏雨（fw-light）</p>
    <p class="fw-lighter">燕雁无心，太湖西畔随云去。数峰清苦，商略黄昏雨（fw-lighter）</p>
    <p class="fst-italic">燕雁无心，太湖西畔随云去。数峰清苦，商略黄昏雨（fst-italic）</p>
</div>
```

程序运行结果如图6-7所示。

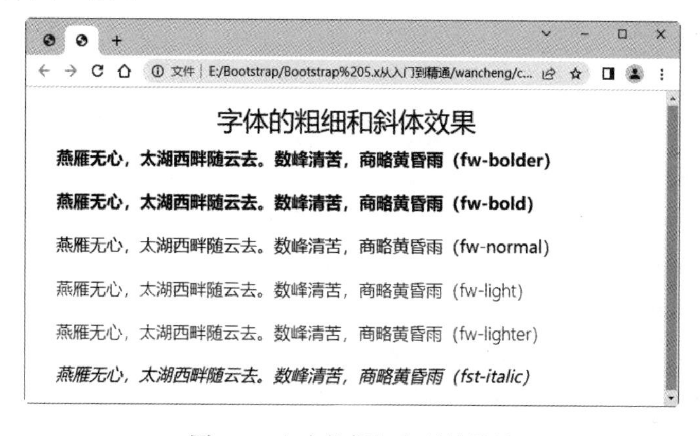

图 6-7　文本的粗细和斜体效果

6.1.5 其他文本样式类

在使用Bootstrap进行开发时还可能会用到以下两个样式类：

（1）.text-reset：颜色复位。重新设置文本或链接的颜色，继承来自父元素的颜色。

（2）.text-decoration-none：删除修饰线。

实例 7：设置其他文本样式类（案例文件：ch06\6.7.html）

```
<h4 align="center">复位颜色和删除修饰</h4>
<div class="text-muted">
    <p><a href="#" class="text-reset">海棠亭午沾疏雨。便一饷、胭脂尽吐。</a></p>
    <p><a href="#" class="text-decoration-none">海棠亭午沾疏雨。便一饷、胭脂尽吐。</a></p>
</div>
```

程序运行结果如图6-8所示。

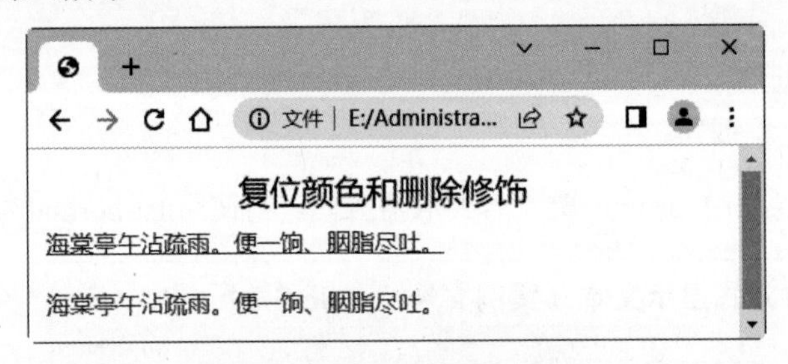

图 6-8 其他样式类效果

6.2 颜色样式

在网页开发中，通过颜色来传达不同的意义和表达不同的模块。在Bootstrap中有一系列的颜色样式，包括文本颜色、链接文本颜色、背景颜色等与状态相关的样式。

6.2.1 文本颜色

Bootstrap提供了一些有代表意义的文本颜色类，具体说明如下：

（1）.text-primary：蓝色，重要的文本。

（2）.text-secondary：深灰色，副标题。

（3）.text-success：绿色，执行成功的文本。

（4）.text-danger：红色，危险操作文本。

（5）.text-warning：黄色，警告文本。

（6）.text-info：浅蓝色，代表一些提示信息的文本。

（7）.text-light：浅灰色文本（白色背景上看不清楚）。

（8）.text-dark：黑色文字。

（9）.text-muted：灰色，柔和的文本。

（10）.text-white：白色文本（白色背景上看不清楚）。

实例 8：设置文本颜色（案例文件：ch06\6.8.html）

设置.text-light类和.text-white类时还需要添加相应的背景色，否则是看不见的，这里添加了.bg-dark类，背景显示为黑色。

```
<div class="container mt-3">
    <h3 align="center">设置文本颜色</h3>
    <p class="text-primary">.text-primary：蓝色</p>
    <p class="text-secondary">.text-secondary：深灰色</p>
    <p class="text-success">.text-success：绿色</p>
    <p class="text-danger">.text-danger：红色</p>
    <p class="text-warning">.text-warning：黄色</p>
    <p class="text-info">.text-info：浅蓝色</p>
    <p class="text-light bg-dark">.text-light：浅灰色（白色背景上看不清楚）</p>
    <p class="text-dark">.text-dark：黑色</p>
    <p class="text-muted">.text-muted：灰色</p>
    <p class="text-white bg-dark">.text-white：白色（白色背景上看不清楚）</p>
</div>
```

程序运行结果如图6-9所示。

图 6-9　文本颜色类

Bootstrap中还有两个特别的颜色类：.text-black-50和.text-white-50。它们的CSS样式代码如下：

```
.text-black-50 {
  --bs-text-opacity: 1;
  color: rgba(0, 0, 0, 0.5) !important;
}
.text-white-50 {
```

```
    --bs-text-opacity: 1;
    color: rgba(255, 255, 255, 0.5) !important;
  }
```

这两个类分别设置文本为黑色和白色，并设置透明度为0.5。

实例 9：设置文本颜色透明度（案例文件：ch06\6.9.html）

```
<div class="container mt-3">
    <h2>文本颜色透明度</h2>
    <p>使用 .text-black-50或.text-white-50类设置文本颜色透明度为50%</p>
    <p class="text-black-50">透明度为50%的黑色文本，背景为白色。</p>
    <p class="text-white-50 bg-dark">透明度为50%的白色文本，背景为黑色。</p>
</div>
```

程序运行结果如图6-10所示。

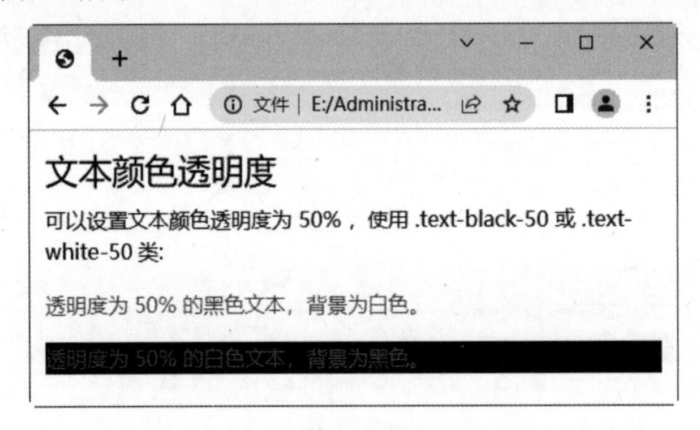

图 6-10　设置文本颜色透明度

6.2.2　链接颜色

前面介绍的文本颜色类，在链接上也能正常使用。再配合Bootstrap提供的悬浮和焦点样式（悬浮时颜色变暗），使链接文本更适合网页整体的颜色搭配。

注意 和设置文本颜色一样，不建议使用.text-white和.text-light这两个类，因为其不显示样式，需要相应的背景颜色类来辅助。

实例 10：设置链接颜色（案例文件：ch06\6.10.html）

```
<div class="container mt-3">
    <h3 align="center">链接的文本颜色</h3>
    <p><a href="#" class="text-primary">.text-primary: 蓝色链接</a></p>
    <p><a href="#" class="text-secondary">.text-secondary: 深灰色链接</a></p>
    <p><a href="#" class="text-success">.text-success: 绿色链接</a></p>
    <p><a href="#" class="text-danger">.text-danger: 红色链接</a></p>
    <p><a href="#" class="text-warning">.text-warning: 黄色链接</a></p>
    <p><a href="#" class="text-info">.text-info: 浅蓝色链接</a></p>
    <p><a href="#" class="text-light bg-dark">.text-light: 浅灰色链接（添加了黑色背景）
</a></p>
```

```
    <p><a href="#" class="text-dark">.text-dark: 黑色链接</a></p>
    <p><a href="#" class="text-muted">.text-muted: 灰色链接</a></p>
    <p><a href="#" class="text-white bg-dark">.text-white: 白色链接(添加了黑色背景)</a></p>
</div>
```

程序运行结果如图6-11所示。

图 6-11　链接文本颜色效果

6.2.3　背景颜色

Bootstrap提供的背景颜色类有.bg-primary、.bg-success、.bg-info、.bg-warning、.bg-danger、.bg-secondary、.bg-dark和.bg-light。背景颜色类与文本颜色类一样，只是这里设置的是背景颜色。

注意　设置背景颜色不会影响文本的颜色，在开发中需要与文本颜色样式结合使用，常使用.text-white（设置为白色文本）类设置文本颜色。

实例 11：设置背景颜色（案例文件：ch06\6.11.html）

```
<div class="container mt-3">
    <h3 align="center">设置背景颜色</h3>
    <p class="bg-primary text-white">.bg-primary: 蓝色背景</p>
    <p class="bg-secondary text-white">.bg-secondary: 深灰色背景</p>
    <p class="bg-success text-white">.bg-success: 绿色背景</p>
    <p class="bg-danger text-white">.bg-danger: 红色背景</p>
    <p class="bg-warning text-white">.bg-warning: 黄色背景</p>
    <p class="bg-info text-white">.bg-info: 浅蓝色背景</p>
    <p class="bg-light">.bg-light: 浅灰色背景</p>
```

```
    <p class="bg-dark text-white">.bg-dark：黑色背景</p>
    <p class="bg-white">.bg-white：白色背景</p>
</div>
```

程序运行结果如图6-12所示。

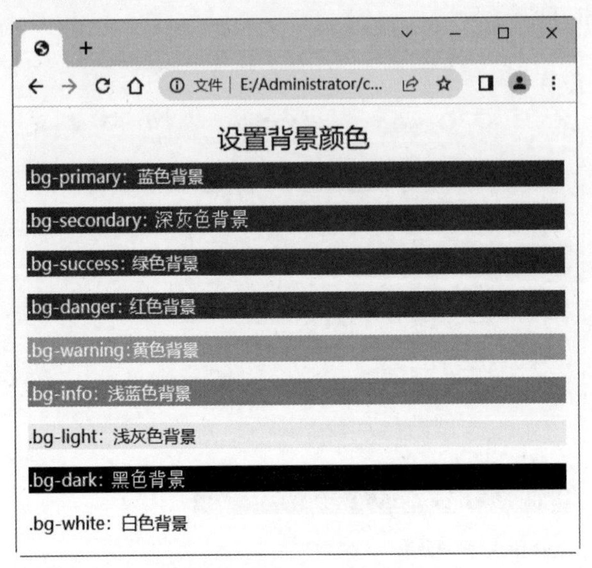

图 6-12　背景颜色效果

6.3　边框样式

使用Bootstrap提供的边框样式类，可以快速地添加和删除元素的边框，也可以指定添加或删除元素某一边的边框。

6.3.1　添加边框

在Bootstrap中通过给元素添加.border类来添加边框。如果想指定添加某一边，则可以从以下4个类中进行选择：

（1）.border-top：添加元素上边框。

（2）.border-end：添加元素右边框。

（3）.border-bottom：添加元素下边框。

（4）.border-start：添加元素左边框。

实例 12：添加不同的边框样式（案例文件：ch06\6.12.html）

下面定义5个div，第1个div添加.border类设置四边的边框，另外4个div各设置一边的边框。

```
<style>
    div{
```

```
        width: 100px;
        height: 100px;
        float: left;
        margin-left: 30px;
    }
</style>
<body class="container">
<h3 align="center">添加边框样式</h3>
<div class="border border-primary bg-light">border</div>
<div class="border-top border-primary bg-light">border-top</div>
<div class="border-end border-primary bg-light">border-end</div>
<div class="border-bottom border-primary bg-light">border-bottom</div>
<div class="border-start border-primary bg-light">border-start</div>
</body>
```

程序运行结果如图6-13所示。

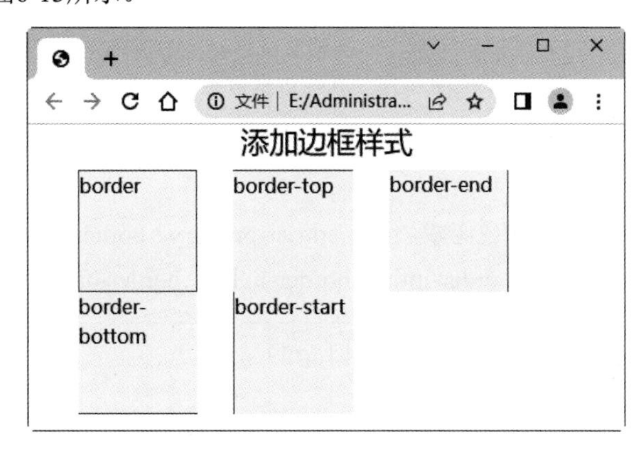

图 6-13　添加边框效果

在元素有边框的情况下，若需要删除边框或删除某一边的边框，则只需要在边框样式类后面添加“-0”，就可以删除对应的边框，例如.border-0表示删除元素四边的边框。

实例 13：删除边框效果（案例文件：ch06\6.13.html）

```
<style>
    div{
        width: 100px;
        height: 100px;
        float: left;
        margin-left: 30px;
    }
</style>
<body class="container">
<h3 align="center">删除指定边框</h3>
<div class="border border-0 border-primary bg-light">border-0</div>
<div class="border border-top-0 border-primary bg-light">border-top-0</div>
<div class="border border-end-0 border-primary bg-light">border-end-0</div>
<div class="border border-bottom-0 border-primary bg-light">border-bottom-0</div>
```

```
<div class="border border-start-0 border-primary bg-light">border-start-0</div>
</body>
```

程序运行结果如图6-14所示。

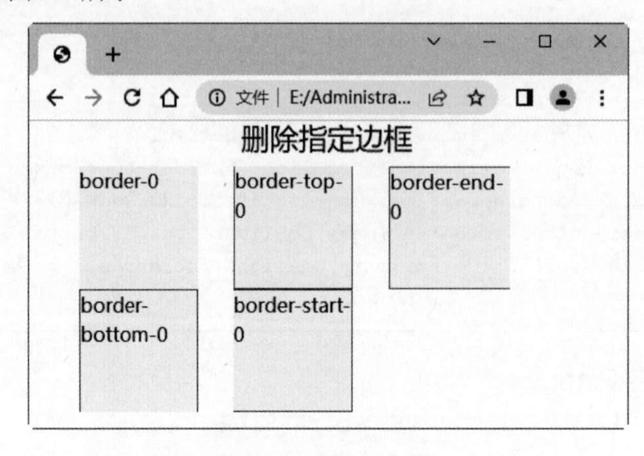

图 6-14　删除边框效果

6.3.2　边框颜色

边框的颜色类由.border加上颜色组成，包括.border-primary、.border-secondary、.border-success、.border-danger、.border-warning、.border-info、.border-light、.border-dark和.border-white。

实例 14：设置边框颜色（案例文件：ch06\6.14.html）

```
<style>
    div{
        width: 100px;
        height: 100px;
         float: left;
        margin: 15px;
    }
</style>
<body class="container">
<h3 align="center">设置边框颜色</h3>
<div class="border border-primary">border-primary</div>
<div class="border border-secondary">border-secondary</div>
<div class="border border-success">border-success</div>
<div class="border border-danger">border-danger</div>
<div class="border border-warning">border-warning</div>
<div class="border border-info">border-info</div>
<div class="border border-light">border-light</div>
<div class="border border-dark">border-dark</div>
<div class="border border-white">border-white</div>
</body>
```

程序运行结果如图6-15所示。

图 6-15　设置边框颜色

6.3.3　圆角边框

在Bootstrap中通过给元素添加.rounded类来实现圆角边框效果，也可以指定某一边的圆角边框。具体含义如下：

（1）.rounded-top：设置元素左上和右上的圆角边框。

（2）.rounded-bottom：设置元素左下和右下的圆角边框。

（3）.rounded-start：设置元素左上和左下的圆角边框。

（4）.rounded-end：设置元素右上和右下的圆角边框。

实例 15：设置圆角边框（案例文件：ch06\6.15.html）

```
<style>
    div{
        width: 100px;
        height: 100px;
        float: left;
        margin: 15px;
        padding-top: 20px;
    }
</style>
<body class="container">
<h3 align="center">圆角边框</h3>
<div class="border border-primary rounded">rounded</div>
<div class="border border-primary rounded-0">rounded-0</div>
<div class="border border-primary rounded-top">rounded-top</div>
<div class="border border-primary rounded-end">rounded-end</div>
<div class="border border-primary rounded-bottom">rounded-bottom</div>
<div class="border border-primary rounded-start">rounded-start</div>
<div class="border border-primary rounded-circle">rounded-circle</div>
```

```
<div class="border border-primary rounded-pill">rounded-pill</div>
</body>
```

程序运行结果如图6-16所示。

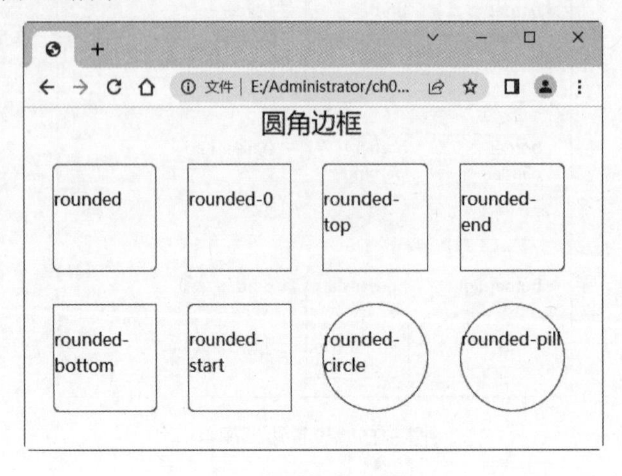

图 6-16 圆角边框效果

6.4 宽度和高度

在Bootstrap 5中，宽度和高度的设置分两种情况：一种是相对于父元素的宽度和高度来设置，以百分比来表示；另一种是相对于视口的宽度和高度来设置，单位为vw（视口宽度）和vh（视口高度）。在Bootstrap 5中，宽度用w表示，高度用h来表示。

6.4.1 相对于父元素

相对于父元素的宽度和高度样式类是由_variables.scss文件中的$sizes变量来控制的，默认值包括25%、50%、75%、100%和auto。用户可以调整这些值，制定不同的规格。

具体的样式代码如下：

```
.w-25 {width: 25% !important;}
.w-50 {width: 50% !important;}
.w-75 {width: 75% !important;}
.w-100 {width: 100% !important;}
.w-auto {width: auto !important;}
.h-25 {height: 25% !important;}
.h-50 {height: 50% !important;}
.h-75 {height: 75% !important;}
.h-100 {height: 100% !important;}
.h-auto {height: auto !important;}
```

提示 .w-auto为宽度自适应类，.h-auto为高度自适应类。

实例 16：相对于父元素的宽度和高度（案例文件：ch06\6.16.html）

```
    <h3 align="center">相对于父元素的宽度</h3>
        <div class="bg-white text-white mb-4">
            <div class="w-25 p-3 bg-success">w-25</div>
            <div class="w-50 p-3 bg-success">w-50</div>
            <div class="w-75 p-3 bg-success">w-75</div>
            <div class="w-100 p-3 bg-success">w-100</div>
            <div class="w-auto p-3 bg-success border-top">w-auto</div>
        </div>
        <h3 class="mb-2">相对于父元素的高度</h3>
        <div class="bg-white text-white" style="height: 100px;">
            <div class="h-25 d-inline-block bg-success text-center" style="width: 120px;">
h-25</div>
            <div class="h-50 d-inline-block bg-success text-center" style="width: 120px;">
h-50</div>
            <div class="h-75 d-inline-block bg-success text-center" style="width: 120px;">
h-75</div>
            <div class="h-100 d-inline-block bg-success text-center" style="width: 120px;">
h-100</div>
            <div class="h-auto d-inline-block bg-success text-center" style="width: 120px;">
h-auto</div>
    </div>
```

程序运行结果如图6-17所示。

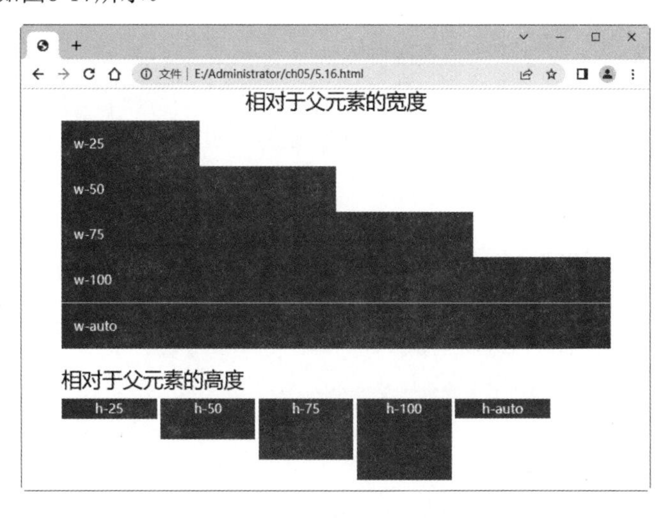

图 6-17　相对于父元素

除了上面这些类以外，还可以使用以下两个类：

```
.mw-100 {max-width: 100% !important;}
.mh-100 {max-height: 100% !important;}
```

其中.mw-100类设置最大宽度，.mh-100类设置最大高度。这两个类多用来设置图片，例如，一个元素盒子的尺寸是固定的，而要包含的图片的尺寸不确定，在这种情况下便可以设置.mw-100和.mh-100类，使图片不会因为尺寸过大而撑破元素盒子，影响页面布局。

实例 17：合理布局网页图片（案例文件：ch06\6.17.html）

```
<h3 align="center">最大宽度和高度</h3>
<div style="width: 400px;height: 300px;" class="border border-primary">
    <img src="1.jpg" class="mw-100 mh-100">
</div>
```

程序运行结果如图6-18所示。

图 6-18　最大高度和宽度

6.4.2　相对于视口

vw和vh是CSS 3中的新知识，是相对于视口的宽度和高度的单位。不论怎么调整视口的大小，视口的宽度都等于100vw，高度都等于100vh。也就是把视口平均分成100份，1vw等于视口宽度的1%，1vh等于视口高度的1%。

在Bootstrap 5中定义了以下4个相对于视口的类：

```
.min-vw-100 {min-width: 100vw !important;}
.min-vh-100 {min-height: 100vh !important;}
.vw-100 {width: 100vw !important;}
.vh-100 {height: 100vh !important;}
```

说明如下：

（1）.min-vw-100：最小宽度等于视口的宽度。使用.min-vw-100类的元素，当元素的宽度大于视口的宽度时，按照该元素本身宽度来显示，出现水平滚动条；当元素的宽度小于视口的宽度时，元素自动调整，使元素的宽度等于视口的宽度。

（2）.min-vh-100：最小高度等于视口的高度。使用.min-vh-100类的元素，当元素的高度大于视口的高度时，按照该元素本身高度来显示，出现竖向滚动条；当元素的高度小于视口的高度时，元素自动调整，使元素的高度等于视口的高度。

（3）.vw-100：宽度等于视口的宽度。使用.vw-100类的元素，元素的宽度等于视口的宽度。

（4）.vh-100：高度等于视口的高度。使用.vh-100类的元素，元素的高度等于视口的高度。

实例 18：设置相对于视口的宽度（案例文件：ch06\6.18.html）

本例主要是比较.min-vw-100类和.vw-100类的作用效果。这里定义了2个<h2>标签，宽度都设置为1200px，然后分别添加.min-vw-100类和.vw-100类。

```
<body class="text-white">
<h3 class="text-right text-dark mb-4">.min-vw-100类和.vw-100类的对比效果</h3>
<h2 style="width: 1200px;" class="min-vw-100 bg-primary text-center">.min-vw-100</h2>
<h2 style="width: 1200px;" class="vw-100 bg-success text-center">vw-100</h2>
</body>
```

程序运行结果如图6-19所示。

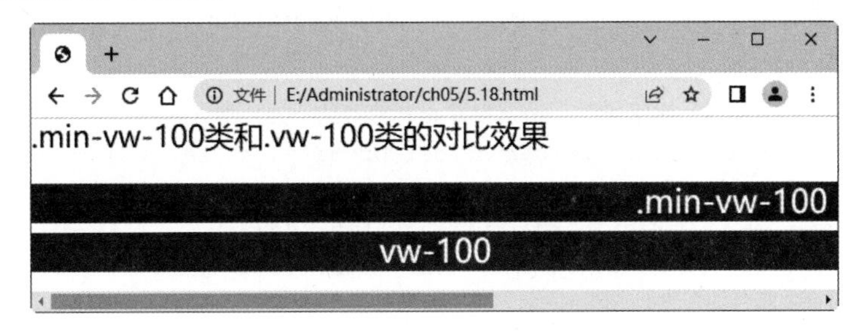

图 6-19　相对于视口的宽度

从结果可以看出，设置了.vw-100类的盒子宽度始终等于视口的宽度，会随着视口宽度的改变而改变；设置.min-vw-100类的盒子，当其宽度大于视口宽度时，盒子宽度是固定的，不会随着视口的改变而改变，当盒子宽度小于视口宽度时，宽度会自动调整到视口的宽度。

6.5　边距样式

Bootstrap 5定义了许多关于边距的类，使用这些类可以快速地设置网页的外观，使页面的布局更加协调，还可以根据需要添加响应式的操作。

6.5.1　边距的定义

在CSS中，通过margin（外边距）和padding（内边距）来设置元素的边距。在Bootstrap 5中，用m来表示margin，用p来表示padding。

Bootstrap关于设置哪一边的边距也做了定义，具体含义如下：

（1）t：用于设置margin-top或padding-top。

（2）b：用于设置margin-bottom或padding-bottom。

（3）s：用于设置margin-start或padding-start。

（4）e：用于设置margin-end或padding-end。

（5）x：用于设置左右两边的类*-start和*-end（*代表margin或padding）。

（6）y：用于设置上下两边的类*-top和*-bottom（*代表margin或padding）。

在Bootstrap中，margin和padding定义了6个值，具体含义如下：

（1）*-0：设置margin或padding为0。
（2）*-1：设置margin或padding为0.25rem。
（3）*-2：设置margin或padding为0.5rem。
（4）*-3：设置margin或padding为1rem。
（5）*-4：设置margin或padding为1.5rem。
（6）*-5：设置margin或padding为3rem。

此外，Bootstrap还包括一个.mx-auto类，多用于设置固定宽度的块级元素水平居中。

实例 19：为 div 元素设置不同的边距（案例文件：ch06\6.19.html）

```
<body class="container">
    <!--mx-auto设置<h3>水平居中，mb-4设置<h3>底外边距为1.5rem-->
    <h3 class="mb-4 mx-auto border border-primary" style="width:150px">mx-auto</h3>
    <!--ms-4设置左外边距为0.5rem-->
    <div class="ms-2 border border-primary">ms-2</div>
    <div class="border border-primary">正常的盒子</div>
    <!--ms-4设置左外边距为1.5rem-->
    <div class="ms-4 border border-primary">ms-4</div>
</body>
```

程序运行结果如图6-20所示。

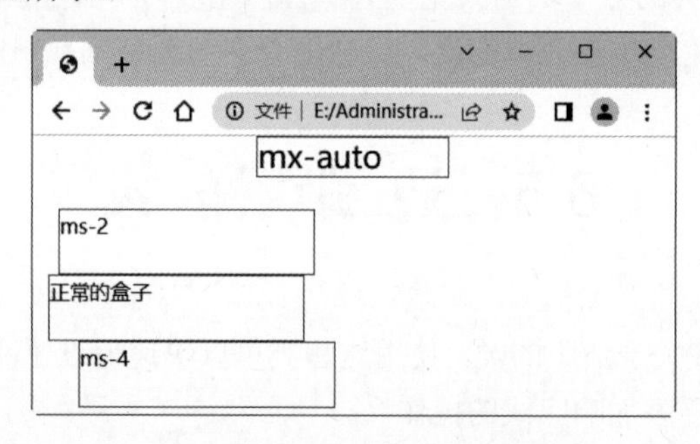

图 6-20　设置不同的边距效果

6.5.2　响应式边距

边距样式与网格断点结合，可以设置响应式的边距，在不同的断点范围内显示不同的边距值。格式如下：

```
{m|p}{t|b|s|e|x|y}-{sm|md|lg|xl}-{0|1|2|3|4|5}
```

实例 20：设置响应式边距（案例文件：ch06\6.20.html）

这里设置div的边距样式为.mx-auto和.me-sm-2，.mx-auto设置水平居中，.me-sm-2设置右侧margin-right为0.5 rem。

```
<h3 class="mb-4">响应式的边距</h3>
```

```
    <div class="mx-auto me-sm-2 border border-primary" style="width:150px">mx-auto
me-sm-2</div>
```

程序运行在xs型屏幕设备上，显示.mx-auto类效果，如图6-21所示。

程序运行在sm型屏幕设备上，显示.me-sm-2类效果，如图6-22所示。

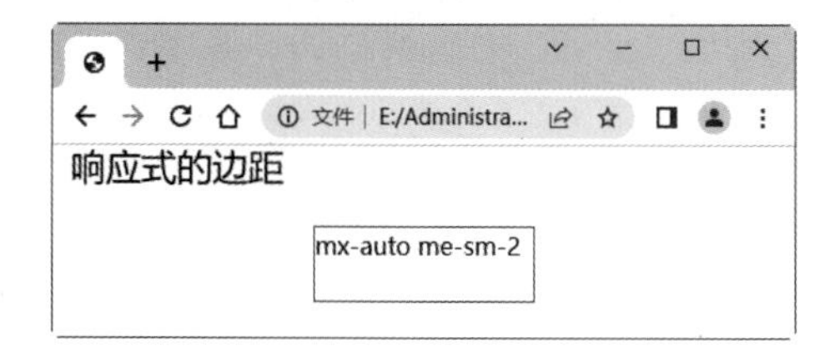

图 6-21　.mx-auto 类效果

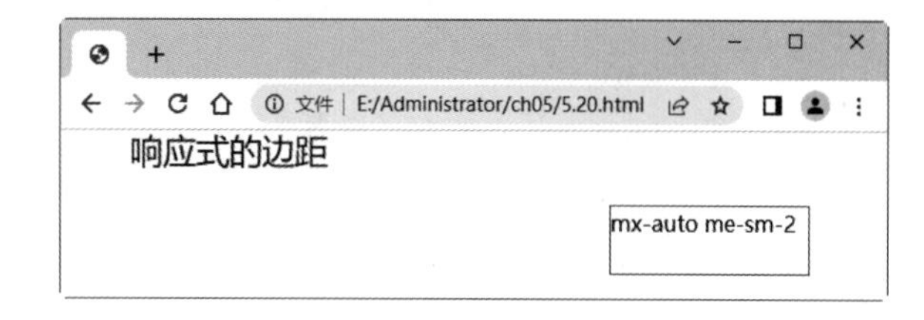

图 6-22　.me-sm-2 类效果

6.6　浮 动 样 式

使用Bootstrap中提供的浮动通用样式，除了可以快速地实现浮动，还可在任何网格断点上切换浮动。

6.6.1　实现浮动样式

在Bootstrap 5中，可以使用以下两个类来实现左浮动和右浮动。

（1）.float-start：元素向左浮动。

（2）.float-end：元素向右浮动。

设置浮动后，为了不影响网页的整体布局，需要清除浮动。在Bootstrap 5中使用.clearfix类来清除浮动，只需把.clearfix添加到父元素中即可。

实例 21：实现浮动样式（案例文件：ch06\6.21.html）

```
<h3 class="mb-4">浮动效果</h3>
<div class="clearfix text-white border border-primary p-3">
    <div class="float-start bg-primary">左边浮动</div>
    <div class="float-end bg-primary">右边浮动</div>
</div>
```

程序运行结果如图6-23所示。

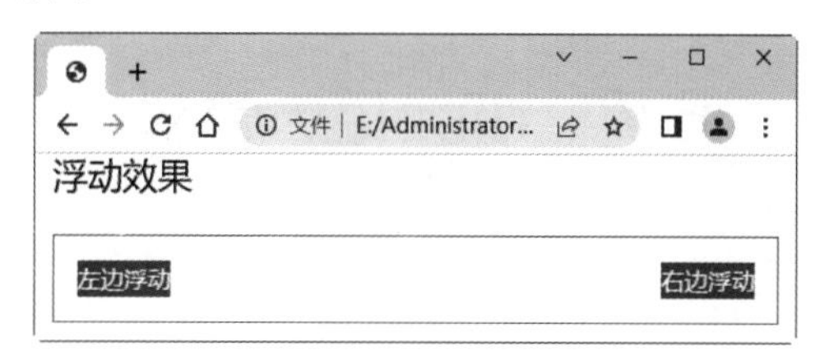

图 6-23　浮动效果

6.6.2 响应式浮动样式

在网格不相同的视口断点上可以设置元素不同的浮动。例如，在小屏设备（sm）上设置右浮动，可通过添加.float-sm-end类来实现；在中屏设备（md）上设置左浮动，可通过添加.float-md-start类来实现。.float-sm-end和.float-md-start称为响应式的浮动类。Bootstrap 5支持的响应式的浮动类如下：

（1）.float-sm-start：在小屏设备上（sm）向左浮动。
（2）.float-sm-end：在小屏设备上（sm）向右浮动。
（3）.float-md-start：在中屏设备上（md）向左浮动。
（4）.float-md-end：在中屏设备上（md）向右浮动。
（5）.float-lg-start：在大屏设备上（lg）向左浮动。
（6）.float-lg-end：在大屏设备上（lg）向右浮动。
（7）.float-xl-start：在特大屏设备上（xl）向左浮动。
（8）.float-xl-end：在特大屏设备上（xl）向右浮动。
（9）.float-xxl-start：在超大屏设备上（xxl）向左浮动。
（10）.float-xxl-end：在超大屏设备上（xxl）向右浮动。

实例 22：响应式浮动样式（案例文件：ch06\6.22.html）

这里使用响应式的浮动类实现了一个简单布局。

```
<h2 class="mb-4">响应式浮动样式</h2>
<div class="clearfix text-white">
    <div class="bg-success w-50">水光潋滟晴方好</div>
    <div class="float-md-start bg-danger w-50">山色空蒙雨亦奇</div>
    <div class="float-md-end bg-primary w-50">欲把西湖比西子</div>
</div>
```

程序运行在中屏以下设备上的显示效果如图6-24所示。
程序运行在中屏及以上设备上的显示效果如图6-25所示。

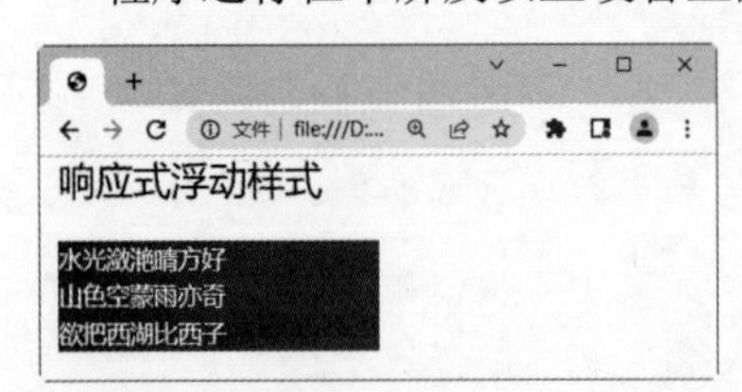

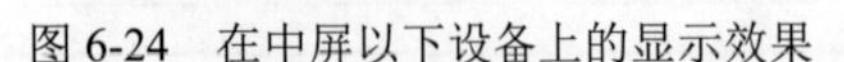
图 6-24 在中屏以下设备上的显示效果

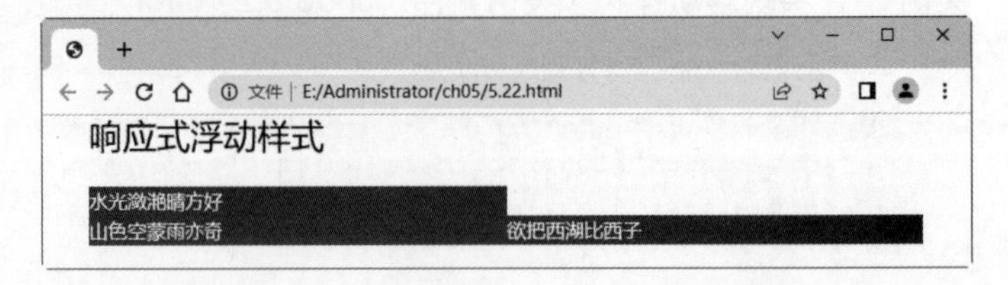

图 6-25 在中屏及以上设备上的显示效果

6.7 display 属性

通过使用display属性类，可以快速、有效地切换组件的显示和隐藏。

6.7.1　隐藏或显示元素

在CSS中隐藏和显示通常使用display属性来实现，在Bootstrap 5中也是通过它来实现的，只是表示为d，具体代码格式如下：

```
.d-{sm、md、lg或xl}-{value}
```

value的取值如下：

（1）none：隐藏元素。

（2）inline：显示为内联元素，元素前后没有换行符。

（3）inline-block：行内块元素。

（4）block：显示为块级元素，此元素前后带有换行符。

（5）table：元素会作为块级表格来显示，表格前后带有换行符。

（6）table-cell：元素会作为一个表格单元格显示（类似<td>和<th>）。

（7）table-row：此元素会作为一个表格行显示（类似<tr>）。

（8）flex：将元素作为弹性伸缩盒显示。

（9）inline-flex：将元素作为内联块级弹性伸缩盒显示。

实例 23：隐藏或显示元素（案例文件：ch06\6.23.html）

这里使用display属性设置div为行内元素，设置span为块级元素。

```
<h2>内联元素和块级元素</h2>
<p>div显示为内联元素（一行排列）</p>
<div class="d-inline bg-primary text-white">div—d-inline</div>
<div class="d-inline m-5 bg-danger text-white">div—d-inline</div>
<p>span显示为块级元素（独占一行）</p>
<span class="d-block bg-success text-white">span—d-block</span>
<span class="d-block bg-dark text-white">span—d-block</span>
```

程序运行结果如图6-26所示。

图 6-26　display 属性作用效果

6.7.2　响应式隐藏或显示元素

为了更友好地进行移动开发，可以按不同的设备来响应式地显示或隐藏元素。为同一个网站创建不同的版本，应针对每个屏幕大小来隐藏或显示元素。

若要隐藏元素，则只需使用.d-none类或.d-{sm、md、lg或xl}-none响应屏幕变化的类。若要在给定的屏幕大小间隔上显示元素，则可以组合使用.d-*-none类和.d-*-*类，例如.d-none、.d-md-block、.d-xl-none将隐藏除中型和大型设备外的所有屏幕大小的元素。在实际开发中，可以根据需要自由组合显示和隐藏的类。经常使用的类含义如表6-1所示。

表 6-1　隐藏或显示的类

组 合 类	说　明
.d-none	在所有的设备上都隐藏
.d-none .d-sm-block	仅在超小屏设备（xs）上隐藏
.d-sm-none .d-md-block	仅在小屏设备（sm）上隐藏
.d-md-none .d-lg-block	仅在中屏设备（md）上隐藏
.d-lg-none .d-xl-block	仅在大屏设备（lg）上隐藏
.d-xl-none	仅在特大屏屏幕（xl）上隐藏
.d-block	在所有的设备上都显示
.d-block .d-sm-none	仅在超小屏设备（xs）上显示
.d-none .d-sm-block .d-md-none	仅在小屏设备（sm）上显示
.d-none .d-md-block .d-lg-none	仅在中屏设备（md）上显示
.d-none .d-lg-block .d-xl-none	仅在大屏设备（lg）上显示
.d-none .d-xl-block	仅在特大屏屏幕（xl）上显示

实例 24：响应式显示和隐藏元素（案例文件：ch06\6.24.html）

这里定义了两个div，蓝色背景色的div在小屏设备（<768px）上显示，在中屏及以上设备（≥768px）上隐藏；红色背景色的div刚好与之相反。

```
<h2>响应式地显示或隐藏</h2>
<div class="d-md-none bg-primary text-white">在xs、sm设备上显示（蓝色背景）</div>
<div class="d-none d-md-block bg-danger text-white">在md、lg、xl设备上显示（红色背景）</div>
```

程序运行在小屏设备上的显示效果如图6-27所示。

程序运行在中屏及以上设备上的显示效果如图6-28所示。

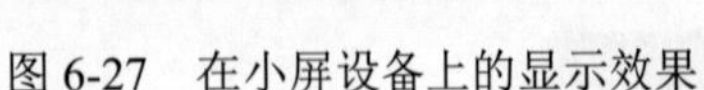
图 6-27　在小屏设备上的显示效果

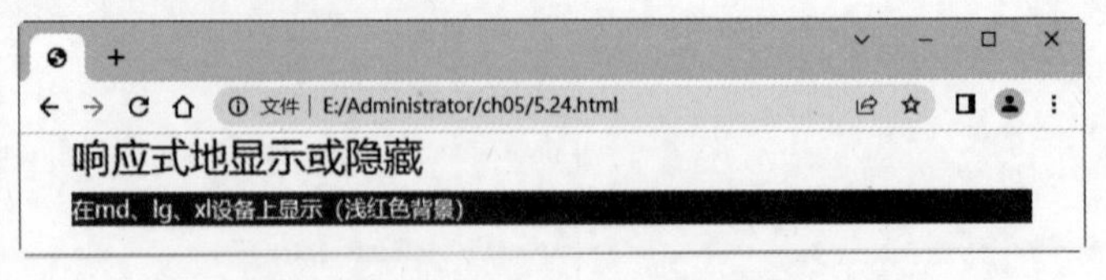

图 6-28　在中屏及以上设备上的显示效果

6.8　其他通用样式

除了上述介绍的CSS通用样式外，还有一些其他常用的通用样式，下面分别进行介绍。

6.8.1 嵌入网页元素

在页面中经常使用<iframe>、<embed>、<video>、<object>标签来嵌入视频、图像、幻灯片等。在Bootstrap 5中不仅可以使用这些标签，还添加了一些相关的样式类，以便在任何设备上都能友好地扩展显示。

下面通过一个嵌入图片的示例来进行说明。

首先使用一个div包裹插入标签<iframe>，在div中添加.embed-responsive类和.embed-responsive-16by9类。然后直接使用<iframe>标签的src属性引用本地的一幅图片。

（1）.embed-responsive：实现同比例的收缩。

（2）.embed-responsive-16by9：定义16:9的长宽比例。还有.embed-responsive-21by9、.embed-responsive-3by4、.embed-responsive-1by1可以选择。

实例 25：嵌入网页图片（案例文件：ch06\6.25.html）

```
<h3 align="center">嵌入图片</h3>
<div class="embed-responsive embed-responsive-21by9">
    <iframe src="2.jpg"></iframe>
</div>
```

程序运行结果如图6-29所示。

图 6-29　嵌入图片效果

6.8.2 内容溢出

在Bootstrap 5中定义了以下两个类来处理内容溢出的情况：

（1）.overflow-auto：在固定宽度和高度的元素上，如果内容溢出了元素，则将生成一个垂直滚动条，通过滚动滚动条可以查看溢出的内容。

（2）.overflow-hidden：在固定宽度和高度的元素上，如果内容溢出了元素，则溢出的部分将被隐藏。

实例 26：处理内容溢出（案例文件：ch06\6.26.html）

```
<body class="container p-3">
```

```
    <h4 align="center">处理内容溢出</h4>
    <div class="overflow-auto border float-start" style="width: 200px;height: 100px;">
        蜀道之难，难于上青天！蚕丛及鱼凫，开国何茫然！尔来四万八千岁，不与秦塞通人烟。西当太白有鸟道，
可以横绝峨眉巅。地崩山摧壮士死，然后天梯石栈相钩连。
    </div>
    <div class="overflow-hidden border float-end" style="width: 200px;height: 100px;">
        蜀道之难，难于上青天！蚕丛及鱼凫，开国何茫然！尔来四万八千岁，不与秦塞通人烟。西当太白有鸟道，
可以横绝峨眉巅。地崩山摧壮士死，然后天梯石栈相钩连。
    </div>
</body>
```

程序运行结果如图6-30所示。

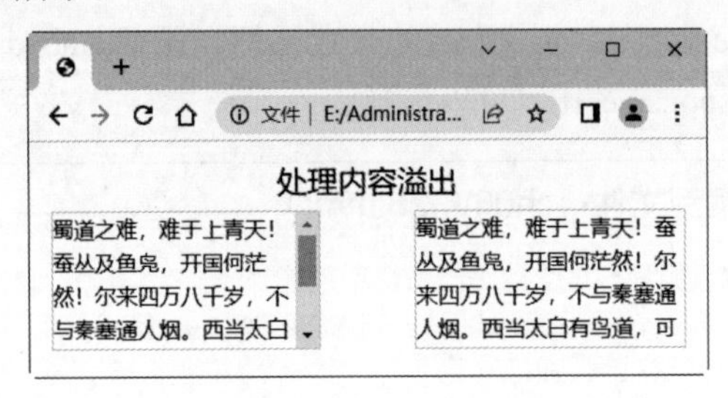

图 6-30　内容溢出效果

6.8.3　定位网页元素

在Bootstrap 5中，要定位元素可以使用以下类来实现：

（1）.position-static：无定位。

（2）.position-relative：相对定位。

（3）.position-absolute：绝对定位。

（4）.position-fixed：固定定位。

（5）.position-sticky：粘性定位。

无定位、相对定位、绝对定位和固定定位很好理解，只要在需要定位的元素中添加这些类就可以实现定位。相比较而言，.position-sticky类很少使用，主要原因是.position-sticky类对浏览器的兼容性很差，只有部分浏览器支持（例如谷歌和火狐浏览器）。

.position-sticky是集.position-relative和.position-fixed两种定位功能于一体的特殊定位，元素定位表现为在跨越特定阈值之前为相对定位，之后为固定定位。特定阈值指的是top、right、bottom或left中的一个，也就是说，必须指定top、right、bottom或left四个阈值其中之一，才可使粘性定位生效，否则其行为与相对定位相同。

在Bootstrap 5中定义了关于粘性定位的top阈值类.sticky-top，其CSS样式代码如下：

```
.sticky-top {
  position: -webkit-sticky;
  position: sticky;
  top: 0;
  z-index: 1020;
}
```

当元素的top值为0时，表现为固定定位；当元素的top值大于0时，表现为相对定位。

注意 如果设置.sticky-top类的元素，它的任意父节点定位是相对定位、绝对定位或固定定位，则该元素相对父元素进行定位，而不会相对viewprot进行定位。如果该元素的父元素设置了overflow:hidden样式，则元素将不能滚动，无法达到阈值，.sticky-top类将不生效。

.sticky-top类适用于一些特殊场景，例如头部导航栏固定。下面就来实现一下“头部导航栏固定”的效果。

实例 27：头部导航栏固定效果（案例文件：ch06\6.27.html）

```
<div class="container text-white">
    <nav class="sticky-top bg-primary p-5 mb-5">明天商城</nav>
    <div class=" bg-secondary p-3">
        <p>家用电器</p>
        <p>手机数码</p>
        <p>家具家电</p>
        <p>男装女装</p>
        <p>男鞋户外</p>
        <p>玩具乐器</p>
        <p>生鲜特产</p>
        <p>白酒红酒</p>
        <p>礼品鲜花</p>
    </div>
</div>
```

程序运行效果如图6-31所示。向下滚动滚动条，页面效果如图6-32所示。

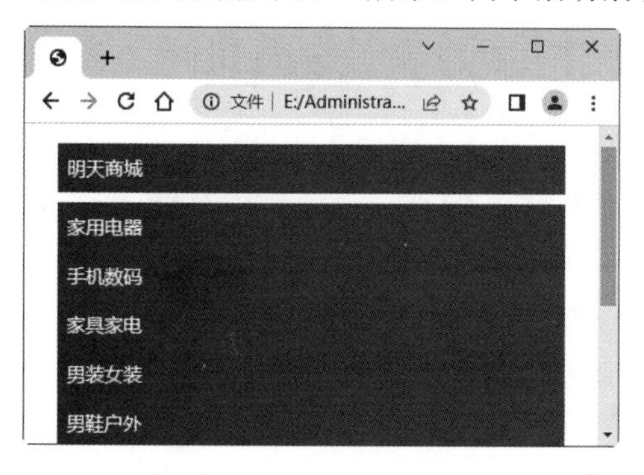

图 6-31　初始化效果

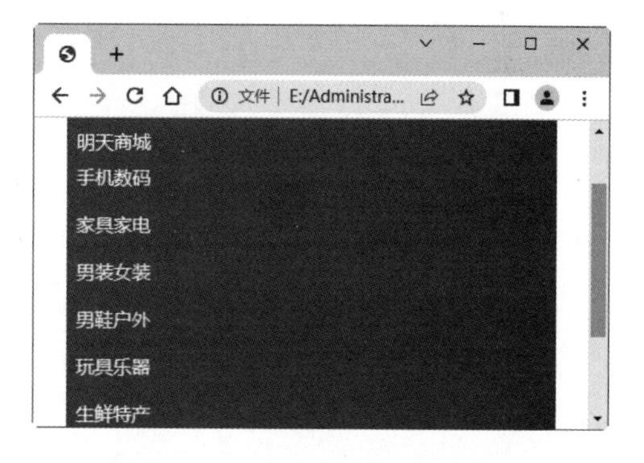

图 6-32　滚动滚动条后的效果

注意 内容栏的内容需要超出可视范围，滚动滚动条时才能看出效果。

6.8.4　定义阴影效果

在Bootstrap 5中定义了4个关于阴影的类，可以用来添加阴影或去除阴影，包括.shadow-none和3个默认大小的类，说明如下：

（1）.shadow-none：去除阴影。

（2）.shadow-sm：设置很小的阴影。

（3）.shadow：设置正常的阴影。

（4）.shadow-lg：设置更大的阴影。

实例 28：设置阴影效果（案例文件：ch06\6.28.html）

```
<h3 align="center">各种阴影效果</h3>
<div class="shadow-none p-2 mb-3">去除阴影效果</div>
<div class="shadow-sm p-2 mb-3">小的阴影</div>
<div class="shadow p-2 mb-3">正常的阴影</div>
<div class="shadow-lg p-3 mb-5">大的阴影</div>
```

程序运行结果如图6-33所示。

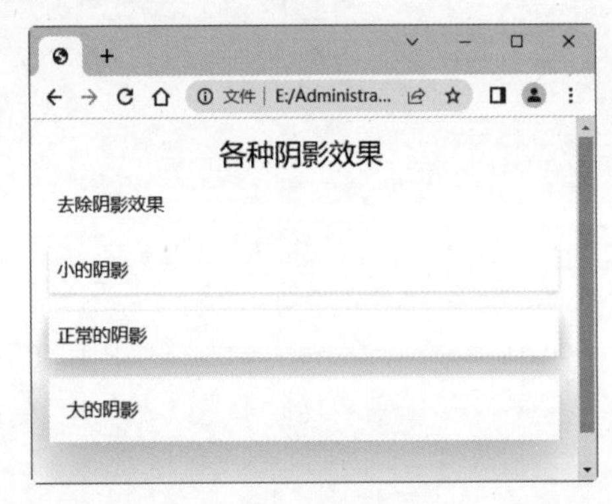

图 6-33　设置阴影效果

6.9　实战案例——设计服务宣传页面

本案例使用Bootstrap的通用样式设计一个服务宣传页面，该页面主要由4个板块组成，当鼠标放置在某一个板块上时，该版块的文字、背景都会发生变化，效果如图6-34所示。

图 6-34　服务宣传页面

具体实现步骤如下：

01 使用Bootstrap设计结构，代码如下：

```
<div class="container">
   <div class="col-md-3"></div>
   <div class="col-md-3"></div>
   <div class="col-md-3"></div>
   <div class="col-md-3"></div>
</div>
```

02 设计图文，部分代码如下：

```
<div class="container">
      <div class="service-info">
         <h2>我们的服务</h2>
         <p>探索精彩世界，服务由我们做起</p>
      </div>
      <div class="services-grids">
         <div class="col-md-3 service-grid">
            <div class="service-image">
               <div class="camera"></div>
               <div class="ser-info">
                  <h2>一站式预订</h2>
               </div>
               <div class="strip"></div>
               <div class="ser-info">
                  <p>支持员工一站式自助预订，将行政从烦琐的代订工作中解放出来。</p>
               </div>
               <div class="more text-center"><a href="#">阅读更多</a></div>
            </div>
         </div>
         <div class="col-md-3 service-grid">
            <div class="service-image">
               <div class="paint"></div>
               <div class="ser-info">
                  <h2>智能化管控</h2>
               </div>
               <div class="strip"></div>
               <div class="ser-info">
                  <p>系统中自行设置和维护差旅政策，自动管控超支等浪费行为。</p>
               </div>
               <div class="more text-center"><a href="#">阅读更多</a></div>
            </div>
         </div>
```

03 设计图文样式。样式主要使用CSS 3来设计，部分代码如下：

```
.services {
   padding: 52px 0;
   background:#fafafa;
   }
.service-info h2 {
```

```
    margin: 0;
    text-align: center;
    font-size: 28px;
    font-weight: 600;
    color: #504f50;
    }
.service-info p {
    margin: 18px auto 34px auto;
    font-size: 16px;
    text-align: center;
    color: #504f50;
    width:46%;
    }
.service-image{
    border:1px solid #e8e8e8;
    padding:20px;
    background:#ffffff;
    }
```

第 7 章 常见 CSS 组件的使用

Bootstrap 5内置了大量优雅的、可重用的组件，包括下拉菜单、按钮、按钮组、导航组件、信息提示框等组件，本章就来介绍这些组件的使用。

7.1 下拉菜单

下拉菜单是网页中常用的组件形式之一，设计新颖、美观的下拉菜单，不仅可以节省页面排版空间，使网页布局简洁有序，而且还会为网页增色。Bootstrap 5定义了一套完整的下拉菜单组件，配合其他元素可以设计形式多样的导航菜单效果。

7.1.1 定义下拉菜单

Bootstrap 5的下拉菜单是可切换的，是以列表格式显示链接的上下文菜单。其中，.dropdown类用来指定一个下拉菜单，用户可以使用一个按钮或链接来打开下拉菜单，这个按钮或链接需要添加.dropdown-toggle和data-bs-toggle="dropdown"属性；.dropdown-menu类用来设置实际下拉菜单的内容，然后在下拉菜单的选项中添加.dropdown-item类。

下拉菜单可以是任何元素和内容，但是，作为下拉菜单标准结构，一般建议使用列表结构，并为每个列表项定义超链接。

实例 1：定义标准结构的下拉菜单（案例文件：ch07\7.1.html）

```
<div class="container mt-3">
    <div class="dropdown">
    <a href="#" class="dropdown-toggle" data-bs-toggle="dropdown">下拉菜单</a>
    <ul class="dropdown-menu">
        <li><a class="dropdown-item" href="#">菜单项 1</a></li>
        <li><a class="dropdown-item" href="#">菜单项 2</a></li>
        <li><a class="dropdown-item" href="#">菜单项 3</a></li>
    </ul>
    </div>
</div>
```

程序运行结果如图7-1所示。

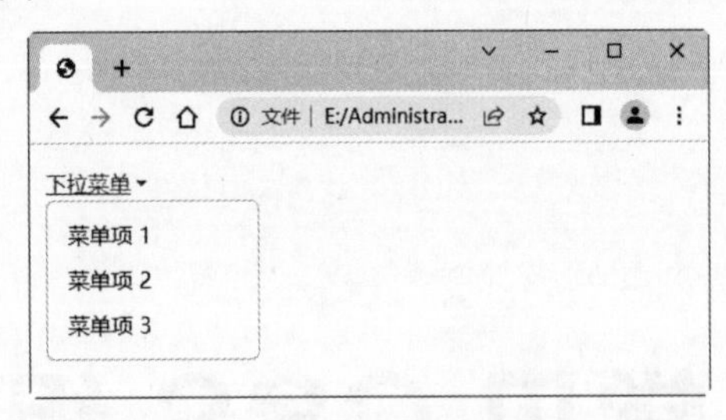

图 7-1　下拉菜单的标准样式

注意　在设置弹窗、提示、下拉菜单时，需要插件popper.js。由于bootstrap.bundle.min.js中已经包含了popper.js这个框架，因此只需将bootstrap.js更换为bootstrap.bundle.min.js即可。

```
<script src="bootstrap-5.3.0-dist/js/bootstrap.bundle.min.js"></script>
```

7.1.2　设置下拉菜单

Bootstrap 5为下拉菜单组件设置了一些可选项，以方便用户进行控制，简单说明如下：

1. 下拉菜单中的分隔线

使用.dropdown-divider类可以在下拉菜单中创建一个水平的分隔线。

实例 2：为下拉菜单添加分隔线（案例文件：ch07\7.2.html）

```
<div class="container mt-3">
    <div class="dropdown">
        <a href="#" class="dropdown-toggle" data-bs-toggle="dropdown">下拉菜单</a>
        <ul class="dropdown-menu">
            <li><a class="dropdown-item" href="#">菜单项 1</a></li>
            <li><a class="dropdown-item" href="#">菜单项 2</a></li>
            <li><hr class="dropdown-divider"></li>
            <li><a class="dropdown-item" href="#">菜单项 3</a></li>
            <li><a class="dropdown-item" href="#">菜单项 4</a></li>
        </ul>
    </div>
</div>
```

程序运行结果如图7-2所示。

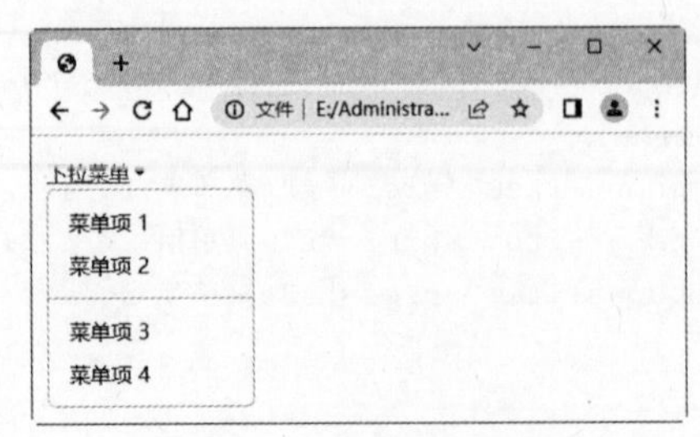

图 7-2　创建分隔线

2. 设计下拉菜单标题

使用.dropdown-header类可以在下拉菜单中添加标题。

实例 3：为下拉菜单添加标题（案例文件：ch07\7.3.html）

```
<div class="container mt-3">
    <div class="dropdown">
        <a href="#" class="dropdown-toggle" data-bs-toggle="dropdown">下拉菜单</a>
        <ul class="dropdown-menu">
            <li><h5 class="dropdown-header">标题 1</h5></li>
            <li><a class="dropdown-item" href="#">菜单项 1</a></li>
            <li><a class="dropdown-item" href="#">菜单项 2</a></li>
            <li><hr class="dropdown-divider"></li>
            <li><h5 class="dropdown-header">标题 1</h5></li>
            <li><a class="dropdown-item" href="#">菜单项 3</a></li>
            <li><a class="dropdown-item" href="#">菜单项 4</a></li>
        </ul>
    </div>
</div>
```

程序运行结果如图7-3所示。

图 7-3　设计下拉菜单的分组标题

3. 禁用列表项

使用.active类可以让下拉菜单的选项高亮显示（添加蓝色背景）；如果要禁用下拉菜单的选项，可以使用.disabled类。

实例 4：禁用下拉菜单中的列表项（案例文件：ch07\7.4.html）

```
<div class="container mt-3">
    <div class="dropdown">
        <a href="#" class="dropdown-toggle" data-bs-toggle="dropdown">下拉菜单</a>
        <ul class="dropdown-menu">
            <li><a class="dropdown-item" href="#">常规项</a></li>
            <li><a class="dropdown-item active" href="#">激活项</a></li>
            <li><a class="dropdown-item disabled" href="#">禁用项</a></li>
        </ul>
```

```
    </div>
</div>
```

程序运行结果如图7-4所示。

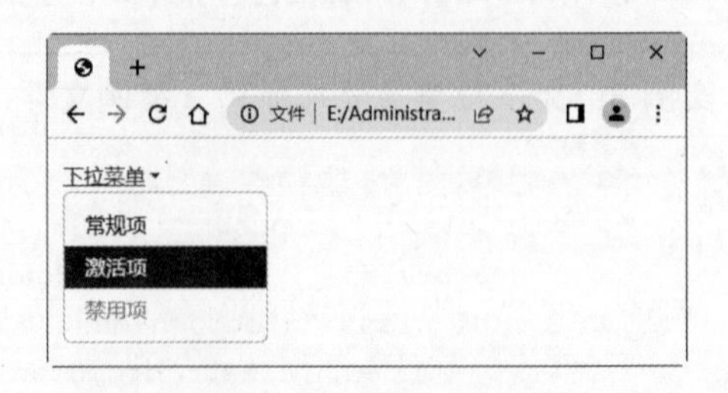

图 7-4　设计禁用列表项

4. 下拉菜单的定位

默认状态下，下拉菜单是左对齐显示的。如果想让下拉菜单右对齐，可以在元素上的.dropdown类后添加.dropend类；如果添加.dropstart类，可以实现左对齐效果。

实例 5：下拉菜单的定位（案例文件：ch07\7.5.html）

```
<div class="container mt-3">
    <h2>下拉菜单</h2>
    <p>右对齐下拉菜单</p>
    <div class="dropdown dropend">
        <a href="#" class="dropdown-toggle" data-bs-toggle="dropdown">右边显示菜单</a>
        <ul class="dropdown-menu">
            <li><a class="dropdown-item" href="#">菜单项 1</a></li>
            <li><a class="dropdown-item active" href="#">菜单项 2</a></li>
            <li><a class="dropdown-item disabled" href="#">菜单项 3</a></li>
        </ul>
    </div>
    <p class="text-end">左对齐下拉菜单</p>
    <div class="dropdown dropstart text-end">
        <a href="#" class="dropdown-toggle" data-bs-toggle="dropdown">左边显示菜单</a>
        <ul class="dropdown-menu">
            <li><a class="dropdown-item" href="#">菜单项 1</a></li>
            <li><a class="dropdown-item active" href="#">菜单项 2</a></li>
            <li><a class="dropdown-item disabled" href="#">菜单项 3</a></li>
        </ul>
    </div>
</div>
```

程序运行结果如图7-5和图7-6所示。当单击“右边显示菜单”超链接时，下拉菜单在右侧显示，如图7-5所示。当单击“左边显示菜单”超链接时，下拉菜单在左侧显示，如图7-6所示。

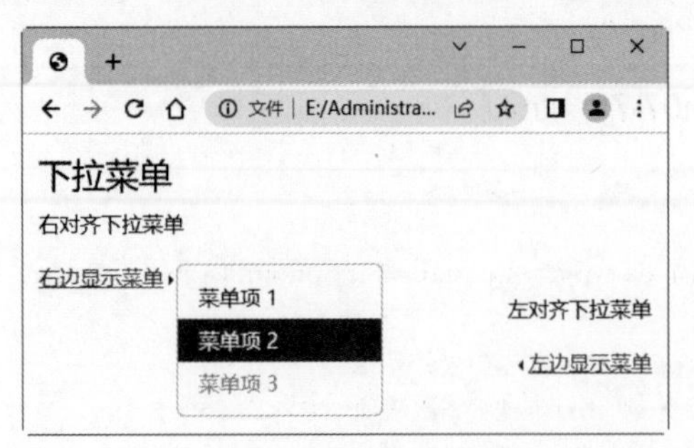

图 7-5　右边显示下拉菜单

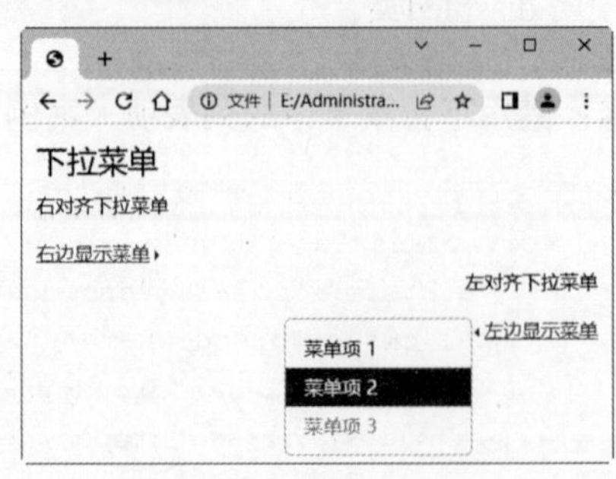

图 7-6　左边显示下拉菜单

7.1.3　下拉菜单的弹出方向

下拉菜单的弹出方向默认为向下，当然我们也可以设置为不同的方向。

1. 指定向右弹出的下拉菜单

如果希望下拉菜单向右下方弹出，那么可以在div元素上添加.dropdown-menu-end类。

实例 6：设置向右弹出的下拉菜单（案例文件：ch07\7.6.html）

```
<div class="container mt-3">
    <p>向右下角弹出的下拉菜单</p>
    <div class="dropdown dropend">
        <a href="#"  class="dropdown-toggle" data-bs-toggle="dropdown">下拉菜单</a>
        <ul class="dropdown-menu">
            <li><a class="dropdown-item" href="#">菜单项 1</a></li>
            <li><a class="dropdown-item" href="#">菜单项 2</a></li>
            <li><a class="dropdown-item" href="#">菜单项 3</a></li>
        </ul>
    </div>
</div>
```

程序运行结果如图7-7所示。

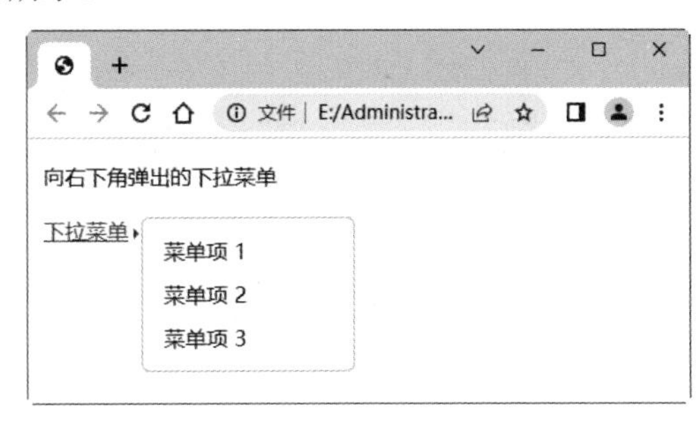

图 7-7　向右弹出的下拉菜单

2. 指定向上弹出的上拉菜单

如果希望菜单项向上弹出，那么可以在div元素上添加.dropup类。

实例 7：设置向上弹出的上拉菜单（案例文件：ch07\7.7.html）

```
<div class="container mt-3">
    <p>向上弹出的上拉菜单</p>
    <p>测试向上弹出效果。</p>
    <p>测试向上弹出效果。</p>
    <div class="dropdown dropup">
        <a href="#"  class="dropdown-toggle" data-bs-toggle="dropdown">上拉菜单</a>
        <ul class="dropdown-menu">
            <li><a class="dropdown-item" href="#">菜单项 1</a></li>
            <li><a class="dropdown-item" href="#">菜单项 2</a></li>
            <li><a class="dropdown-item" href="#">菜单项 3</a></li>
```

```
        </ul>
    </div>
</div>
```

程序运行结果如图7-8所示。

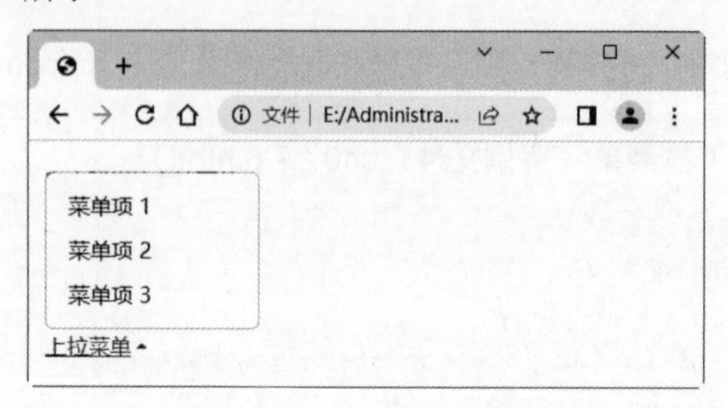

图 7-8 向上弹出的上拉菜单

3. 指定向左边弹出的下拉菜单

如果希望下拉菜单向左弹出，那么可以在div元素上添加.dropstart类。

实例 8：设置向左弹出的下拉菜单（案例文件：ch07\7.8.html）

```
<div class="container mt-3">
    <p>向左弹出的下拉菜单</p>
    <div class="dropstart">测试向左边弹出效果。
        <a href="#" class="dropdown-toggle" data-bs-toggle="dropdown">下拉菜单</a>
        <ul class="dropdown-menu">
            <li><a class="dropdown-item" href="#">菜单项 1</a></li>
            <li><a class="dropdown-item" href="#">菜单项 2</a></li>
            <li><a class="dropdown-item" href="#">菜单项 3</a></li>
        </ul>
    </div>
</div>
```

程序运行结果如图7-9所示。

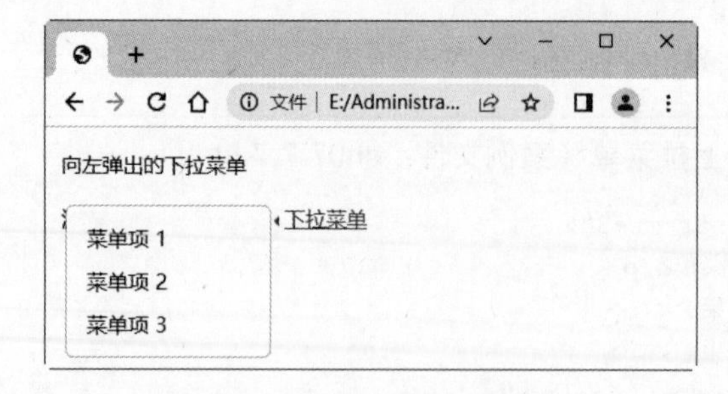

图 7-9 向左弹出的下拉菜单

7.1.4 下拉菜单中的文本项

使用.dropdown-item-text类可以设置下拉菜单中的文本项。

实例 9：设置下拉菜单中的文本项（案例文件：ch07\7.9.html）

```
<div class="container mt-3">
    <p>下拉菜单中的文本项</p>
    <div class="dropdown">
        <a href="#" class="dropdown-toggle" data-bs-toggle="dropdown">下拉菜单</a>
        <ul class="dropdown-menu">
            <li><a class="dropdown-item" href="#">菜单项 1</a></li>
            <li><a class="dropdown-item" href="#">菜单项 2</a></li>
            <li><a class="dropdown-item-text" href="#">文本链接</a></li>
            <li><span class="dropdown-item-text">仅仅是文本</span></li>
        </ul>
    </div>
</div>
```

程序运行结果如图7-10所示。

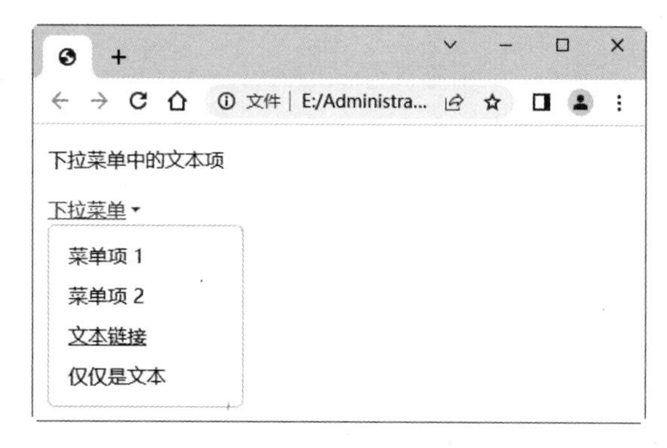

图 7-10　设置下拉菜单中的文本项

7.2　按　　钮

按钮是网页中必不可少的一个组件，广泛应用于表单、下拉菜单、对话框等场景中。例如网站登录页面中的“登录”和“注册”按钮等。Bootstrap专门定制了按钮样式类，并支持自定义样式。

7.2.1　定义按钮

在Bootstrap 5中使用btn类来定义按钮。btn类不仅可以在<button>元素上使用，也可以在<a>、<input>元素上使用，都能带来按钮效果。

实例 10：为不同元素定义按钮（案例文件：ch07\7.10.html）

```
<div class="container mt-3">
    <h2>定义按钮</h2>
    <a href="#" class="btn" role="button">链接按钮</a>
    <button type="button" class="btn">按钮</button>
    <input type="button" class="btn" value="输入框按钮">
```

```
    <input type="submit" class="btn" value="提交按钮">
</div>
```

程序运行结果如图7-11所示。

注意 在Bootstrap中，仅仅添加btn类，按钮不会显示任何效果，只在单击时才会显示黑色的边框。实例10展示了Bootstrap中按钮组件的默认效果，在下一节中将介绍Bootstrap为按钮定制的其他样式。

图 7-11　按钮默认效果

7.2.2　设计按钮风格

在Bootstrap中，为按钮定义了多种样式，例如背景颜色、边框颜色、大小和状态。下面分别进行介绍。

1. 按钮的背景颜色

Bootstrap为按钮定制了多种背景颜色类，包括.btn-primary、.btn-secondary、.btn-success、.btn-danger、.btn-warning、.btn-info、.btn-light和.btn-dark。每种颜色都有自己的应用目标。

（1）.btn-primary：蓝色，主要的。
（2）.btn-secondary：深灰色，次要的。
（3）.btn-success：绿色，表示成功或积极的动作。
（4）.btn-danger：红色，提醒存在危险。
（5）.btn-warning：黄色，表示警告，提醒应该谨慎。
（6）.btn-info：浅蓝色，表示信息。
（7）.btn-light：浅灰色。
（8）.btn-dark：黑色。

实例 11：设置按钮背景颜色（案例文件：ch07\7.11.html）

```
<div class="container mt-3">
    <h3 align="center">按钮的背景颜色</h3>
    <button type="button" class="btn btn-primary">首页</button>
    <button type="button" class="btn btn-secondary">资讯</button>
    <button type="button" class="btn btn-success">视频</button>
    <button type="button" class="btn btn-danger">图片</button>
    <button type="button" class="btn btn-warning">微博</button>
    <button type="button" class="btn btn-info">地图</button>
```

```
    <button type="button" class="btn btn-light">问答</button>
    <button type="button" class="btn btn-dark">软件</button>
</div>
```

程序运行结果如图7-12所示。

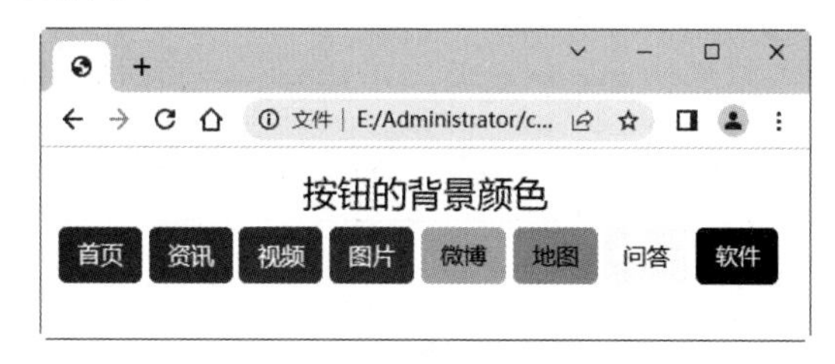

图 7-12　按钮的背景颜色效果

2. 按钮的边框颜色

在btn类的引用中，如果不希望按钮带有背景颜色，那么可以使用.btn-outline-*来设置按钮的边框。*可以从primary、secondary、success、danger、warning、info、light和dark中进行选择。

注意　添加.btn-outline-*的按钮，其文本颜色和边框颜色是相同的。

实例 12：设置按钮的边框颜色（案例文件：ch07\7.12.html）

```
<div class="container mt-3">
    <h3 align="center">按钮的边框颜色</h3>
    <button type="button" class="btn btn-outline-primary">首页</button>
    <button type="button" class="btn btn-outline-secondary">资讯</button>
    <button type="button" class="btn btn-outline-success">视频</button>
    <button type="button" class="btn btn-outline-danger">图片</button>
    <button type="button" class="btn btn-outline-warning">微博</button>
    <button type="button" class="btn btn-outline-info">地图</button>
    <button type="button" class="btn btn-outline-light">问答</button>
    <button type="button" class="btn btn-outline-dark">软件</button>
</div>
```

程序运行结果如图7-13所示。

图 7-13　按钮的边框颜色效果

3. 设计按钮的大小

Bootstrap定义了两个设置按钮大小的类，可以根据网页布局选择合适大小的按钮。

（1）.btn-lg：大号按钮。

（2）.btn-sm：小号按钮。

实例 13：设置按钮的大小（案例文件：ch07\7.13.html）

```
<h3 align="center">设置按钮的大小</h3>
<button type="button" class="btn btn-primary btn-lg">大号按钮效果</button>
<button type="button" class="btn btn-primary">默认按钮的大小</button>
<button type="button" class="btn btn-primary btn-sm">小号按钮效果</button>
```

程序运行结果如图7-14所示。

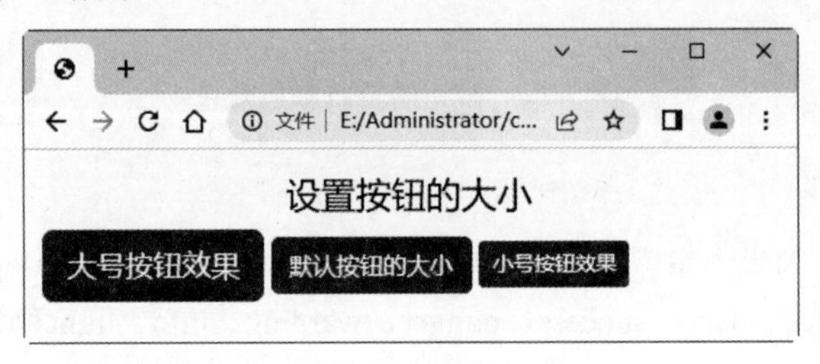

图 7-14　按钮不同大小的效果

4. 按钮的激活和禁用状态

按钮的激活状态：给按钮添加active类可实现激活状态。在激活状态下，按钮背景颜色更深，边框变暗并带有内阴影。

按钮的禁用状态：将disabled属性添加到<button>元素中可实现禁用状态。在禁用状态下，按钮颜色变暗，且不具有交互性，点击不会有任何响应。

注意　使用<a>元素设置的按钮，其禁用状态有些不同。<a>不支持disabled属性，因此必须添加.disabled类以使它在视觉上显示为禁用状态。

实例 14：设置按钮的激活和禁用状态（案例文件：ch07\7.14.html）

```
<h3 align="center">设置按钮的各种状态</h3>
<button href="#" class="btn btn-primary">按钮的默认状态</button>
<button href="#" class="btn btn-primary active">按钮的激活状态</button>
<button type="button" class="btn btn-primary" disabled>按钮的禁用状态</button>
```

程序运行结果如图7-15所示。

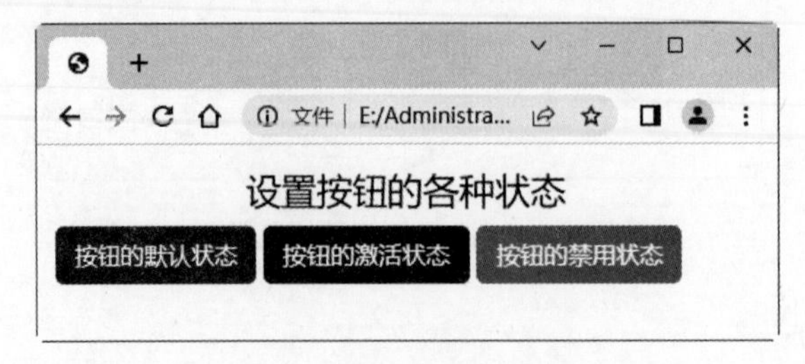

图 7-15　激活和禁用效果

5. 加载按钮

要创建加载中效果可以使用.spinner-border类。此外，使用.spinner-border-sm或.spinner-grow-sm类可以设置加载效果的大小。下面开始设置正在加载的按钮。

实例 15：设置按钮的加载效果（案例文件：ch07\7.15.html）

```
<button class="btn btn-primary">
   <span class="spinner-border spinner-border-sm"></span>
</button>
<button class="btn btn-primary">
   <span class="spinner-border spinner-border-sm"></span>
   Loading..
</button>
<button class="btn btn-primary" disabled>
   <span class="spinner-border spinner-border-sm"></span>
   Loading..
</button>
<button class="btn btn-primary" disabled>
   <span class="spinner-grow spinner-grow-sm"></span>
   Loading..
</button>
```

程序运行结果如图7-16所示。

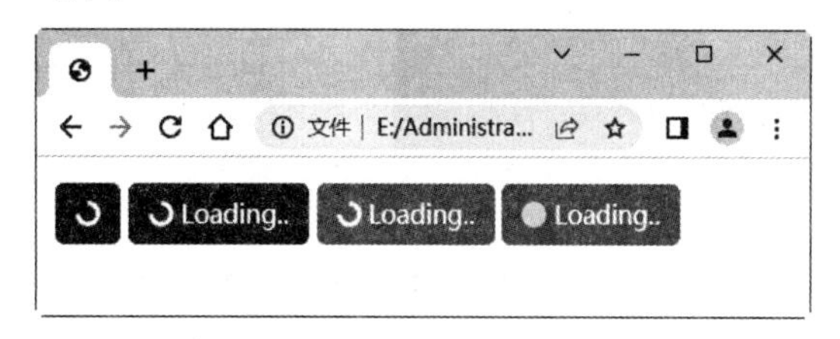

图 7-16　加载按钮效果

7.2.3　设置块级按钮

通过添加.btn-block类可以设置块级按钮，.d-grid类设置在父级元素中。如果有多个块级按钮，则可以使用.gap-*类来设置。

实例 16：设置块级按钮效果（案例文件：ch07\7.16.html）

```
<div class="container mt-3">
   <h3 align="center">设置块级按钮</h3>
   <div class="d-grid gap-3">
      <button type="button" class="btn btn-primary btn-block">100% 宽度的按钮</button>
      <button type="button" class="btn btn-primary btn-block">100% 宽度的按钮</button>
      <button type="button" class="btn btn-primary btn-block">100% 宽度的按钮</button>
   </div>
</div>
```

程序运行结果如图7-17所示。

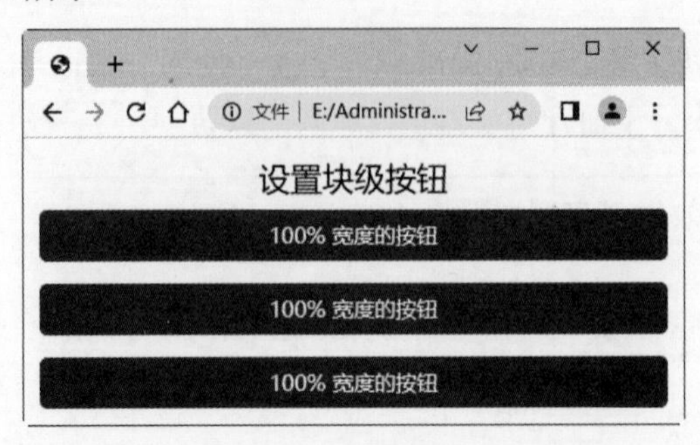

图 7-17　块级按钮效果

7.3　按　钮　组

通过对按钮进行分组管理，可以设计各种快捷操作风格，如与下拉菜单等组件组合使用，能够设计出各种精致的按钮导航栏，从而获得类似于工具条的功能。

7.3.1　定义按钮组

使用含有.btn-group类的容器包含一系列的<a>或<button>标签，可以生成一个按钮组。

实例 17：定义按钮组（案例文件：ch07\7.17.html）

```
<h3 align="center">按钮组效果</h3>
<div class="btn-group">
    <button type="button" class="btn btn-primary">热门课程</button>
    <button type="button" class="btn btn-warning">下载源码</button>
    <button type="button" class="btn btn-info">技术支持</button>
    <button type="button" class="btn btn-secondary">联系我们</button>
</div>
```

程序运行结果如图7-18所示。

图 7-18　按钮组效果

7.3.2　设置按钮组大小

给含有.btn-group类的容器添加.btn-group-lg或.btn-group-sm类，可以设计按钮组的大小。

实例 18：设置控制按钮组大小（案例文件：ch07\7.18.html）

```
<div class="container mt-3">
    <h2 align="center">按钮组大小</h2>
    <h3>大按钮:</h3>
    <div class="btn-group btn-group-lg">
        <button type="button" class="btn btn-primary">热门课程</button>
        <button type="button" class="btn btn-primary">下载源码</button>
        <button type="button" class="btn btn-primary">技术支持</button>
    </div>
    <h3>默认按钮:</h3>
    <div class="btn-group">
        <button type="button" class="btn btn-warning">热门课程</button>
        <button type="button" class="btn btn-warning">下载源码</button>
        <button type="button" class="btn btn-warning">技术支持</button>
    </div>
    <h3>小按钮:</h3>
    <div class="btn-group btn-group-sm">
        <button type="button" class="btn btn-info">热门课程</button>
        <button type="button" class="btn btn-info">下载源码</button>
        <button type="button" class="btn btn-info">技术支持</button>
    </div>
</div>
```

程序运行结果如图7-19所示。

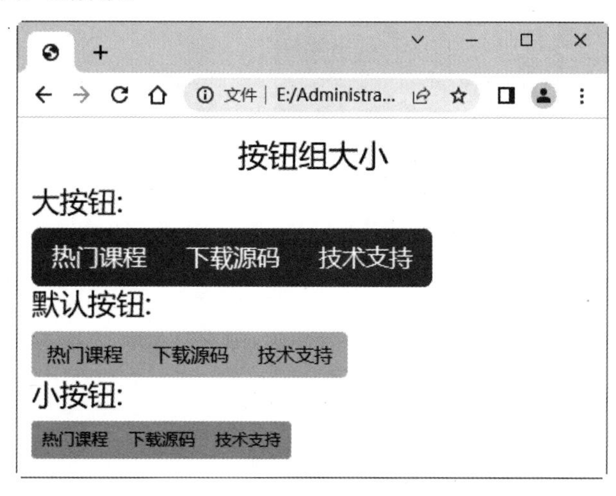

图 7-19　按钮组不同大小的效果

7.3.3　设计按钮组的布局

Bootstrap中定义了一些样式类，可以根据不同的场景进行选择。

1. 内嵌按钮组

将一个按钮组放在另一个按钮组中，可以实现内嵌按钮组与下拉菜单的组合。

实例 19：设计内嵌按钮组及下拉菜单（案例文件：ch07\7.19.html）

```
<h3 align="center">内嵌按钮组</h3>
<div class="btn-group">
    <button type="button" class="btn btn-secondary">热门课程</button>
    <div class="btn-group">
        <button type="button" class="btn btn-secondary dropdown-toggle"
data-bs-toggle="dropdown">
            下载源码
        </button>
        <div class="dropdown-menu">
            <a class="dropdown-item" href="#">C++实例源码</a>
            <a class="dropdown-item" href="#">Java实例源码</a>
            <a class="dropdown-item" href="#">Python实例源码</a>
            <a class="dropdown-item" href="#">PHP实例源码</a>
        </div>
    </div>
    <button type="button" class="btn btn-secondary">技术支持</button>
    <button type="button" class="btn btn-secondary">联系我们</button>
</div>
```

程序运行结果如图7-20所示。

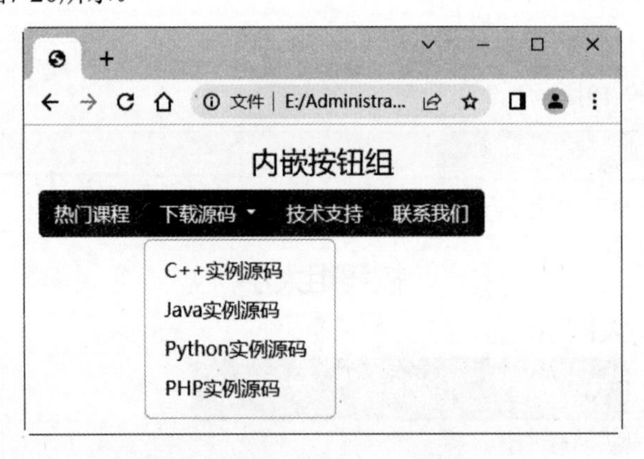

图 7-20　内嵌按钮组及下拉菜单效果

2. 垂直布局按钮组

把一系列按钮包含在含有btn-group-vertical类的容器中，可以设计垂直分布的按钮组。

实例 20：设计垂直分布的按钮组（案例文件：ch07\7.20.html）

```
<div class="container mt-3">
    <h3 align="center">垂直布局按钮组</h3>
    <div class="btn-group-vertical">
        <button type="button" class="btn btn-secondary">家用电器</button>
        <button type="button" class="btn btn-secondary">电脑数码</button>
        <button type="button" class="btn btn-secondary">男装女装</button>
        <!--添加下拉菜单-->
        <div class="dropdown dropend">
```

```
            <button type="button" class="btn btn-secondary dropdown-toggle"
data-bs-toggle="dropdown">
                珠宝箱包
            </button>
            <div class="dropdown-menu">
                <a class="dropdown-item" href="#">黄金饰品</a>
                <a class="dropdown-item" href="#">珠宝饰品</a>
                <a class="dropdown-item" href="#">旅行箱包</a>
                <a class="dropdown-item" href="#">潮流女包</a>
            </div>
        </div>
        <button type="button" class="btn btn-secondary">水果特产</button>
    </div>
</div>
```

程序运行结果如图7-21所示。

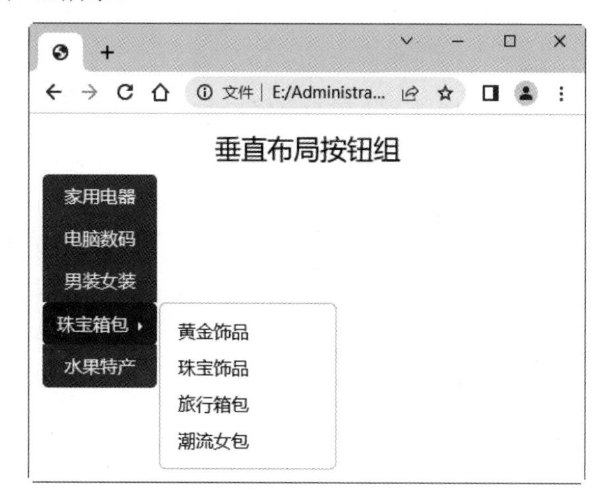

图 7-21　按钮组垂直布局效果

7.4　导航组件

导航组件包括标签页导航和胶囊导航，在导航中可以添加下拉菜单。可以使用不同的样式类来设计导航的风格和布局。

7.4.1　定义导航

Bootstrap导航组件一般以列表结构为基础进行设计，在<ul>标签上添加.nav类，在每个<li>标签上添加.nav-item类，在每个<a>标签上添加.nav-link类。

```
<ul class="nav">
    <li class="nav-item">
        <a class="nav-link" href="#">首页</a>
    </li>
```

```
    <li class="nav-item">
        <a class="nav-link" href="#">热门课程</a>
    </li>
    <li class="nav-item">
        <a class="nav-link" href="#">技术支持</a>
    </li>
    <li class="nav-item">
        <a class="nav-link " href="#">联系我们</a>
    </li>
</ul>
```

在Bootstrap 5中，.nav类可以在其他元素上使用，非常灵活，也可以自定义一个<nav>元素。因为.nav类是基于Flexible Box（弹性盒子）定义的，导航链接的行为与导航项目相同，所以不需要额外标记。

实例21：定义导航（案例文件：ch07\7.21.html）

```
<ul class="nav">
    <li class="nav-item">
        <a class="nav-link" href="#">热门课程</a>
    </li>
    <li class="nav-item">
        <a class="nav-link" href="#">下载源码</a>
    </li>
    <li class="nav-item">
        <a class="nav-link" href="#">技术支持</a>
    </li>
    <li class="nav-item">
        <a class="nav-link" href="#">联系我们</a>
    </li>
</ul>
```

程序运行结果如图7-22所示。

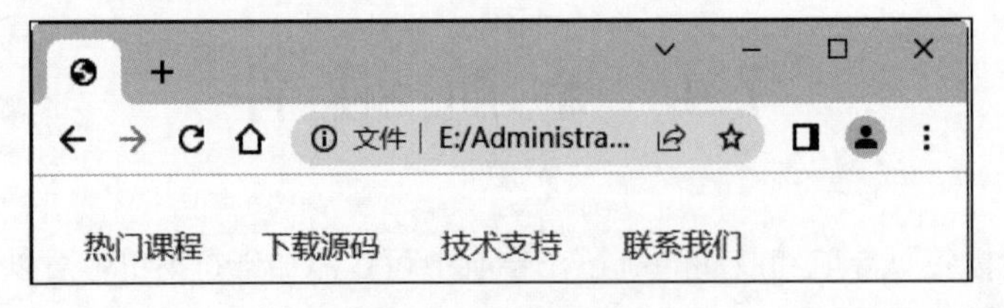

图7-22　导航效果

7.4.2　设计导航的布局

1. 水平对齐布局

默认情况下，导航是左对齐的，使用Flex布局属性可轻松地更改导航的水平对齐方式。

（1）.justify-content-center：设置导航水平居中。

（2）.justify-content-end：设置导航右对齐。

实例 22：设置导航水平方向对齐（案例文件：ch07\7.22.html）

```
<div class="container mt-3">
    <p class="text-center">居中对齐导航</p>
    <ul class="nav justify-content-center">
        <li class="nav-item">
            <a class="nav-link" href="#">热门课程</a>
        </li>
        <li class="nav-item">
            <a class="nav-link" href="#">下载源码</a>
        </li>
        <li class="nav-item">
            <a class="nav-link" href="#">技术支持</a>
        </li>
        <li class="nav-item">
            <a class="nav-link" href="#">联系我们</a>
        </li>
    </ul>
    <p class="text-end">右对齐导航</p>
    <ul class="nav justify-content-end">
        <li class="nav-item">
            <a class="nav-link" href="#">热门课程</a>
        </li>
        <li class="nav-item">
            <a class="nav-link" href="#">下载源码</a>
        </li>
        <li class="nav-item">
            <a class="nav-link" href="#">技术支持</a>
        </li>
        <li class="nav-item">
            <a class="nav-link" href="#">联系我们</a>
        </li>
    </ul>
</div>
```

程序运行结果如图7-23所示。

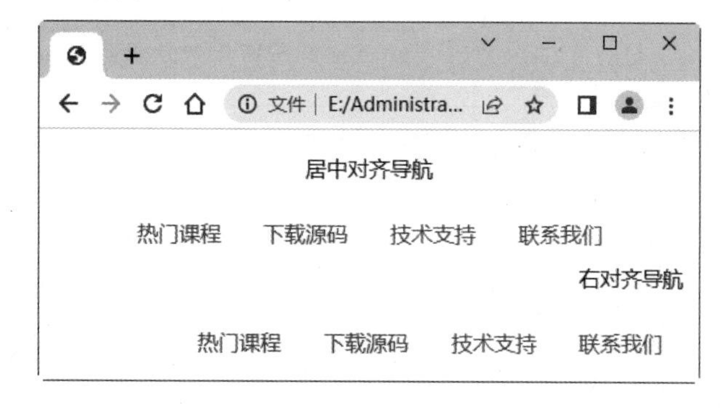

图 7-23　导航水平对齐效果

2. 垂直对齐布局

使用.flex-column类可以设置导航的垂直布局。如果只需要在特定的视口屏幕下垂直布局，还可以定义响应式类，例如.flex-sm-column类，表示导航只在小屏设备（<768px）上垂直布局。

实例 23：设置导航垂直对齐（案例文件：ch07\7.23.html）

```
<h3 align="center">垂直方向布局</h3>
<ul class="nav flex-column border">
    <li class="nav-item">
        <a class="nav-link active" href="#">家用电器</a>
    </li>
    <li class="nav-item">
        <a class="nav-link" href="#">手机数码</a>
    </li>
    <li class="nav-item">
        <a class="nav-link" href="#">电脑办公</a>
    </li>
</ul>
```

程序运行结果如图7-24所示。

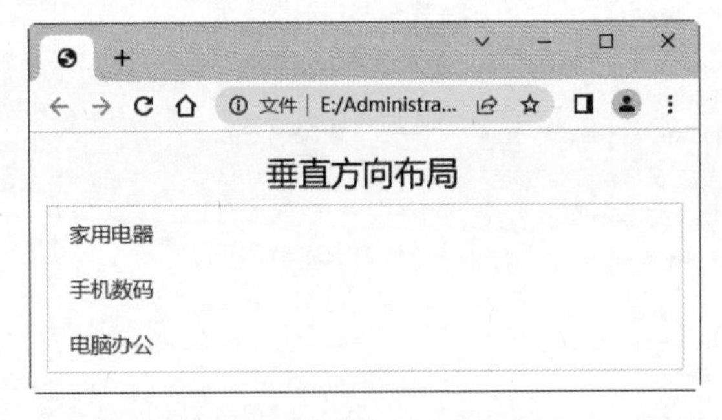

图 7-24　导航垂直布局效果

7.4.3　设计导航的风格

1. 设计标签页导航

为导航添加.nav-tabs类可以实现标签页导航，然后对选中的选项使用.active类进行标记。

实例 24：设计标签页导航（案例文件：ch07\7.24.html）

```
<h3 align="center">标签页导航</h3>
    <ul class="nav nav-tabs">
        <li class="nav-item">
            <a class="nav-link active" href="#">家用电器</a>
        </li>
        <li class="nav-item">
            <a class="nav-link" href="#">手机数码</a>
        </li>
        <li class="nav-item">
```

```
        <a class="nav-link" href="#">电脑办公</a>
    </li>
    <li class="nav-item">
        <a class="nav-link" href="#">家具家装</a>
    </li>
</ul>
```

程序运行结果如图7-25所示。

图 7-25　标签页导航效果

标签页导航可以结合Bootstrap中的下拉菜单组件来设计带下拉菜单的标签页导航。

实例 25：设计带下拉菜单的标签页导航（案例文件：ch07\7.25.html）

```
<h3 align="center">带下拉菜单的标签页导航</h3>
<ul class="nav nav-tabs">
    <li class="nav-item">
        <a class="nav-link active" href="#">家用电器</a>
    </li>
    <li class="nav-item dropdown">
        <a class="nav-link dropdown-toggle" data-bs-toggle="dropdown" href="#">手机数码
</a>
        <div class="dropdown-menu">
            <a class="dropdown-item active" href="#">手机通信</a>
            <a class="dropdown-item" href="#">手机配件</a>
            <a class="dropdown-item" href="#">摄影摄像</a>
            <a class="dropdown-item" href="#">数码配件</a>
        </div>
    </li>
    <li class="nav-item">
        <a class="nav-link" href="#">电脑办公</a>
    </li>
    <li class="nav-item">
        <a class="nav-link" href="#">家具家装</a>
    </li>
</ul>
```

程序运行结果如图7-26所示。

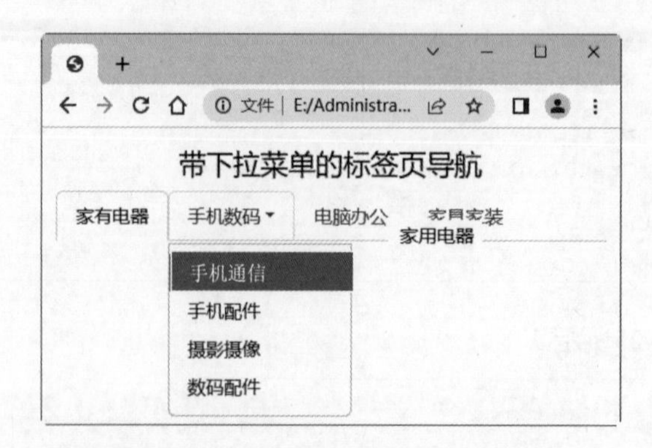

图 7-26　带下拉菜单的标签页导航效果

2. 设计胶囊式导航

为导航添加.nav-pills类可以实现胶囊式导航，然后对选中的选项使用.active类进行标记。

实例 26：设计胶囊式导航（案例文件：ch07\7.26.html）

```
<h3 align="center">胶囊式导航</h3>
<ul class="nav nav-pills">
   <li class="nav-item">
      <a class="nav-link active" href="#">家用电器</a>
   </li>
   <li class="nav-item">
      <a class="nav-link" href="#">手机数码</a>
   </li>
   <li class="nav-item">
      <a class="nav-link" href="#">电脑办公</a>
   </li>
   <li class="nav-item">
      <a class="nav-link" href="#">家具家装</a>
   </li>
</ul>
```

程序运行结果如图7-27所示。

图 7-27　胶囊式导航效果

胶囊式导航可以结合Bootstrap中的下拉菜单组件来设计带下拉菜单的胶囊式导航。

实例 27：设计带下拉菜单的胶囊式导航（案例文件：ch07\7.27.html）

```
<h3 align="center">带下拉菜单的胶囊式导航</h3>
<ul class="nav nav-pills">
```

```
        <li class="nav-item">
            <a class="nav-link" href="#">家用电器</a>
        </li>
        <li class="nav-item dropdown">
            <a class="nav-link dropdown-toggle" data-bs-toggle="dropdown" href="#">手机数码
</a>
            <div class="dropdown-menu">
                <a class="dropdown-item active" href="#">手机通信</a>
                <a class="dropdown-item" href="#">手机配件</a>
                <a class="dropdown-item" href="#">摄影摄像</a>
                <a class="dropdown-item" href="#">数码配件</a>
            </div>
        </li>
        <li class="nav-item">
            <a class="nav-link" href="#">电脑办公</a>
        </li>
        <li class="nav-item">
            <a class="nav-link" href="#">家具家装</a>
        </li>
    </ul>
```

程序运行结果如图7-28所示。

图 7-28　带下拉菜单的胶囊式导航效果

3. 导航等宽显示

使用.nav-justified类可以设置导航项齐行等宽显示。

实例 28：设置导航的等宽显示（案例文件：ch07\7.28.html）

```
    <h3 align="center">填充和对齐</h3>
    <ul class="nav nav-pills nav-fill">
        <li class="nav-item">
            <a class="nav-link active" href="#">经典教材</a>
        </li>
        <li class="nav-item">
            <a class="nav-link" href="#">热门课程</a>
        </li>
        <li class="nav-item">
            <a class="nav-link" href="#">技术支持</a>
        </li>
        <li class="nav-item">
```

```
            <a class="nav-link" href="#">联系我们</a>
        </li>
    </ul>
    <div class="container mt-3">
        <h2 align="center">导航等宽</h2>
        <p>胶囊导航</p>
        <ul class="nav nav-pills nav-justified">
            <li class="nav-item">
                <a class="nav-link active" href="#">家用电器</a>
            </li>
            <li class="nav-item">
                <a class="nav-link" href="#">手机数码</a>
            </li>
            <li class="nav-item">
                <a class="nav-link" href="#">电脑办公</a>
            </li>
            <li class="nav-item">
                <a class="nav-link" href="#">家具家装</a>
            </li>
        </ul>
        <br>
        <p>选项卡导航</p>
        <ul class="nav nav-tabs nav-justified">
            <li class="nav-item">
                <a class="nav-link active" href="#">家用电器</a>
            </li>
            <li class="nav-item">
                <a class="nav-link" href="#">手机数码</a>
            </li>
            <li class="nav-item">
                <a class="nav-link" href="#">电脑办公</a>
            </li>
            <li class="nav-item">
                <a class="nav-link" href="#">家具家装</a>
            </li>
        </ul>
    </div>
```

程序运行结果如图7-29所示。

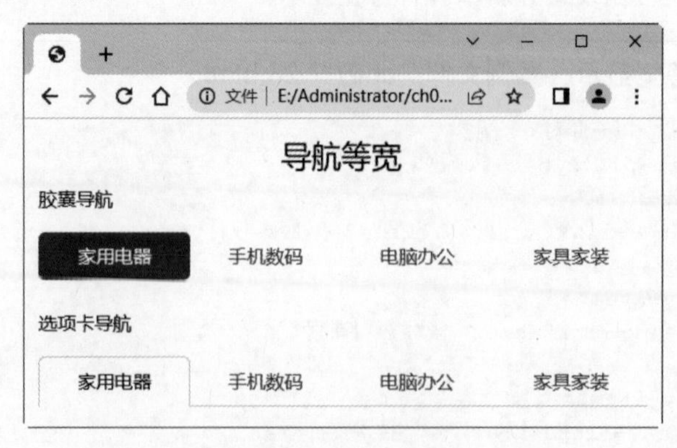

图 7-29　导航等宽显示

7.4.4　动态导航选项卡

如果想要设置选项卡是动态可切换的，可以在每个链接上添加data-bs-toggle="tab"属性，然后在每个选项对应的内容上添加.tab-pane类，在对应选项卡的内容的<div>标签上添加.tab-content类。如果希望有淡入效果，则可以在.tab-pane后添加.fade类。

实例 29：设计动态切换导航选项卡（案例文件：ch07\7.29.html）

```
<div class="container mt-3">
    <h2>动态切换导航选项卡</h2>
    <br>
    <ul class="nav nav-tabs" role="tablist">
        <li class="nav-item">
            <a class="nav-link active" data-bs-toggle="tab" href="#home">家用电器</a>
        </li>
        <li class="nav-item">
            <a class="nav-link" data-bs-toggle="tab" href="#menu1">手机数码</a>
        </li>
        <li class="nav-item">
            <a class="nav-link" data-bs-toggle="tab" href="#menu2">电脑办公</a>
        </li>
    </ul>
    <div class="tab-content">
        <div id="home" class="container tab-pane active"><br>
            <p>家电馆——家用电器、开店电器等设备一站购。</p>
        </div>
        <div id="menu1" class="container tab-pane fade"><br>
            <p>手机数码馆——手机通信、摄影摄像、数码配件等设备一站购。</p>
        </div>
        <div id="menu2" class="container tab-pane fade"><br>
            <p>电脑办公——电脑整机、电脑配件、办公家具等设备一站购。</p>
        </div>
    </div>
</div>
```

程序运行结果如图7-30所示。

另外，如果将上述代码中的data-bs-toggle属性设置为data-bs-toggle="pill"，可以得到胶囊状动态选项卡，运行效果如图7-31所示。

图 7-30　动态切换导航选项卡

图 7-31　胶囊状动态选项卡

7.5 信息提示框

信息提示框通过提供一些灵活的预定义消息，为常见的用户动作提供上下反馈消息和提示。

7.5.1 定义信息提示框

使用.alert类可以设计信息提示框，还可以使用.alert-success、.alert-info、.alert-warning、.alert-danger、.alert-primary、.alert-secondary、.alert-light或.alert-dark类来定义不同的颜色，效果类似于IE浏览器的警告效果。

提示 只添加.alert类是没有任何页面效果的，需要根据适用场景搭配合适的颜色类。

实例 30：定义信息提示框（案例文件：ch07\7.30.html）

```
<h3 align="center">信息提示框</h3>
<div class="alert alert-primary">
   <strong>主要的!</strong> 这是一个重要的操作信息。
</div>
<div class="alert alert-secondary">
   <strong>次要的!</strong> 显示一些不重要的信息。
</div>
<div class="alert alert-success">
   <strong>成功!</strong> 指定操作成功提示信息。
</div>
<div class="alert alert-info">
   <strong>信息!</strong> 请注意这个信息。
</div>
<div class="alert alert-warning">
   <strong>警告!</strong> 设置警告信息。
</div>
<div class="alert alert-danger">
   <strong>错误!</strong> 危险的操作。
</div>
<div class="alert alert-dark">
   <strong>黑色!</strong> 黑色提示框。
</div>
<div class="alert alert-light">
   <strong>浅灰色!</strong>浅灰色提示框。
</div>
```

程序运行结果如图7-32所示。

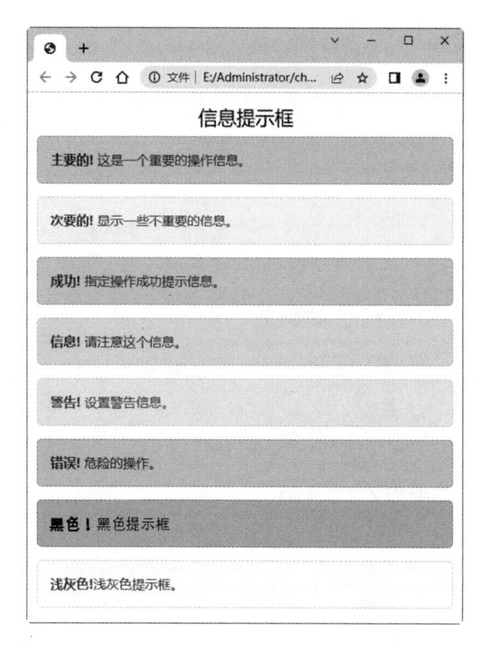

图 7-32　信息提示框效果

7.5.2　添加链接

使用.alert-link类可以为信息提示框中的链接加上合适的颜色。

实例 31：设置信息提示框中的链接颜色（案例文件：ch07\7.31.html）

```
<div class="container mt-3">
    <h2>信息提示框添加链接</h2>
    <div class="alert alert-success">
        <strong>成功!</strong> 请认真阅读 <a href="#" class="alert-link">这条信息</a>。
    </div>
    <div class="alert alert-info">
        <strong>信息!</strong> 请认真阅读 <a href="#" class="alert-link">这条信息</a>。
    </div>
    <div class="alert alert-warning">
        <strong>警告!</strong> 请认真阅读 <a href="#" class="alert-link">这条信息</a>。
    </div>
    <div class="alert alert-danger">
        <strong>错误!</strong> 请认真阅读 <a href="#" class="alert-link">这条信息</a>。
    </div>
    <div class="alert alert-primary">
        <strong>首选!</strong> 请认真阅读 <a href="#" class="alert-link">这条信息</a>。
    </div>
    <div class="alert alert-secondary">
        <strong>次要的!</strong> 请认真阅读 <a href="#" class="alert-link">这条信息</a>。
    </div>
    <div class="alert alert-dark">
        <strong>黑色!</strong> 请认真阅读 <a href="#" class="alert-link">这条信息</a>。
    </div>
    <div class="alert alert-light">
```

```
    <strong>浅灰色!</strong> 请认真阅读 <a href="#" class="alert-link">这条信息</a>。
  </div>
</div>
```

程序运行结果如图7-33所示。

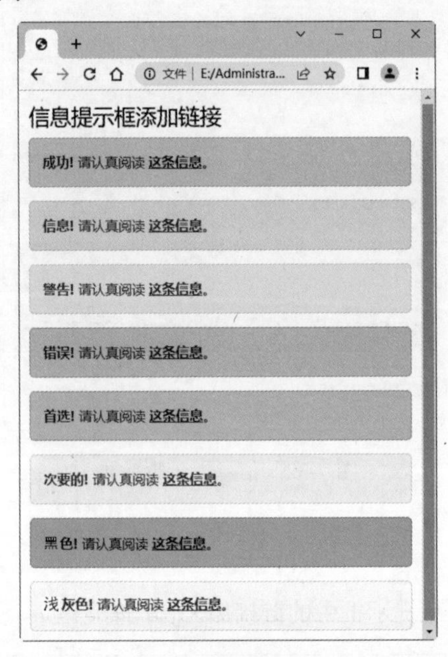

图 7-33　链接颜色效果

7.5.3　关闭信息提示框

在信息提示框中添加.alert-dismissible类，然后在关闭按钮的链接上添加class="btn-close"和data-bs-dismiss="alert"，以设置信息提示框的关闭操作。

实例 32：关闭信息提示框（案例文件：ch07\7.32.html）

```
<div class="container mt-3">
  <h2>关闭提示框</h2>
  <div class="alert alert-success alert-dismissible">
    <button type="button" class="btn-close" data-bs-dismiss="alert"></button>
    <strong>成功!</strong> 指定操作成功提示信息。
  </div>
  <div class="alert alert-info alert-dismissible">
    <button type="button" class="btn-close" data-bs-dismiss="alert"></button>
    <strong>信息!</strong> 请注意这个信息。
  </div>
  <div class="alert alert-warning alert-dismissible">
    <button type="button" class="btn-close" data-bs-dismiss="alert"></button>
    <strong>警告!</strong> 设置警告信息。
  </div>
  <div class="alert alert-danger alert-dismissible">
    <button type="button" class="btn-close" data-bs-dismiss="alert"></button>
```

```
    <strong>错误!</strong> 失败的操作。
  </div>
</div>
```

程序运行结果如图7-34所示。单击信息提示框中的关闭按钮后，对应的内容将被删除，效果如图7-35所示。

图 7-34　关闭前效果

图 7-35　关闭后效果

还可以添加.fade和.show来设置信息提示框在关闭时的淡出和淡入效果。

```
<div class="alert alert-info alert-dismissible fade show ">
    <button type="button" class="btn-close" data-bs-dismiss="alert"></button>
    <strong>信息!</strong> 请注意这个信息。
</div>
```

7.6　实战案例——设计左侧导航栏页面

本案例使用Bootstrap的导航组件设计一个简洁大气的左侧导航栏页面，最终效果如图7-36所示。

图 7-36　左侧导航栏页面

具体实现步骤如下：

01 使用Bootstrap设计结构，代码如下：

```
<div class="row">
    <div class="col-sm-3 col-md-2">
    <div class="col-sm-9 col-sm-offset-3 col-md-10 col-md-offset-2">
</div>
```

02 设计左侧导航栏，部分代码如下：

```
<div class="container-fluid">
    <div class="row">
        <div class="col-sm-3 col-md-2 sidebar">
            <div class="logo">
                <a href="index.html"><img src="images/logo.png" alt="logo" /></a>
            </div>
            <div class="top-nav">
                <span class="menu-icon"><img src="images/menu-icon.png" alt="" /></span>
                <div class="nav1">
                    <ul class=" nav nav-sidebar">
                        <li class="active"><a href="index.html">首页</a></li>
                        <li><a href="#">关于我们</a></li>
                        <li><a href="#">服务项目</a></li>
                        <li><a href="#">成功案例</a></li>
                        <li><a href="#">企业文化</a></li>
                        <li><a href="#">联系我们</a></li>
                    </ul>
                </div>
            </div>
            <div class="clearfix"> </div>
        </div>
        <div class="col-sm-9 col-sm-offset-3 col-md-10 col-md-offset-2 main">
            <div class="banner">
                <div class="jumbotron banner-text">
                    <h2>新房悦府</h2>
                    <p>全学龄高端住宅，交通条件极为便利。建筑风格为新古典主义风格，能超越悦府的还是悦
府！</p>
                    <a class="btn btn-primary" href="#" role="button">详情>></a>
                </div>
            </div>
        </div>
    </div>
</div>
```

03 设计导航栏样式。样式主要使用CSS 3来设计，部分代码如下：

```
.nav-sidebar {
  margin-right: -21px; /* 20px padding + 1px border */
  margin-bottom: 20px;
  margin-left: -20px;
}
.nav-sidebar > li > a {
```

```
    padding-right: 20px;
    padding-left: 20px;
    border-top: 2px solid #fff;
    border-bottom: 2px solid #fff;
}
.sidebar p {
  color: #99abd5;
  font-size: 13px;
  margin: 0 auto;
  text-align: center;
  width: 82%;
}
.sidebar p a {
  color: #99abd5;
  font-size: 13px;
}
.sidebar p a:hover{
  color: #d95459;
  text-decoration: underline;
}
.jumbotron.banner-text {
  background-color: rgba(153, 171, 213, 0.73) !important;
  margin: 0;
  padding: 3em;
  width: 45%;
  text-align:center;
  position: absolute;
  top: 25%;
  left: 26%;
}
.banner-text h2{
    font-size: 4em;
    color: #fff;
    font-family: 'Marvel', sans-serif;
}
.banner-text p {
  margin: 0.5em 0 1em;
  font-size: 18px;
  color:#fff;
  font-family: 'Marvel', sans-serif;
}
```

第 8 章

高级 CSS 组件的使用

Bootstrap通过组合HTML、CSS和JavaScript代码，设计出丰富的流行组件，例如导航栏、进度条、列表组、面包屑和分页效果等。使用这些组件不仅可以轻松地搭建出清新的界面，还可以提高用户的交互体验。本章就来介绍这些组件的使用方法和技巧。

8.1 导 航 栏

导航栏是网页设计中不可缺少的部分，是整个网站的控制中枢，在每个页面都能看到它，利用它可以方便地访问所需要的内容。

8.1.1 定义导航栏

导航栏是一个将商标、导航条以及其他元素组合在一起形成的组件，具有很好的扩展性。此外，在折叠插件的协助下，导航栏可以轻松地与其他内容进行整合。

在使用导航栏之前，应先了解以下几点内容：

（1）导航栏可使用.navbar类来定义，并可以使用.navbar-expand{-sm|-md|-lg|-xl-xxl}定义响应式布局。在导航栏内，当屏幕宽度小于.navbar-expand{-sm|-md|-lg|-xxl}类指定的断点时，将隐藏导航栏部分内容，这样就避免了在较窄的视图端口上堆叠显示内容。可以通过激活折叠组件来显示隐藏的内容。

（2）导航栏默认内容是流式的，可以使用container容器来限制水平宽度。

（3）可以使用Bootstrap提供的边距和Flex布局样式来定义导航栏中元素的间距和对齐方式。

（4）导航栏默认支持响应式，在修改上也很容易，可以轻松地定义它们。

在Bootstrap中，导航栏组件是由许多子组件组成的，可以根据需要从中进行选择。导航栏组件包含的子组件如下：

（1）.navbar-brand：用于设置logo或项目名称。

（2）.navbar-nav：提供轻便的导航，包括对下拉菜单的支持。

（3）.navbar-toggler：用于折叠插件和导航切换行为。

（4）.navbar-text：对文本字符串的垂直对齐、水平间距做了处理优化。

（5）.collapse和.navbar-collapse：用于通过父断点来分组和隐藏导航列内容。

下面来介绍导航栏的主要组成部分。

1. logo和项目名称

使用.navbar-brand类可以高亮显示项目名称或logo，这个类可以用于大多数元素，但对于链接最有效，因为某些元素可能需要通用样式或自定义样式。下面的实例要将图片添加到.navbar-brand类容器中，就需要自定义样式或使用Bootstrap通用样式来适当调整图片大小。

实例 1：设置 logo 和项目名称导航栏效果（案例文件：ch08\8.1.html）

```
<nav class="navbar navbar-light bg-light my-4">
    <a class="navbar-brand" href="#">吾爱咖啡屋</a>
</nav>
<nav class="navbar navbar-light bg-light">
    <a class="navbar-brand" href="#">
        <img src="01.jpg" width="30" alt="">
    </a>
</nav>
<nav class="navbar navbar-light bg-light my-4">
    <a class="navbar-brand" href="#">
        <img src="01.jpg" width="30" alt="">
        吾爱咖啡屋
    </a>
</nav>
```

程序运行结果如图8-1所示。

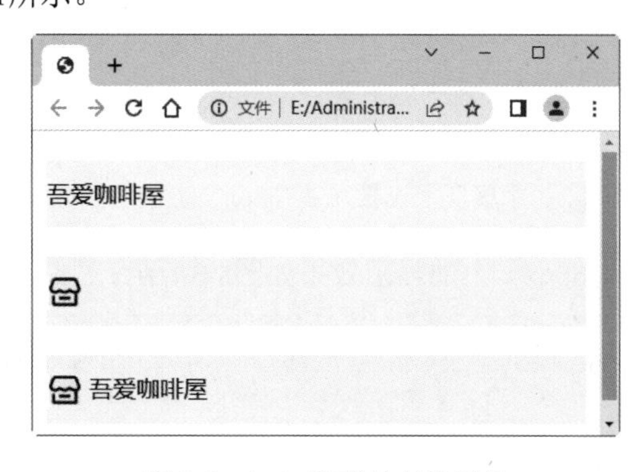

图 8-1　logo 和项目名称效果

2. 折叠导航栏

一般情况下，在小屏幕上会折叠导航栏，然后通过单击相应的按钮来显示导航选项。要想创建折叠导航栏，可以在按钮上添加class="navbar-toggler"、data-bs-toggle="collapse"与data-target="#thetarget"类。另外，在导航栏中可以在.nav-link类或.nav-item类上添加.active和.disabled类，实现激活和禁用状态。

实例 2：设计折叠导航栏（案例文件：ch08\8.2.html）

```
<nav class="navbar navbar-expand-md navbar-light bg-light">
   <a class="navbar-brand" href="#">吾爱咖啡屋</a>
   <button class="navbar-toggler" type="button" data-bs-toggle="collapse"
      data-bs-target="#collapsibleNavbar">
      <span class="navbar-toggler-icon"></span>
   </button>
   <div class="collapse navbar-collapse" id="collapsibleNavbar">
      <ul class="navbar-nav">
         <li class="nav-item">
            <a class="nav-link active" href="#">牛乳拿铁</a>
         </li>
         <li class="nav-item">
            <a class="nav-link" href="#">冷萃黑咖</a>
         </li>
         <li class="nav-item">
            <a class="nav-link" href="#">冻干咖啡</a>
         </li>
         <li class="nav-item">
            <a class="nav-link disabled" href="#">联系我们</a>
         </li>
      </ul>
   </div>
</nav>
```

程序运行在中屏及上设备（≥768px）上的显示效果如图8-2所示，这里使用.disabled类设置该链接是不可点击的。

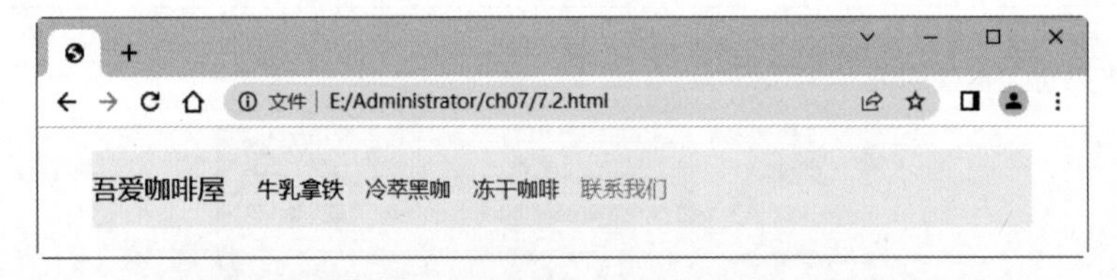

图 8-2　中屏及上设备（≥768px）上的显示效果

程序运行在小屏设备（<768px）上的显示效果如图8-3所示。

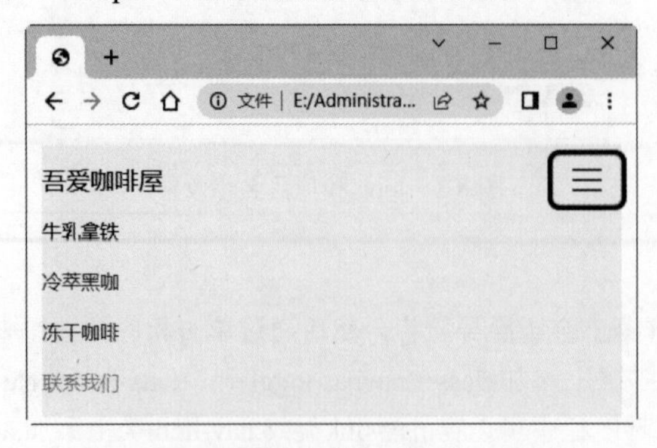

图 8-3　小屏设备（<768px）上的显示效果

3. 导航栏中添加下拉菜单

除了可以创建折叠导航栏外，还可以在导航栏中添加下拉菜单。

实例 3：在导航栏中添加下拉菜单（案例文件：ch08\8.3.html）

```
<nav class="navbar navbar-expand-md navbar-light bg-light">
    <a class="navbar-brand" href="#">吾爱咖啡屋</a>
    <button class="navbar-toggler" type="button" data-bs-toggle="collapse"
        data-bs-target="#collapsibleNavbar">
        <span class="navbar-toggler-icon"></span>
    </button>
    <div class="collapse navbar-collapse" id="collapsibleNavbar">
        <ul class="navbar-nav">
            <li class="nav-item">
                <a class="nav-link active" href="#">牛乳拿铁</a>
            </li>
            <li class="nav-item dropdown">
                <a class="nav-link dropdown-toggle" href="#" id="navbardrop"
                    data-bs-toggle="dropdown">冷萃黑咖</a>
                <div class="dropdown-menu">
                    <a class="dropdown-item" href="#">冰滴黑咖</a>
                    <a class="dropdown-item" href="#">玫瑰特调</a>
                    <a class="dropdown-item" href="#">白桃特调</a>
                </div>
            </li>
            <li class="nav-item">
                <a class="nav-link" href="#">冻干咖啡</a>
            </li>
            <li class="nav-item">
                <a class="nav-link disabled" href="#">联系我们</a>
            </li>
        </ul>
    </div>
</nav>
```

程序运行在中屏及以上设备（≥768px）上的显示效果如图8-4所示。

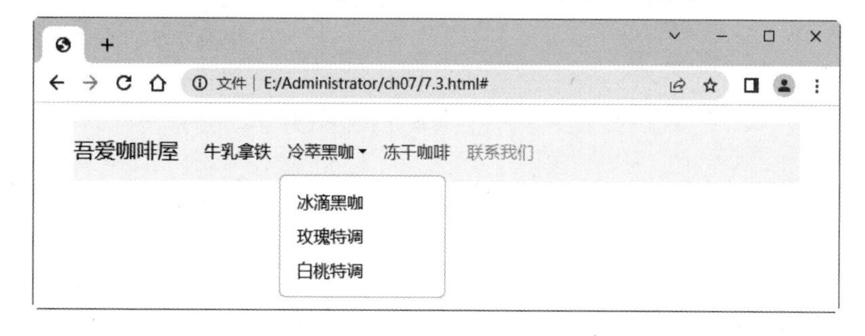

图 8-4　中屏及以上设备（≥768px）上的显示效果

程序运行在小屏设备（<768px）上的显示效果如图8-5所示。

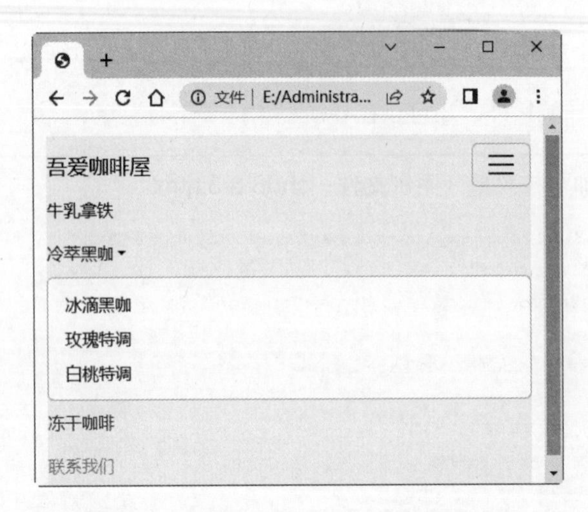

图 8-5　小屏设备（<768px）上的显示效果

4. 导航栏的表单与按钮

在导航栏中，定义一个.d-flex类容器，把各种表单控制元件和组件放置其中，然后使用Flex布局样式设置对齐方式。导航栏的表单<form>元素使用class="form-inline"来排版输入框与按钮。

实例 4：在导航栏中添加表单与按钮元素（案例文件：ch08\8.4.html）

```
<nav class="navbar navbar-light bg-light justify-content-between">
    <a class="navbar-brand">吾爱咖啡屋</a>
    <form class="d-flex">
        <input class="form-control me-2" type="text" placeholder="Search">
        <button class="btn btn-primary" type="button">Search</button>
    </form>
</nav>
```

程序运行结果如图8-6所示。

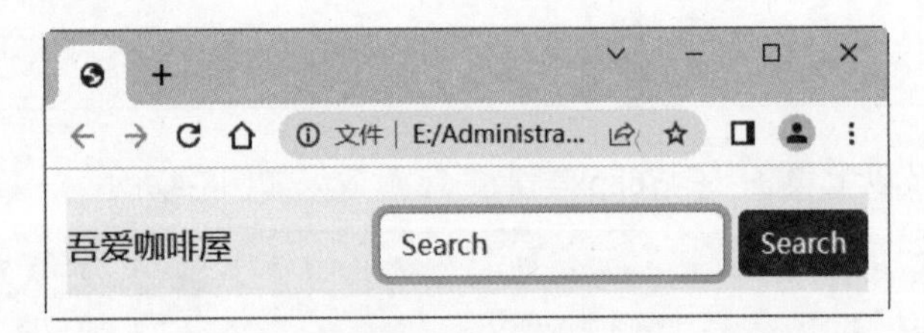

图 8-6　添加表单与按钮效果

8.1.2　定位导航栏

使用Bootstrap提供的以下固定定位样式类，可以轻松实现导航栏的固定定位。

（1）.fixed-top：导航栏定位到页面顶部。
（2）.fixed-bottom：导航栏定位到页面底部。

下面来看一下将导航栏定位到页面顶部和页面底部的效果。

实例 5：定位导航栏到页面顶部（案例文件：ch08\8.5.html）

```
    <body style="height:1500px">
    <nav class="navbar navbar-expand-sm navbar-light bg-light fixed-top">
        <a class="navbar-brand" href="#">吾爱咖啡屋</a>
        <button class="navbar-toggler" type="button" data-bs-toggle="collapse"
data-bs-target="#collapsibleNavbar">
            <span class="navbar-toggler-icon"></span>
        </button>
        <div class="collapse navbar-collapse" id="collapsibleNavbar">
            <ul class="navbar-nav">
                <li class="nav-item">
                    <a class="nav-link active" href="#">牛乳拿铁</a>
                </li>
                <li class="nav-item">
                    <a class="nav-link" href="#">冷萃黑咖</a>
                </li>
                <li class="nav-item">
                    <a class="nav-link" href="#">冻干咖啡</a>
                </li>
            </ul>
        </div>
    </nav>
    <div class="container-fluid" style="margin-top:80px">
        <h3>固定导航栏</h3>
        <p>导航栏可以固定在头部。</p>
        <h1>滚动页面查看效果。</h1>
    </div>
```

程序运行结果如图8-7所示，导航栏被固定在页面顶部了。

如果将代码中的“fixed-top”修改为“fixed-bottom”：

```
    <nav class="navbar navbar-expand-sm navbar-light bg-light fixed-bottom">
```

程序运行结果如图8-8所示，导航栏被固定在页面底部了。

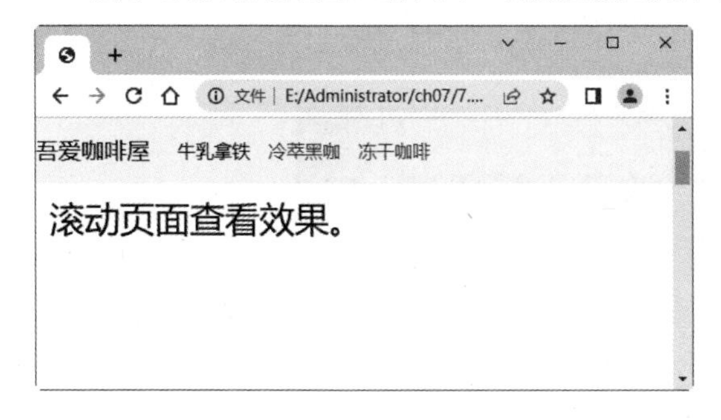

图 8-7 定位顶部导航栏效果

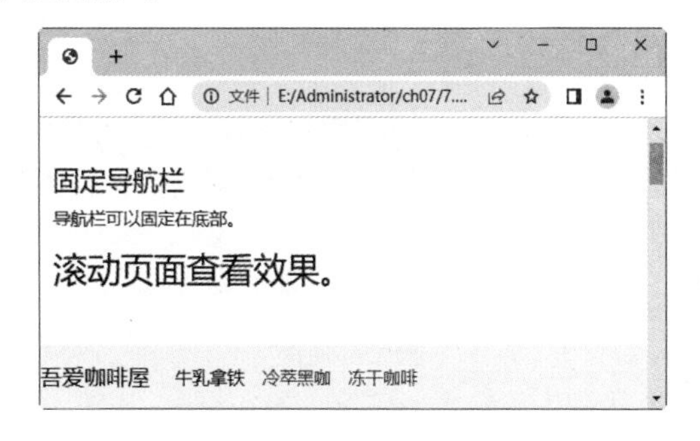

图 8-8 定位底部导航栏效果

8.1.3 不同颜色导航栏

导航栏的配色方案和主题选择基于主题类和背景通用样式类定义，选择.navbar-light类来定义导航颜色（黑色背景，白色文字）。也可以用.navbar-dark类来定义深色背景，然后使用背景.bg-*类进行定义。

实例 6：设计导航栏的颜色（案例文件：ch08\8.6.html）

```
    <h3 align="center">设计导航栏的颜色</h3>
    <nav class="navbar navbar-expand-md navbar-dark bg-secondary">
        <a class="navbar-brand me-auto" href="#">吾爱咖啡屋</a>
        <form class="d-flex">
            <input class="me-sm-2" type="search" placeholder="Search">
            <button class="btn btn-outline-light me-sm-2 my-2 my-sm-0" type="submit">搜索
</button>
        </form>
    </nav>
    <nav class="navbar navbar-expand-md navbar-dark bg-info my-2">
        <a class="navbar-brand me-auto" href="#">吾爱咖啡屋</a>
        <form class="d-flex">
            <input class="me-sm-2" type="search" placeholder="Search">
            <button class="btn btn-outline-light me-sm-2 my-2 my-sm-0" type="submit">搜索
</button>
        </form>
    </nav>
    <nav class="navbar navbar-expand-md navbar-light" style="background-color: #e3f3fd;">
        <a class="navbar-brand me-auto" href="#">吾爱咖啡屋</a>
        <form class="d-flex">
            <input class="me-sm-2" type="search" placeholder="Search">
            <button class="btn btn-outline-success me-sm-2 my-2 my-sm-0" type="submit">搜
索</button>
        </form>
    </nav>
```

程序运行结果如图8-9所示。

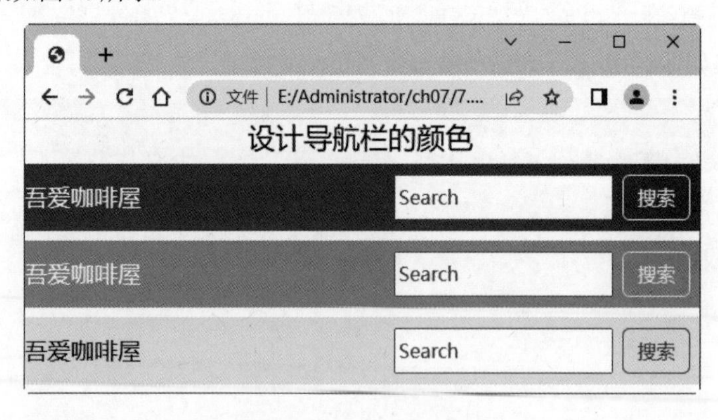

图 8-9　导航栏配色效果

8.1.4　居中对齐导航栏

通过添加.justify-content-center类可以创建居中对齐的导航栏。

实例 7：居中对齐的导航栏（案例文件：ch08\8.7.html）

```
<nav class="navbar navbar-expand-sm bg-light justify-content-center">
    <a class="navbar-brand" href="#">吾爱咖啡屋</a>
    <ul class="navbar-nav">
        <li class="nav-item">
            <a class="nav-link" href="#">牛乳拿铁</a>
        </li>
        <li class="nav-item">
            <a class="nav-link" href="#">冷萃黑咖</a>
        </li>
        <li class="nav-item">
            <a class="nav-link" href="#">冻干咖啡</a>
        </li>
    </ul>
</nav>
```

程序运行结果如图8-10所示。

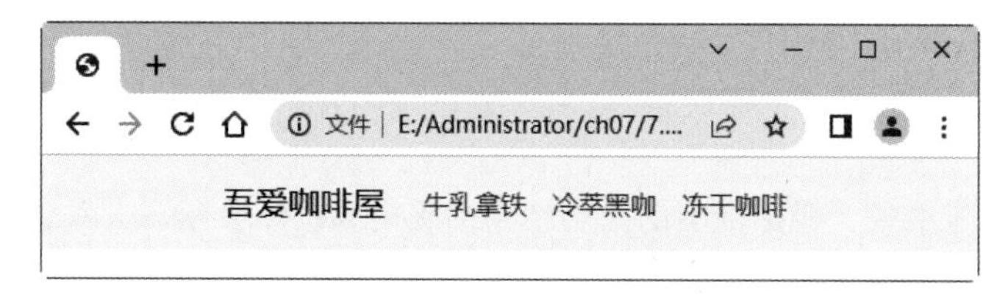

图 8-10　居中对齐导航栏

8.1.5　垂直对齐导航栏

通过删除.navbar-expand-xxl|xl|lg|md|sm类可以创建垂直导航栏。

实例 8：垂直对齐的导航栏（案例文件：ch08\8.8.html）

```
<nav class="navbar bg-light">
  <ul class="navbar-nav">
    <a class="navbar-brand" href="#">吾爱咖啡屋</a>
    <li class="nav-item">
      <a class="nav-link" href="#">牛乳拿铁</a>
    </li>
    <li class="nav-item">
      <a class="nav-link" href="#">冷萃黑咖</a>
    </li>
    <li class="nav-item">
      <a class="nav-link" href="#">冻干咖啡</a>
    </li>
  </ul>
</nav>
```

程序运行结果如图8-11所示。

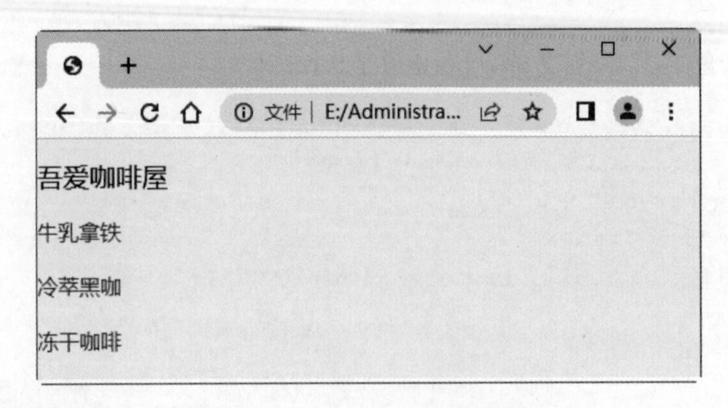

图 8-11　垂直对齐导航栏

8.2　进　度　条

Bootstrap提供了简单、漂亮、多色的进度条，其中条纹和动画效果的进度条使用CSS 3的渐变、透明度和动画效果来实现。

8.2.1　定义进度条

在Bootstrap中，进度条一般由嵌套的两层结构标签构成，外层标签引入.progress类，用来设计进度槽；内层标签引入.progress-bar类，用来设计进度条。基本结构如下：

```
<div class="progress">
   <div class="progress-bar"></div>
</div>
```

可以使用width样式属性来设置进度条的进度，也可以使用Bootstrap 5中提供的设置宽度的通用样式来设置，例如.w-25、.w-50、.w-75等。

实例 9：设计进度条效果（案例文件：ch08\8.9.html）

```
<h3 align="center">进度条</h3>
<div class="progress">
   <div class="progress-bar w-25"></div>
</div><br/>
<div class="progress">
   <div class="progress-bar w-50"></div>
</div><br/>
<div class="progress">
   <div class="progress-bar w-75"></div>
</div>
```

程序运行结果如图8-12所示。

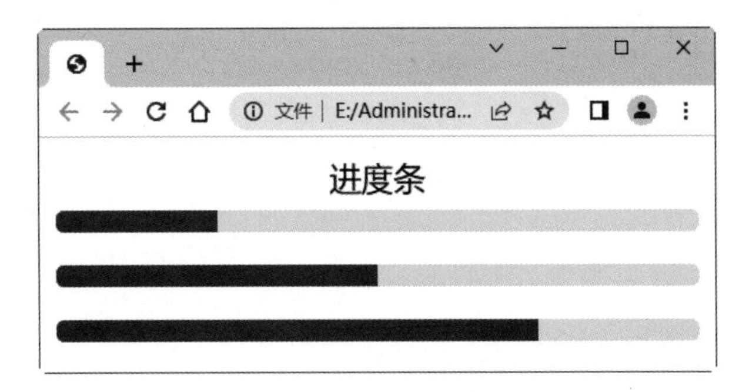

图 8-12　进度条效果

8.2.2　设计进度条样式

下面使用Bootstrap 5中的通用样式来设计进度条。

1. 添加标签

将文本内容放在.progress-bar类容器中，可以实现标签效果。这个进度条的标签内容用于具体进度，一般以百分比表示。

实例 10：以百分比的形式添加进度条标签（案例文件：ch08\8.10.html）

```
<h3 align="center">添加进度条标签</h3>
<div class="progress">
   <div class="progress-bar w-25">25%</div>
</div><br/>
<div class="progress">
   <div class="progress-bar w-50">50%</div>
</div><br/>
<div class="progress">
   <div class="progress-bar w-75">75%</div>
</div>
```

程序运行结果如图8-13所示。

图 8-13　添加标签效果

2. 设置进度条的高度

可以通过设置height的值来调整进度条的高度。

实例 11：设置进度条高度（案例文件：ch08\8.11.html）

```
<h3 align="center">设置进度条高度</h3>
<!--默认高度-->
<div class="progress">
    <div class="progress-bar w-50">75%</div>
</div><br/>
<!--设置进度条的高度为40px-->
<div class="progress" style="height:40px">
    <div class="progress-bar w-50">50%</div>
</div>
```

程序运行结果如图8-14所示。

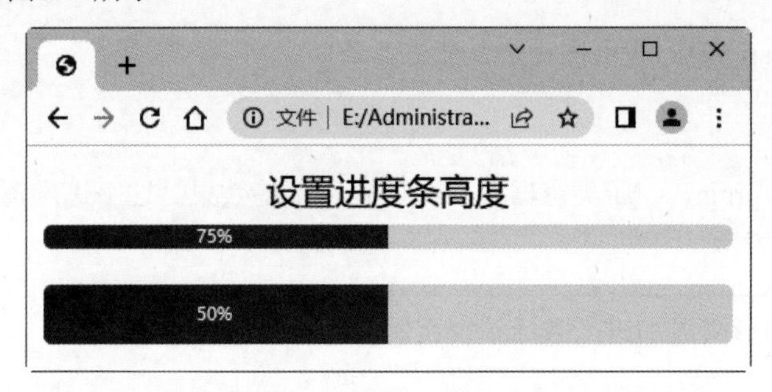

图 8-14　设置高度效果

3. 设置进度条背景色

进度条的背景色可以使用Bootstrap通用的样式.bg-*类来设置，这个类中*代表primary、secondary、success、danger、warning、info、light和dark。

实例 12：设置进度条的背景色（案例文件：ch08\8.12.html）

```
<h3 align="center">设置进度条背景色</h3>
<div class="progress">
    <div class="progress-bar bg-success" style="width: 25%"></div>
</div><br/>
<div class="progress">
    <div class="progress-bar bg-info" style="width: 50%"></div>
</div><br/>
<div class="progress">
    <div class="progress-bar bg-warning" style="width: 75%"></div>
</div><br/>
<div class="progress">
    <div class="progress-bar bg-danger" style="width: 100%"></div>
</div>
```

程序运行结果如图8-15所示。

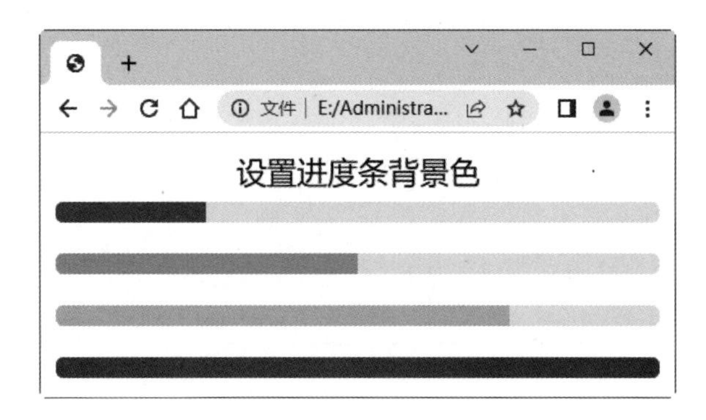

图 8-15　进度条不同的背景颜色

8.2.3　设计进度条风格

进度条的风格包括多进度条进度、条纹进度条和动画条纹进度条。

1. 多进度条进度

如果有需要，可在进度槽中包含多个进度条。

实例 13：多进度条进度（案例文件：ch08\8.13.html）

```
<h4 align="center">多进度条进度</h4>
<div class="progress">
    <div class="progress-bar" style="width:20%;">20%</div>
    <div class="progress-bar bg-warning" style="width: 40%;">40%</div>
    <div class="progress-bar bg-info" style="width: 10%;">10%</div>
    <div class="progress-bar bg-danger " style="width: 30%;">30%</div>
</div>
```

程序运行结果如图8-16所示。

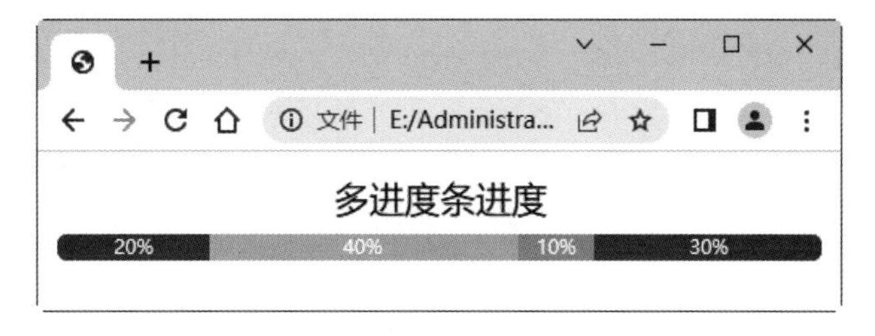

图 8-16　多进度条进度效果

2. 条纹进度条

在Bootstrap 5中，如果要使用CSS渐变为背景颜色加上条纹效果，可以将.progress-bar-striped类添加到.progress-bar容器上。

实例 14：设计条纹进度条（案例文件：ch08\8.14.html）

```
<h3 align="center">条纹进度条</h3>
<div class="progress">
```

```
    <div class="progress-bar w-25 progress-bar-striped">25%</div>
</div><br/>
<div class="progress">
    <div class="progress-bar w-50 progress-bar-striped">50%</div>
</div><br/>
<div class="progress">
    <div class="progress-bar w-75 progress-bar-striped">75%</div>
</div>
```

程序运行结果如图8-17所示。

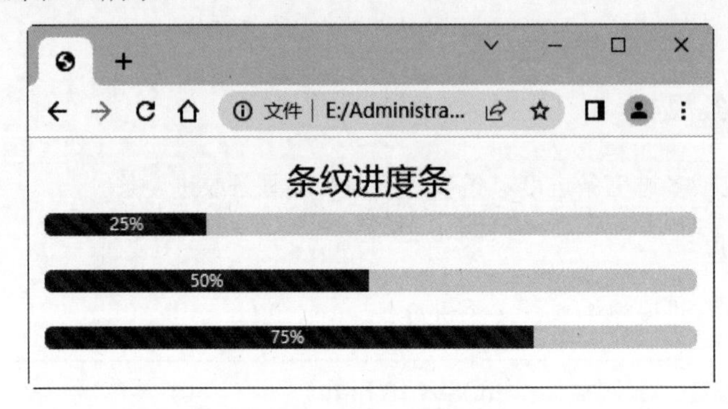

图 8-17　条纹进度条效果

3. 动画条纹进度

条纹渐变也可以做成动画效果，将.progress-bar-animated类加到.progress-bar容器上，即可实现CSS 3绘制的从右到左的动画效果。

实例 15：设计动画条纹进度条（案例文件：ch08\8.15.html）

```
<h3 align="center">动画条纹进度条</h3>
<div class="progress">
    <div class="progress-bar w-25 bg-success progress-bar-striped
progress-bar-animated"></div>
</div><br/>
<div class="progress">
    <div class="progress-bar w-50 bg-info progress-bar-striped
progress-bar-animated"></div>
</div><br/>
<div class="progress">
    <div class="progress-bar w-75 bg-warning progress-bar-striped
progress-bar-animated"></div>
</div><br/>
<div class="progress">
    <div class="progress-bar w-100 bg-danger progress-bar-striped
progress-bar-animated"></div>
</div>
```

程序运行结果如图8-18所示。

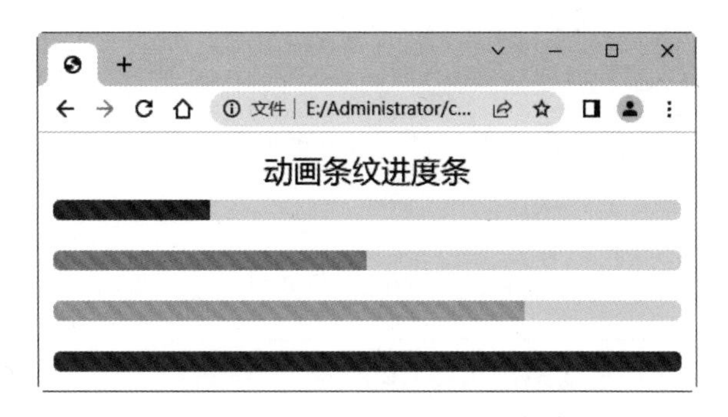

图 8-18　动画条纹进度条效果

8.3　列　表　组

列表组是一个灵活而且强大的组件，不仅可以用来显示简单的元素列表，还可以通过定义来显示复杂的内容。

8.3.1　定义列表组

最基本的列表组就是在<ul>元素上添加.list-group类，在<li>元素上添加.list-group-item类和.list-group-item-action类。.list-group-item类用来设计列表项的字体颜色、宽度和对齐方式，.list-group-item-action类用来设计列表项在悬浮时的浅灰色背景。

实例 16：通过列表组展示旅行保障项目列表（案例文件：ch08\8.16.html）

```
<h3 align="center">旅行保障项目列表</h3>
<ul class="list-group">
    <li class="list-group-item list-group-item-action">1. 酒店 · 放心住</li>
    <li class="list-group-item list-group-item-action">2. 机票 · 放心飞</li>
    <li class="list-group-item list-group-item-action">3. 美食 · 放心吃</li>
    <li class="list-group-item list-group-item-action">4. 旅游 · 放心玩</li>
</ul>
```

程序运行结果如图8-19所示。

图 8-19　列表组效果

8.3.2 设置列表组样式

Bootstrap为列表组设置了不同的风格样式，可以根据场景进行选择。

1. 激活和禁用状态

添加.active类或.disabled类到.list-group下的其中一行或多行，以定义当前为激活或禁用状态。

实例 17：激活和禁用列表组项目（案例文件：ch08\8.17.html）

```
<h3 align="center">激活和禁用状态</h3>
<ul class="list-group">
    <li class="list-group-item">1. 酒店 · 放心住（默认状态）</li>
    <li class="list-group-item active">2. 机票 · 放心飞（激活状态）</li>
    <li class="list-group-item disabled">3. 美食 · 放心吃（禁用状态）</li>
    <li class="list-group-item active">4. 旅游 · 放心玩（激活状态）</li>
</ul>
```

程序运行结果如图8-20所示。

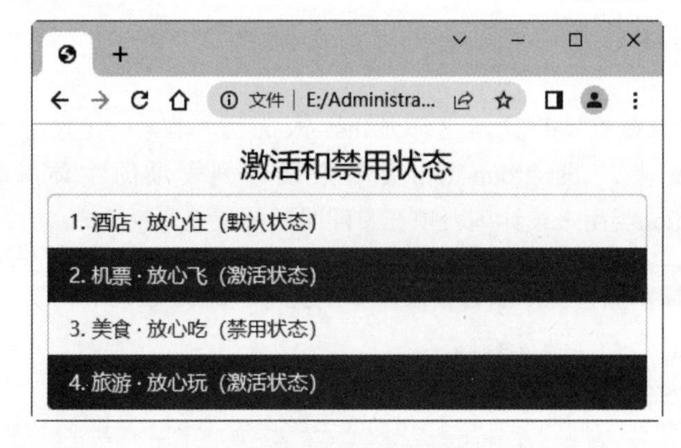

图 8-20　激活和禁用效果

2. 去除边框和圆角

在列表组中加入.list-group-flush类，可以移除部分边框和圆角，从而产生边缘贴齐的列表组，这在与卡片组件结合使用时非常实用，会有更好的呈现效果。

实例 18：去除边框和圆角（案例文件：ch08\8.18.html）

```
<h3 align="center">去除边框和圆角</h3>
<ul class="list-group list-group-flush">
    <li class="list-group-item list-group-item-action">1. 酒店 · 放心住</li>
    <li class="list-group-item list-group-item-action">2. 机票 · 放心飞</li>
    <li class="list-group-item list-group-item-action">3. 美食 · 放心吃</li>
    <li class="list-group-item list-group-item-action">4. 旅游 · 放心玩</li>
</ul>
```

程序运行结果如图8-21所示。

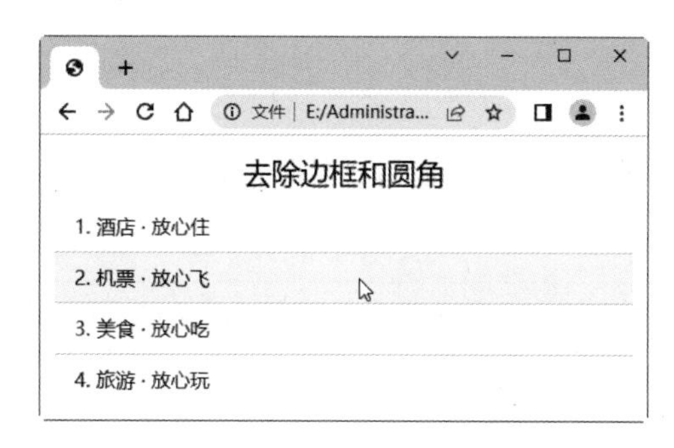

图 8-21　去除边框和圆角效果

3. 设计列表项的颜色

列表项的颜色类有：.list-group-item-success、.list-group-item-secondary、.list-group-item-info、.list-group-item-warning、.list-group-item-danger、.list-group-item-dark和.list-group-item-light。这些颜色类包括背景色和文字颜色，可以选择合适的类来设置列表项的背景色和文字颜色。

实例 19：设置列表项的颜色（案例文件：ch08\8.19.html）

```
    <h3 align="center">列表项的背景和文字颜色</h3>
    <ul class="list-group">
        <li class="list-group-item list-group-item-primary">《春江花月夜》 唐•张若虚</li>
        <li class="list-group-item list-group-item-secondary">春江潮水连海平，海上明月共潮生。
</li>
        <li class="list-group-item list-group-item-success">滟滟随波千万里，何处春江无月明！
</li>
        <li class="list-group-item list-group-item-danger">江流宛转绕芳甸，月照花林皆似霰。</li>
        <li class="list-group-item list-group-item-warning">空里流霜不觉飞，汀上白沙看不见。
</li>
        <li class="list-group-item list-group-item-info">江天一色无纤尘，皎皎空中孤月轮。</li>
        <li class="list-group-item list-group-item-light">江畔何人初见月？江月何年初照人？</li>
        <li class="list-group-item list-group-item-dark">人生代代无穷已，江月年年望相似。</li>
    </ul>
```

程序运行结果如图8-22所示。

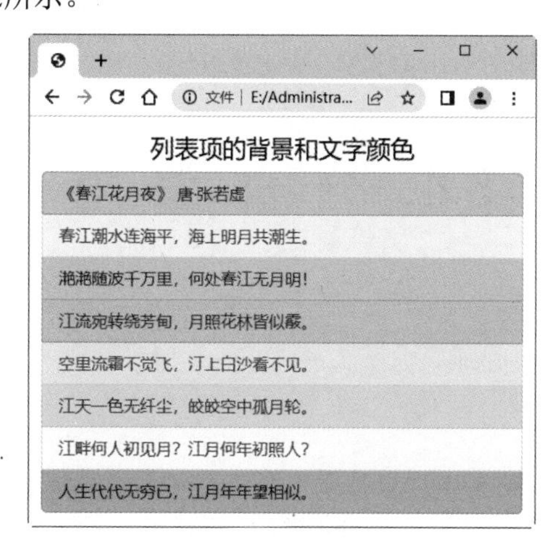

图 8-22　列表项的颜色效果

8.3.3　定制列表组内容

在Flexbox通用样式定义的支持下，列表组中几乎可以添加任意的HTML内容，包括标签、内容和链接等。

实例 20：定制一个问卷调查表的列表（案例文件：ch08\8.20.html）

```
<div class="container mt-3">
<h3>9. 吸引您来此地旅游的主要因素是</h3>
<div class="list-group">
    <label class="list-group-item d-flex gap-2">
        <input class="form-check-input flex-shrink-0" type="checkbox" value="" checked>
        城市标准
    </label>
    <label class="list-group-item d-flex gap-2">
        <input class="form-check-input flex-shrink-0" type="checkbox" value="">
        时尚潮流
    </label>
    <label class="list-group-item d-flex gap-2">
        <input class="form-check-input flex-shrink-0" type="checkbox" value="">
        街区历史
    </label>
</div>
```

程序运行结果如图8-23所示。

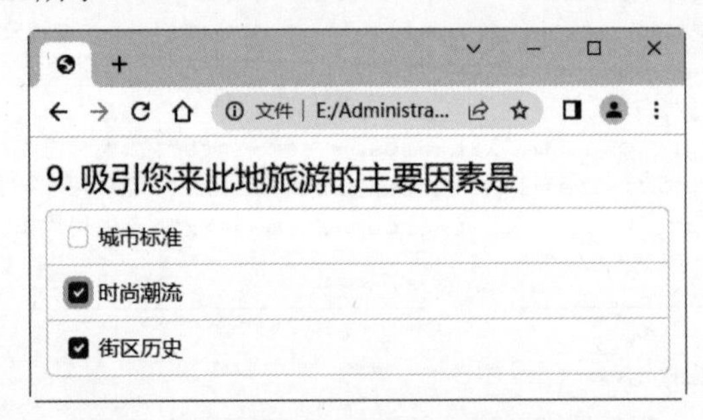

图 8-23　定制内容效果

8.4　分 页 效 果

在网页开发过程中，如果碰到内容过多的情况，一般都会使用分页进行处理。

8.4.1　定义分页

使用Bootstrap可以很简单地实现分页效果，在<ul>元素上添加.pagination类，然后在<li>元素上添加.page-item类，在超链接中添加.page-link类，即可实现一个简单的分页。

基本结构如下：

```
<ul class="pagination">
    <li class="page-item"><a class="page-link" href="#">Previous</a></li>
    <li class="page-item"><a class="page-link" href="#">1</a></li>
    <li class="page-item"><a class="page-link" href="#">2</a></li>
    <li class="page-item"><a class="page-link" href="#">3</a></li>
    <li class="page-item"><a class="page-link" href="#">Next</a></li>
</ul>
```

在Bootstrap 5中，一般情况下都是使用<ul>来设计分页，也可以使用其他元素。

实例 21：定义分页效果（案例文件：ch08\8.21.html）

```
<h3 align="center">定义分页</h3>
<ul class="pagination">
    <li class="page-item"><a class="page-link" href="#">首页</a></li>
    <li class="page-item"><a class="page-link" href="#">上一页</a></li>
    <li class="page-item"><a class="page-link" href="#">1</a></li>
    <li class="page-item"><a class="page-link" href="#">2</a></li>
    <li class="page-item"><a class="page-link" href="#">3</a></li>
    <li class="page-item"><a class="page-link" href="#">4</a></li>
    <li class="page-item"><a class="page-link" href="#">下一页</a></li>
    <li class="page-item"><a class="page-link" href="#">尾页</a></li>
</ul>
```

程序运行结果如图8-24所示。

图 8-24　分页效果

8.4.2　使用图标

在分页中，可以使用图标来代替“上一页”或“下一页”。上一页使用“«”图标来设计，下一页使用“»”图标来设计。当然，还可以使用字体图标库中的图标来设计，例如Font Awesome图标库。

实例 22：在分页中使用图标（案例文件：ch08\8.22.html）

```
<h3 align="center">在分页中使用图标</h3>
<ul class="pagination">
    <li class="page-item"><a class="page-link" href="#">首页</a></li>
    <li class="page-item">
        <a class="page-link" href="#"><span>&laquo;</span></a>
    </li>
    <li class="page-item"><a class="page-link" href="#">1</a></li>
    <li class="page-item"><a class="page-link" href="#">2</a></li>
```

```
    <li class="page-item"><a class="page-link" href="#">3</a></li>
    <li class="page-item"><a class="page-link" href="#">4</a></li>
    <li class="page-item"><a class="page-link" href="#">5</a></li>
    <li class="page-item">
        <a class="page-link" href="#"><span >&raquo;</span></a>
    </li>
    <li class="page-item"><a class="page-link" href="#">尾页</a></li>
</ul>
```

程序运行结果如图8-25所示。

图 8-25　使用图标效果

8.4.3　设计分页风格

1. 设置大小

Bootstrap中提供了下面两个类来设置分页的大小：

（1）pagination-lg：大号分页样式。

（2）pagination-sm：小号分页样式。

实例 23：设置分页的大小（案例文件：ch08\8.23.html）

```
<h3 align="center">大号分页样式</h3>
<!--大号分页样式-->
<ul class="pagination pagination-lg">
    <li class="page-item"><a class="page-link" href="#">首页</a></li>
    <li class="page-item">
        <a class="page-link" href="#"><span>&laquo;</span></a>
    </li>
    <li class="page-item"><a class="page-link" href="#">1</a></li>
    <li class="page-item"><a class="page-link" href="#">2</a></li>
    <li class="page-item"><a class="page-link" href="#">3</a></li>
    <li class="page-item"><a class="page-link" href="#">4</a></li>
    <li class="page-item"><a class="page-link" href="#">5</a></li>
    <li class="page-item">
        <a class="page-link" href="#"><span >&raquo;</span></a>
    </li>
    <li class="page-item"><a class="page-link" href="#">尾页</a></li>
</ul>
<h3 align="center">默认分页样式</h3>
<!--默认分页效果-->
```

```
<ul class="pagination">
    <li class="page-item"><a class="page-link" href="#">首页</a></li>
    <li class="page-item">
        <a class="page-link" href="#"><span>&laquo;</span></a>
    </li>
    <li class="page-item"><a class="page-link" href="#">1</a></li>
    <li class="page-item"><a class="page-link" href="#">2</a></li>
    <li class="page-item"><a class="page-link" href="#">3</a></li>
    <li class="page-item"><a class="page-link" href="#">4</a></li>
    <li class="page-item"><a class="page-link" href="#">5</a></li>
    <li class="page-item">
        <a class="page-link" href="#"><span >&raquo;</span></a>
    </li>
    <li class="page-item"><a class="page-link" href="#">尾页</a></li>
</ul>
<!--小号分页效果-->
<h3 align="center">小号分页样式</h3>
<ul class="pagination pagination-sm">
    <li class="page-item"><a class="page-link" href="#">首页</a></li>
    <li class="page-item">
        <a class="page-link" href="#"><span>&laquo;</span></a>
    </li>
    <li class="page-item"><a class="page-link" href="#">1</a></li>
    <li class="page-item"><a class="page-link" href="#">2</a></li>
    <li class="page-item"><a class="page-link" href="#">3</a></li>
    <li class="page-item"><a class="page-link" href="#">4</a></li>
    <li class="page-item"><a class="page-link" href="#">5</a></li>
    <li class="page-item">
        <a class="page-link" href="#"><span >&raquo;</span></a>
    </li>
    <li class="page-item"><a class="page-link" href="#">尾页</a></li>
</ul>
```

程序运行结果如图8-26所示。

图 8-26　分页大小效果

2. 激活和禁用分页项

可以使用.active类来高亮显示当前所在的分页项，使用.disabled来类设置禁用的分页项。

实例 24：激活和禁用分页项（案例文件：ch08\8.24.html）

```
<h3 align="center">激活和禁用分页项</h3>
<ul class="pagination">
    <li class="page-item"><a class="page-link" href="#">首页</a></li>
    <li class="page-item">
        <a class="page-link" href="#"><span>&laquo;</span></a>
    </li>
    <li class="page-item active"><a class="page-link" href="#">1</a></li>
    <li class="page-item"><a class="page-link" href="#">2</a></li>
    <li class="page-item"><a class="page-link" href="#">3</a></li>
    <li class="page-item"><a class="page-link" href="#">4</a></li>
    <li class="page-item disabled"><a class="page-link" href="#">5</a></li>
    <li class="page-item">
        <a class="page-link" href="#"><span >&raquo;</span></a>
    </li>
    <li class="page-item"><a class="page-link" href="#">尾页</a></li>
</ul>
```

程序运行结果如图8-27所示。

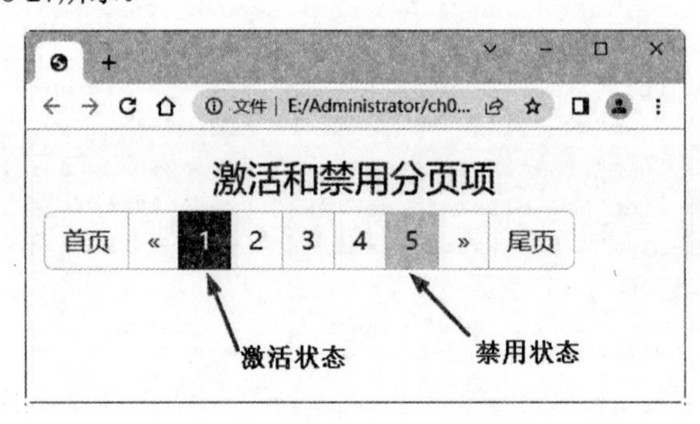

图 8-27　激活和禁用分页项效果

3. 设置对齐方式

默认状态下，分页是左对齐的，可以使用Flexbox弹性布局通用样式来设置分页组件的居中对齐和右对齐。使用.justify-content-center类设置居中对齐，使用.justify-content-end类设置右对齐。

实例 25：设置分页的对齐方式（案例文件：ch08\8.25.html）

```
<h3>默认对齐（左对齐）</h3>
<ul class="pagination mb-5 ">
    <li class="page-item"><a class="page-link" href="#">首页</a></li>
    <li class="page-item">
        <a class="page-link" href="#"><span>&laquo;</span></a>
    </li>
    <li class="page-item"><a class="page-link" href="#">1</a></li>
    <li class="page-item active"><a class="page-link" href="#">2</a></li>
    <li class="page-item"><a class="page-link" href="#">3</a></li>
    <li class="page-item"><a class="page-link" href="#">4</a></li>
    <li class="page-item"><a class="page-link" href="#">5</a></li>
    <li class="page-item">
```

```
        <a class="page-link" href="#"><span >&raquo;</span></a>
    </li>
    <li class="page-item"><a class="page-link" href="#">尾页</a></li>
</ul>
<h3 align="center">居中对齐</h3>
<ul class="pagination mb-5 justify-content-center">
    <li class="page-item"><a class="page-link" href="#">首页</a></li>
    <li class="page-item">
        <a class="page-link" href="#"><span>&laquo;</span></a>
    </li>
    <li class="page-item"><a class="page-link" href="#">1</a></li>
    <li class="page-item active"><a class="page-link" href="#">2</a></li>
    <li class="page-item"><a class="page-link" href="#">3</a></li>
    <li class="page-item"><a class="page-link" href="#">4</a></li>
    <li class="page-item"><a class="page-link" href="#">5</a></li>
    <li class="page-item">
        <a class="page-link" href="#"><span >&raquo;</span></a>
    </li>
    <li class="page-item"><a class="page-link" href="#">尾页</a></li>
</ul>
<h3 align="right">右对齐</h3>
<ul class="pagination justify-content-end">
    <li class="page-item"><a class="page-link" href="#">首页</a></li>
    <li class="page-item">
        <a class="page-link" href="#"><span>&laquo;</span></a>
    </li>
    <li class="page-item"><a class="page-link" href="#">1</a></li>
    <li class="page-item active"><a class="page-link" href="#">2</a></li>
    <li class="page-item"><a class="page-link" href="#">3</a></li>
    <li class="page-item"><a class="page-link" href="#">4</a></li>
    <li class="page-item"><a class="page-link" href="#">5</a></li>
    <li class="page-item">
        <a class="page-link" href="#"><span >&raquo;</span></a>
    </li>
    <li class="page-item"><a class="page-link" href="#">尾页</a></li>
</ul>
```

程序运行结果如图8-28所示。

图 8-28　对齐效果

8.5 面 包 屑

通过Bootstrap的内置CSS样式可以自动添加分隔符，并呈现导航层次和网页结构，从而指示当前页面的位置，为访客提供优秀的用户体验。

8.5.1 定义面包屑

面包屑（Breadcrumbs）是一种基于网站层次信息的显示方式。Bootstrap中的面包屑是一个带有.breadcrumb类的列表，分隔符会通过CSS中的::before和content来添加，代码如下：

```
.breadcrumb-item + .breadcrumb-item::before {
  float: left;
  padding-right: 0.5rem;
  color: #6c757d;
  content: var(--bs-breadcrumb-divider, "/") /* rtl: var(--bs-breadcrumb-divider, "/")
*/;
}
```

实例 26：设计面包屑效果（案例文件：ch08\8.26.html）

```
<h2 align="center">面包屑效果</h2>
<nav aria-label="breadcrumb">
    <ol class="breadcrumb">
        <li class="breadcrumb-item active">首页</li>
    </ol>
</nav>
<nav aria-label="breadcrumb">
    <ol class="breadcrumb">
        <li class="breadcrumb-item"><a href="#">首页</a></li>
        <li class="breadcrumb-item active">应用展示</li>
    </ol>
</nav>
<nav aria-label="breadcrumb">
    <ol class="breadcrumb">
        <li class="breadcrumb-item"><a href="#">首页</a></li>
        <li class="breadcrumb-item"><a href="#">应用展示</a></li>
        <li class="breadcrumb-item active">在线投票</li>
    </ol>
</nav>
```

程序运行结果如图8-29所示。

图 8-29　面包屑效果

8.5.2　设计分隔符

分隔符通过::before和CSS中的content自动添加，如果想设置不同的分隔符，可以在CSS文件中添加以下代码覆盖掉Bootstrap中的样式：

```
.breadcrumb-item + .breadcrumb-item::before {
    display: inline-block;
    padding-right: 0.5rem;
    color: #6c757d;
    content: ">";
}
```

通过修改其中的content:" ";来设计不同的分隔符，这里更改为“>”符号。

实例 27：设计面包屑效果中的分隔符（案例文件：ch08\8.27.html）

```
<style>
.breadcrumb-item + .breadcrumb-item::before {
    display: inline-block;
    padding-right: 0.5rem;
    color: #6c757d;
    content: ">";
}
</style>
<body class="container">
<h2 align="center">设计面包屑中的分隔符</h2>
<nav aria-label="breadcrumb">
    <ol class="breadcrumb">
        <li class="breadcrumb-item active">首页</li>
    </ol>
</nav>
<nav aria-label="breadcrumb">
    <ol class="breadcrumb">
        <li class="breadcrumb-item"><a href="#">首页</a></li>
        <li class="breadcrumb-item active">应用展示</li>
    </ol>
</nav>
<nav aria-label="breadcrumb">
    <ol class="breadcrumb">
```

```
        <li class="breadcrumb-item"><a href="#">首页</a></li>
        <li class="breadcrumb-item"><a href="#">应用展示</a></li>
        <li class="breadcrumb-item active">在线投票</li>
    </ol>
</nav>
</body>
```

程序运行结果如图8-30所示。

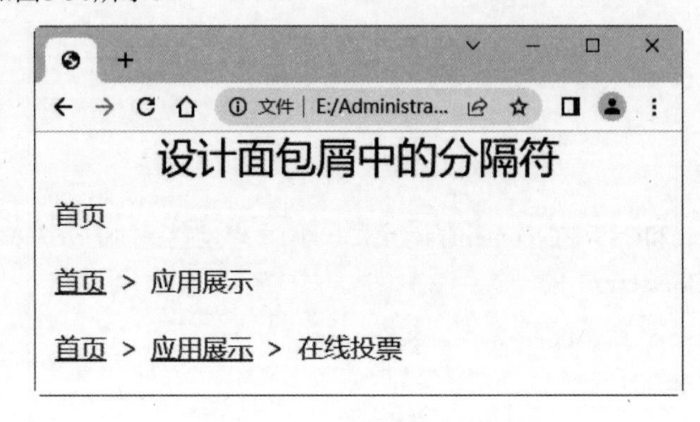

图 8-30　设计面包屑中得分隔符

8.6　徽　　章

徽章（Badges）组件主要用于突出显示新的（未读）或已读的文本内容，它在E-mail客户端（比如163电子邮箱）中很常见。

8.6.1　定义徽章

徽章可以嵌在标题中，并随着父元素大小的变化而变化。定义徽章比较简单，只需要将.badge类及带有指定意义的颜色类（如.bg-secondary）添加到<span>元素上即可。

实例 28：标题中添加徽章（案例文件：ch08\8.28.html）

```
<div class="mt-3">
  <h3 align="center">标题中添加徽章</h3>
  <h1>标题1 <span class="badge bg-secondary">徽章</span></h1>
  <h2>标题2 <span class="badge bg-secondary">徽章</span></h2>
  <h3>标题3 <span class="badge bg-secondary">徽章</span></h3>
  <h4>标题4 <span class="badge bg-secondary">徽章</span></h4>
  <h5>标题5 <span class="badge bg-secondary">徽章</span></h5>
  <h6>标题6 <span class="badge bg-secondary">徽章</span></h6>
</div>
```

程序运行结果如图8-31所示。

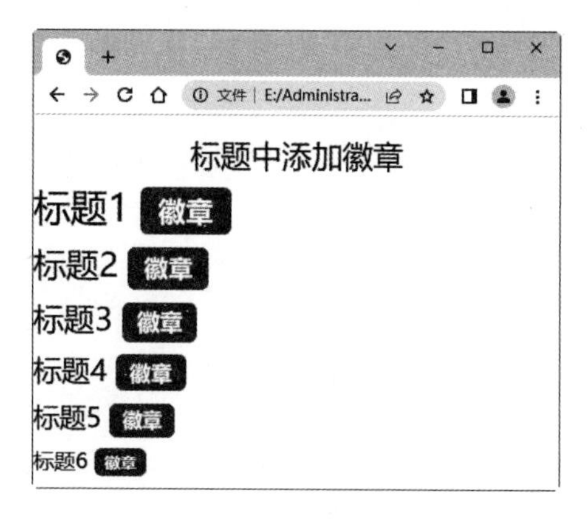

图 8-31　徽章效果

8.6.2　设置徽章颜色

Bootstrap 5中为徽章定制了一系列的颜色类，各个颜色类的含义如下：

（1）bg-primary：重要，通过醒目的彩色设计（蓝色）来提示浏览者注意阅读。
（2）bg-secondary：次要，通过深灰色的视觉变化进行提示。
（3）bg-success：成功，通过积极的绿色来表示成功或积极的动作。
（4）bg-danger：危险，通过红色来提醒危险操作信息。
（5）bg-warning：警告，通过黄色来提醒应该谨慎操作。
（6）bg-info：信息，通过浅蓝色来提醒有重要的信息。
（7）bg-light：明亮的白色。
（8）bg-dark：黑色。

实例 29：设置徽章的颜色（案例文件：ch08\8.29.html）

```
<h3 align="center">设置徽章的颜色</h3>
<span class="badge bg-primary">主要</span>
<span class="badge bg-secondary">次要</span>
<span class="badge bg-success">成功</span>
<span class="badge bg-danger">危险</span>
<span class="badge bg-warning">警告</span>
<span class="badge bg-info">信息</span>
<span class="badge bg-light">明亮</span>
<span class="badge bg-dark">黑色</span>
```

程序运行结果如图8-32所示。

图 8-32　徽章颜色效果

8.6.3　定义椭圆形徽章

椭圆形徽章是Bootstrap 5中的一个新样式，可以使用.rounded-pill类进行定义。. rounded-pill类代码如下：

```
.rounded-pill {
  border-radius: 50rem !important;
}
```

这个类设置了水平内边距和较大的圆角边框，使徽章看起来更圆润。

实例 30：设计椭圆形徽章（案例文件：ch08\8.30.html）

```
<h3 align="center">椭圆形徽章</h3>
<span class="badge rounded-pill bg-primary">主要</span>
<span class="badge rounded-pill bg-secondary">次要</span>
<span class="badge rounded-pill bg-success">成功</span>
<span class="badge rounded-pill bg-danger">危险</span>
<span class="badge rounded-pill bg-warning">警告</span>
<span class="badge rounded-pill bg-info">信息</span>
<span class="badge rounded-pill bg-light text-primary">明亮</span>
<span class="badge rounded-pill bg-dark">黑色</span>
```

程序运行结果如图8-33所示。

图 8-33　椭圆形徽章效果

8.6.4　徽章插入元素内

徽章不仅可以单独使用，还能添加到标题、链接或按钮等元素中，以实现想要的视觉效果。

实例 31：在按钮、标题和链接中添加徽章（案例文件：ch08\8.31.html）

```
<h3 align="center">按钮、链接中添加徽章</h3>
<button type="button" class="btn btn-primary">
    按钮<span class="badge bg-dark ml-4">1</span>
</button>
<button type="button" class="btn btn-danger">
    按钮<span class="badge bg-dark ml-4">2</span>
</button>
<button type="button" class="btn btn-success">
    链接<span class="badge bg-dark ml-4">3</span>
</button>
<a href="#" class="btn btn-warning">
```

```
    链接<span class="badge bg-dark ml-4">4</span>
</a>
```

程序运行结果如图8-34所示。

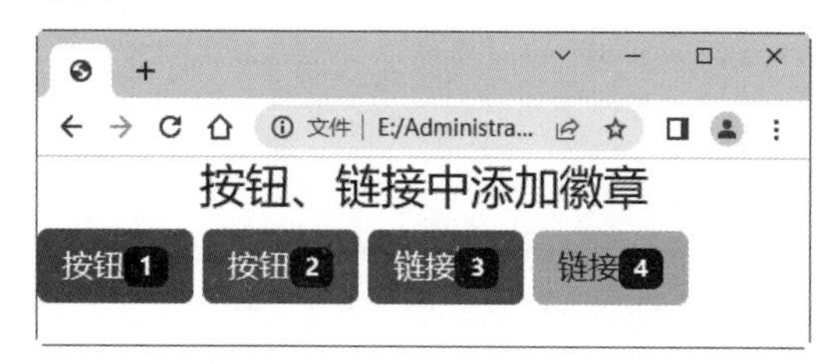

图 8-34　按钮徽章效果

8.7　实战案例——设计产品展示页面

本案例使用Bootstrap的响应式布局样式设计一个简洁大气的产品展示页面，最终效果如图8-35所示。

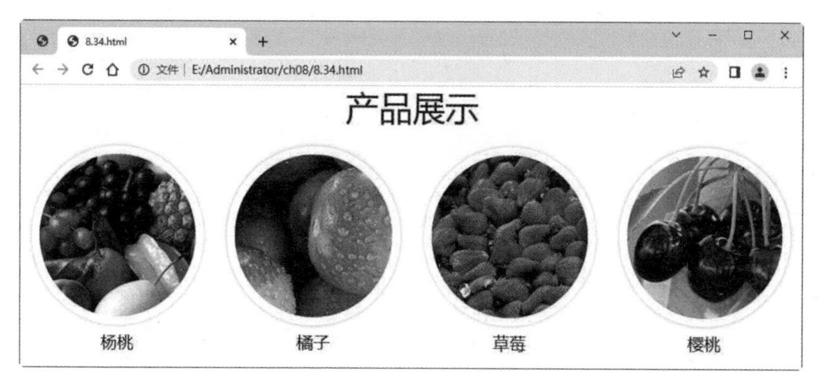

图 8-35　产品展示页面

页面具体实现步骤如下：

01 使用Bootstrap设计结构，代码如下：

```
<div class="row">
    <div class="col-sm-3">
    <div class="col-sm-3">
    <div class="col-sm-3">
    <div class="col-sm-3">
</div>
```

02 设计产品展示内容，部分代码如下：

```
<div class="products">
            <div class="products-top">
                <h2>产品展示</h2>
            </div>
```

```
            <div class="products-bottom">
                    <div class="col-md-3 bottom-products">
                        <img class="img-responsive" src="images/mo.jpg" />
                        <p>杨桃</p>
                    </div>
                    <div class="col-md-3 bottom-products">
                        <img class="img-responsive" src="images/mo1.jpg" />
                        <p>橘子</p>
                    </div>
                    <div class="col-md-3 bottom-products">
                        <img class="img-responsive" src="images/mo2.jpg" />
                        <p>草莓</p>
                    </div>
                    <div class="col-md-3 bottom-products">
                        <img class="img-responsive" src="images/mo3.jpg" />
                        <p>樱桃</p>
                    </div>
                    <div class="clearfix"> </div>
            </div>
</div>
```

03 设计产品显示样式。样式主要使用CSS 3来设计，部分代码如下：

```
products-top{
    text-align: center;
    padding: 0em 0 2em;
}
.products-top h2{
    font-size: 3em;
    color:#000;
      font-family: 'Michroma';
}
.bottom-products{
    text-align: center;
}
.bottom-products img {
  border-radius: 200px;
  border: 10px solid #fff;
  margin: 0 auto;
  box-shadow: 0px 0 6px #D3D2D2;
}
.bottom-products p{
    font-size: 1.5em;
    color:#000;
    margin: 0.3em 0 0;
}
```

第 9 章

卡片、旋转器和手风琴组件

Bootstrap 5中的卡片组件包含了可选的卡片头、卡片脚、一个大范围的内容、上下文背景色以及强大的显示选项。Bootstrap 5中的旋转器加载特效，用于指示控件或页面的加载状态。另外，Bootstrap 5新增了手风琴组件，用于后台面板垂直导航菜单、前台折叠消息等。本章就来介绍卡片、旋转器和手风琴组件的使用方法和技巧。

9.1 卡片内容

使用Bootstrap 5的.card与.card-body类可以创建一张简单的卡片，卡片可以包含头部（页眉）、内容、底部（页脚）以及各种颜色设置。

9.1.1 定义卡片

卡片不仅支持多种多样的内容，包括标题、主体、文本和超链接，还可以组合这些内容。

（1）卡片标题：使用.card-title（标题）和.card-subtitle（小标题）构建卡片标题。

（2）卡片主体：使用.card-body构建卡片主体内容。

（3）卡片文本：卡片主体使用.card-text代表文本内容。

（4）卡片超链接：卡片主体使用.card-link代表超链接。

实例 1：定义卡片（案例文件：ch09\9.1.html）

```
<h3 align="center">定义卡片</h3>
<div class="container">
    <div class="card">
        <h1 class="card-title">卡片标题</h1>
        <h5 class="card-subtitle text-muted">小标题</h5>
        <div class="card-body">
            <p class="card-text">卡片主体内容</p>
            <a href="#" class="card-link">注册</a>
            <a href="#" class="card-link">登录</a>
```

```
            </div>
        </div>
    </div>
```

程序运行结果如图9-1所示。

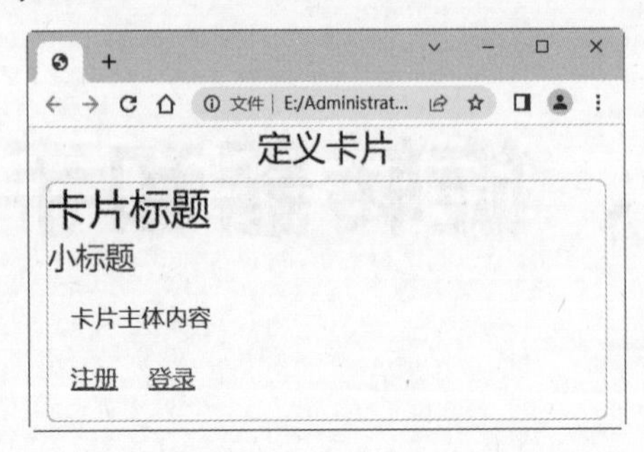

图 9-1　标题、文本和超链接效果

9.1.2　卡片的图片

在Bootstrap中，使用.card-img-top定义一幅图片在卡片的顶部；使用.card-text定义文字在卡片中，也可以在.card-text中设计自己的个性化HTML标签样式。

实例 2：卡片中的图片（案例文件：ch09\9.2.html）

```
    <h3 align="center">卡片中的图片</h3>
    <div class="card float-left" style="width: 25rem;">
        <img src="1.jpg" class="card-img-top" alt="">
        <div class="card-body">
            <p class="card-text">水果是指多汁且主要味觉为甜味和酸味，可食用的植物果实。水果不但含有丰
富的营养，而且能够促进消化。</p>
        </div>
    </div>
```

程序运行结果如图9-2所示。

图 9-2　图片效果

9.1.3　卡片的列表组

在Bootstrap中使用.list-group构建列表组。

实例 3：构建列表组（案例文件：ch09\9.3.html）

```
<h3 align="center">列表组效果</h3>
<div class="card">
    <div class="card-header">水果列表</div>
    <ul class="list-group list-group">
        <li class="list-group-item">1. 葡萄</li>
        <li class="list-group-item">2. 苹果</li>
        <li class="list-group-item">3. 香蕉</li>
    </ul>
</div>
```

程序运行结果如图9-3所示。

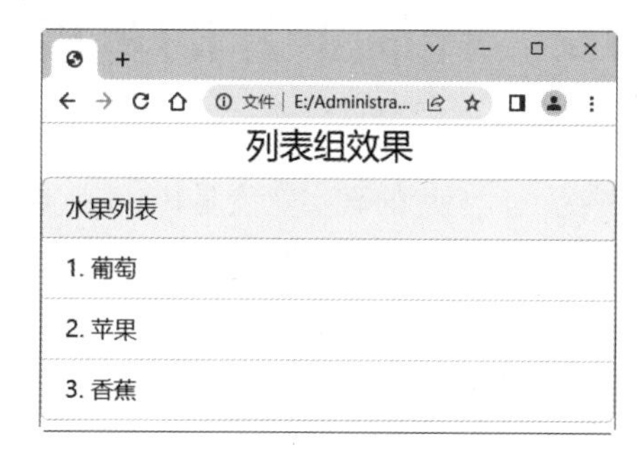

图 9-3　列表组效果

9.1.4　卡片的页眉和页脚

在卡片内使用.card-header类创建卡片的页眉，使用.card-footer类创建卡片的页脚。

实例 4：卡片的页眉和页脚（案例文件：ch09\9.4.html）

```
<h3 align="center">卡片的页眉和页脚</h3>
<div class="card text-center">
    <div class="card-header">热销水果</div>
    <div class="card-body">
        <h5 class="card-title">热销水果的名称</h5>
        <p class="card-text">1. 苹果</p>
        <p class="card-text">2. 香蕉</p>
        <p class="card-text">3. 西瓜</p>
        <a href="#" class="btn btn-primary">购买</a>
    </div>
    <div class="card-footer">果果熟了商城</div>
</div>
```

程序运行结果如图9-4所示。

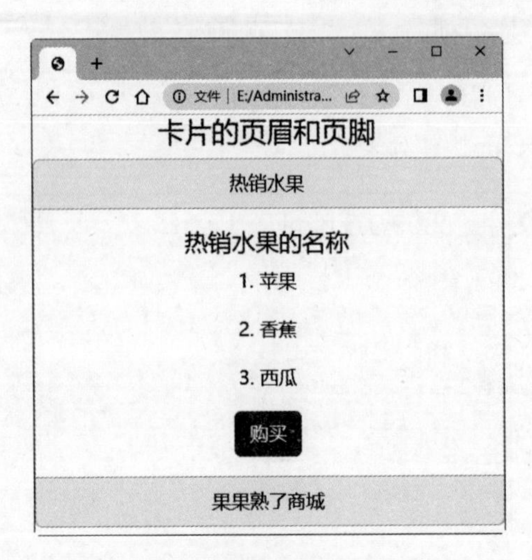

图 9-4　页眉和页脚效果

9.2　控制卡片的宽度

卡片没有固定宽度，默认情况下，卡片的真实宽度是100%。实际使用中可以根据需要使用网格系统、宽度类或自定义CSS样式来设置卡片的宽度。

9.2.1　使用网格系统控制

使用网格系统可以控制卡片的宽度。

实例 5：使用网格系统控制卡片的宽度（案例文件：ch09\9.5.html）

```
<h2 align="center">使用网格系统控制卡片的宽度</h2>
<div class="row">
    <div class="col-sm-6">
        <div class="card">
            <div class="card-header">热销水果</div>
            <div class="card-body">芒果</div>
            <div class="card-footer">果果熟了商城</div>
        </div>
    </div>
    <div class="col-sm-6">
        <div class="card">
            <div class="card-header">特价水果</div>
            <div class="card-body">苹果</div>
            <div class="card-footer">果果熟了商城</div>
        </div>
    </div>
</div>
```

程序运行结果如图9-5所示。

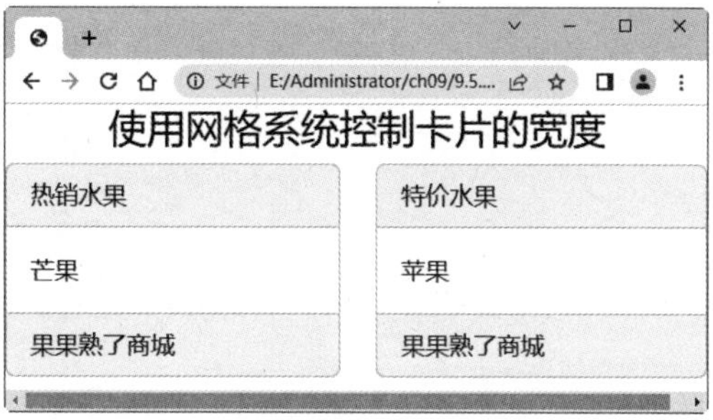

图 9-5　使用网络系统控制卡片的宽度

9.2.2　使用宽度类控制

可以使用Bootstrap的宽度类（.w-*）来设置卡片的宽度，可以选择的宽度类包括.w-25、.w-50、.w-75、.w-100。

实例 6：使用宽度类控制卡片的宽度（案例文件：ch09\9.6.html）

```
<div class="card w-50 float-start">
        <div class="card-header">热销水果</div>
        <ul class="list-group list-group">
            <li class="list-group-item">1. 苹果</li>
            <li class="list-group-item">2. 香蕉</li>
            <li class="list-group-item">3. 柚子</li>
        </ul>
        <div class="card-footer">果果熟了商城</div>
    </div>
    <div class="card w-50 float-start">
        <div class="card-header">特价水果</div>
        <ul class="list-group list-group">
            <li class="list-group-item">1. 芒果</li>
            <li class="list-group-item">2. 榴莲</li>
            <li class="list-group-item">3. 西瓜</li>
        </ul>
        <div class="card-footer">果果熟了商城</div>
    </div>
</div>
```

程序运行结果如图9-6所示。

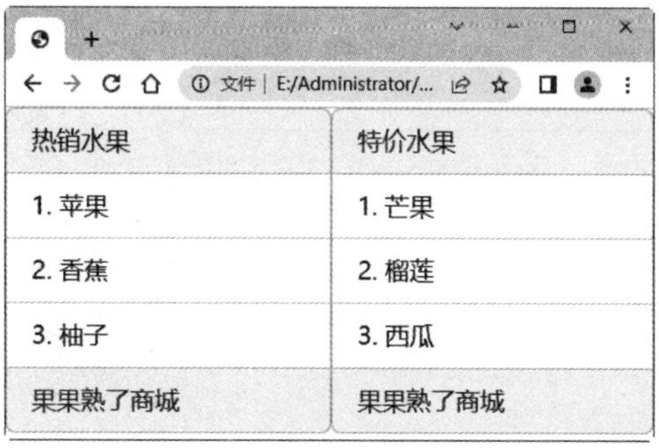

图 9-6　使用宽度类控制卡片的宽度

9.2.3　使用 CSS 样式控制

可以使用样式表中的自定义CSS样式来设置卡片的宽度。下面分别设置卡片宽度为10rem、30rem和50rem。

实例 7：使用 CSS 样式控制卡片的宽度（案例文件：ch09\9.7.html）

```
<h2 align="center">使用CSS样式来控制卡片的宽度</h2>
<div class="card mb-3" style="width: 15rem">
   <div class="card-body">卡片主体的宽度（15rem）</div>
</div>
<div class="card mb-3" style="width: 20rem">
   <div class="card-body">卡片主体的宽度（20rem）</div>
</div>
<div class="card" style="width: 40rem">
   <div class="card-body">卡片主体的宽度（40rem）</div>
</div>
```

程序运行结果如图9-7所示。

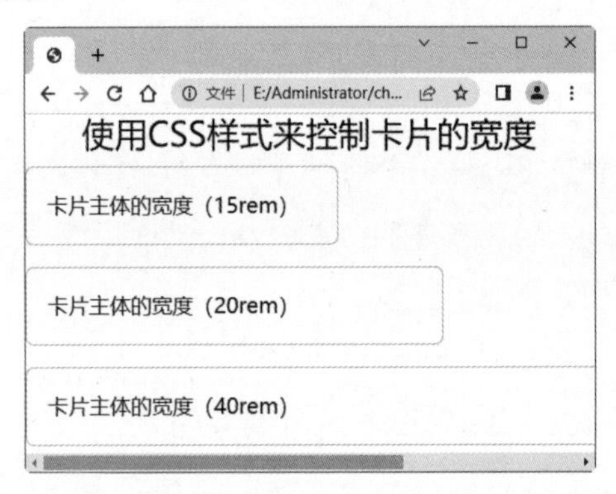

图 9-7　使用 CSS 样式控制卡片的宽度

9.3　卡片中文本的对齐方式

Bootstrap中的文本对齐类（.text-center、.text-start、.text-end）可以用来设置卡片中内容的对齐方式。

实例 8：卡片中文本的对齐方式（案例文件：ch09\9.8.html）

```
<h2 align="center">文本的对齐方式</h2>
<div>
   <div class="card-header text-start ">页眉(左对齐)</div>
   <div class="card-body text-center ">卡片的主体(居中对齐)</div>
   <div class="card-footer text-end ">页脚(右对齐)</div>
</div>
```

程序运行结果如图9-8所示。

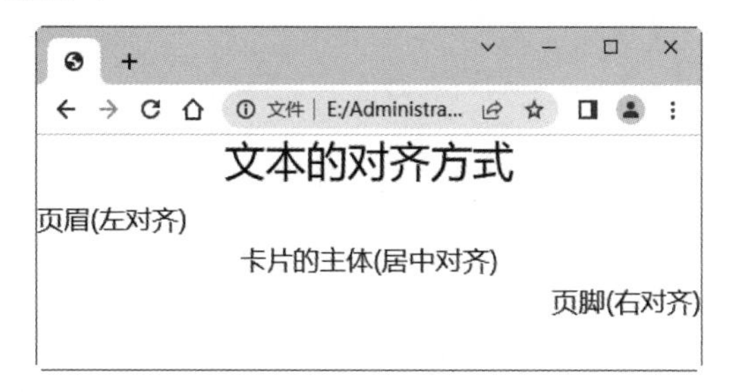

图 9-8　文本的对齐方式

9.4　卡片中添加导航

使用Bootstrap导航组件将导航元素添加到卡片的标题中。

实例 9：卡片中添加导航（案例文件：ch09\9.9.html）

```
    <h3 align="center">添加标签导航</h3>
    <div class="card ">
        <div class="card-header">
            <ul class="nav nav-tabs card-header-tabs">
                <li class="nav-item">
                    <a class="nav-link active" id="home-tab" data-bs-toggle="tab" href="#nav1">
家用电器</a>
                </li>
                <li class="nav-item">
                    <a class="nav-link" id="profile-tab" data-bs-toggle="tab" href="#nav2">
数码相机</a>
                </li>
                <li class="nav-item">
                    <a class="nav-link" id="contact-tab" data-bs-toggle="tab" href="#nav3">
手机电脑</a>
                </li>
                <li class="nav-item">
                    <a class="nav-link" id="profile-tab" data-bs-toggle="tab" href="#nav4">
办公设备</a>
                </li>
                <li class="nav-item">
                    <a class="nav-link" id="contact-tab" data-bs-toggle="tab" href="#nav5">
水果特产</a>
                </li>
            </ul>
        </div>
        <div class="card-body tab-content">
            <div class="tab-pane fade show active" id="nav1">
                <div class="card-body">
                    <h5 class="card-title">家用电器</h5>
                    <p class="card-text"><input type="text" class="form-control"></p>
                    <a href="#" class="btn btn-primary">搜索</a>
                </div>
```

```
        </div>
        <div class="tab-pane fade" id="nav2">
            <div class="card-body">
                <h5 class="card-title">数码相机</h5>
                <p class="card-text"><input type="text" class="form-control"></p>
                <a href="#" class="btn btn-primary">搜索</a>
            </div>
        </div>
        <div class="tab-pane fade" id="nav3">
            <div class="card-body">
                <h5 class="card-title">手机电脑</h5>
                <p class="card-text"><input type="text" class="form-control"></p>
                <a href="#" class="btn btn-primary">搜索</a>
            </div>
        </div>
        <div class="tab-pane fade" id="nav4">
            <div class="card-body">
                <h5 class="card-title">办公设备</h5>
                <p class="card-text"><input type="text" class="form-control"></p>
                <a href="#" class="btn btn-primary">搜索</a>
            </div>
        </div>
        <div class="tab-pane fade" id="nav5">
            <div class="card-body">
                <h5 class="card-title">水果特产</h5>
                <p class="card-text"><input type="text" class="form-control"></p>
                <a href="#" class="btn btn-primary">搜索</a>
            </div>
       </div>
    </div>
</div>
```

程序运行结果如图9-9所示。

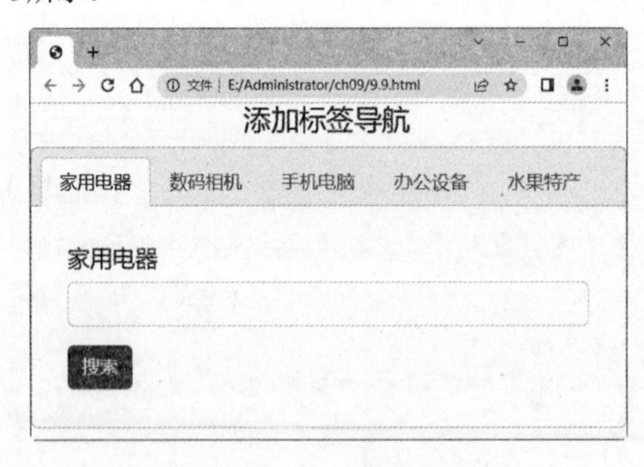

图 9-9　添加导航效果

9.5　设计卡片的风格

卡片可以自定义背景、边框和颜色，从而设计出有自己风格的卡片。

9.5.1　设置卡片的背景颜色

卡片的背景颜色一共8种，分别是bg-primary、bg-secondary、bg-success、bg-info、bg-warning、bg-danger、bg-light和bg-dark。

实例 10：设置卡片的背景颜色（案例文件：ch09\9.10.html）

```
<h3 align="center">卡片的背景颜色</h3>
<div class="card text-white bg-primary mb-3">
    <div class="card-header">这里是bg-primary</div>
</div>
<div class="card text-white bg-secondary mb-3">
    <div class="card-header">这里是 bg-secondary</div>
</div>
<div class="card text-white bg-success mb-3">
    <div class="card-header">这里是bg-success</div>
</div>
<div class="card text-white bg-danger mb-3">
    <div class="card-header">这里是bg-danger</div>
</div>
<div class="card text-white bg-warning mb-3">
    <div class="card-header">这里是bg-warning</div>
</div>
<div class="card text-white bg-info mb-3">
    <div class="card-header">这里是bg-info</div>
</div>
<div class="card text-dark bg-light mb-3">
    <div class="card-header">这里是bg-light</div>
</div>
<div class="card text-white bg-dark mb-3">
    <div class="card-header">这里是bg-dark</div>
</div>
```

程序运行结果如图9-10所示。

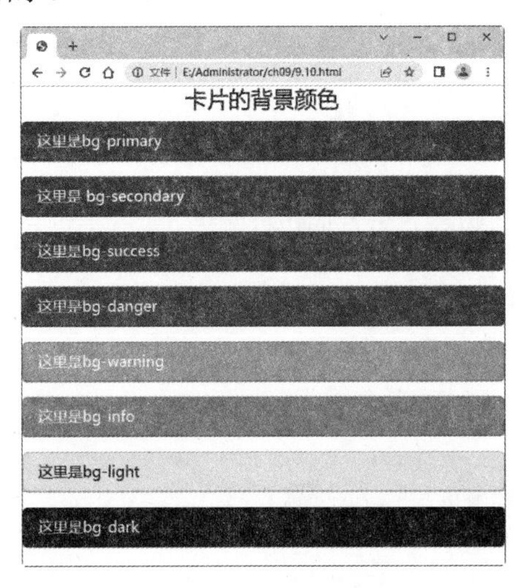

图 9-10　背景颜色效果

9.5.2 设置背景图像

要将图像转换为卡片背景并覆盖卡片的文本，可以在图片中添加.card-img类，并设置包含.card-img-overlay类的容器，用于输入文本内容。

实例 11：设置卡片背景图像（案例文件：ch09\9.11.html）

```
<h3 align="center">图像背景</h3>
<div class="card bg-dark text-dark">
    <img src="2.jpg" class="card-img" alt="">
    <div class="card-img-overlay">
    <h3 class="card-title">早梅</h3>
    <p class="card-text">一树寒梅白玉条，迥临村路傍溪桥。</p>
    <p class="card-text">不知近水花先发，疑是经冬雪未销。</p>
    </div>
</div>
```

程序运行结果如图9-11所示。

图 9-11 图像背景

注意 内容不应超出图像的高度和宽度，如果内容超出图像，则内容将显示在图像之外。

9.5.3 卡片的边框颜色

使用边框（.border-*）类可以设置卡片的边框颜色。

实例 12：设置卡片的边框颜色（案例文件：ch09\9.12.html）

```
<h3 align="center">卡片的边框颜色</h3>
<div class="card border-primary mb-3">
    <div class="card-header text-primary"> border-primary边框颜色</div>
</div>
<div class="card border-secondary mb-3">
    <div class="card-header text-secondary"> border-secondary边框颜色</div>
</div>
<div class="card border-success mb-3">
    <div class="card-header text-success"> border-success边框颜色</div>
```

```
</div>
<div class="card border-danger mb-3">
    <div class="card-header text-danger">border-danger边框颜色</div>
</div>
<div class="card border-warning mb-3">
    <div class="card-header text-warning"> border-warning边框颜色</div>
</div>
<div class="card border-info mb-3">
    <div class="card-header text-info"> border-info边框颜色</div>
</div>
<div class="card border-light mb-3">
    <div class="card-header"> border-light边框颜色</div>
</div>
<div class="card border-dark mb-3">
    <div class="card-header text-dark"> border-dark边框颜色</div>
</div>
```

程序运行结果如图9-12所示。

图 9-12　卡片边框颜色效果

9.5.4　设计卡片的样式

可以根据需要更改卡片页眉和页脚上的边框，甚至可以使用.bg-transparent类删除它们的背景颜色。

实例 13：设计卡片的样式（案例文件：ch09\9.13.html）

```
<h3 align="center">设计卡片的样式</h3>
<div class="card border-success mb-3" style="max-width: 25rem;">
    <div class="card-header bg-transparent border-success text-center">果果熟了商城</div>
    <div class="card-body text-success">
        <h5 class="card-title">热销水果</h5>
        <p class="card-text">1. 苹果</p>
```

```
        <p class="card-text">2. 香蕉</p>
        <p class="card-text">3. 橘子</p>
        <p class="card-text">4. 葡萄</p>
    </div>
    <div class="card-footer bg-transparent border-success text-center">更多水果</div>
</div>
```

程序运行结果如图9-13所示。

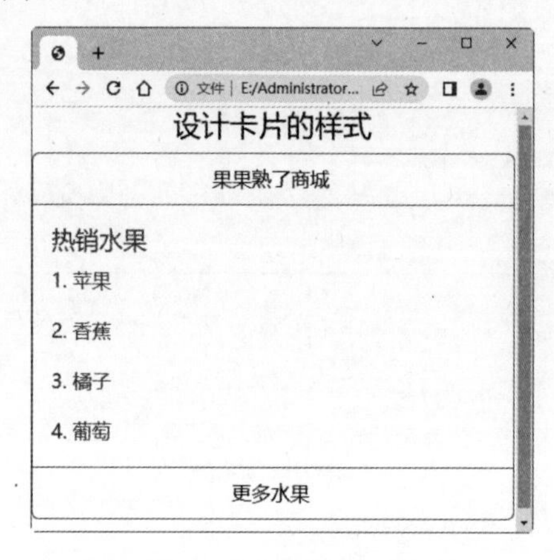

图 9-13　设计样式效果

9.6　卡片排版

Bootstrap除了可以对卡片的内容进行设计排版外，还包括一系列布置选项，例如卡片组。首先使用卡片组类（.card-group）将多个卡片组合为一个群组，然后使用display: flex来实现统一的布局，使得同一个卡片组内的卡片具有相同的宽度和高度。

实例 14：使用卡片组排版（案例文件：ch09\9.14.html）

```
<h3 align="center">卡片组排版</h3>
<div class="card-group">
    <div class="card">
        <img src="1.jpg" class="card-img-top" >
        <div class="card-body">
            <h5 class="card-title">葡萄</h5>
            <p class="card-text">葡萄为葡萄科木质藤本植物，小枝圆柱形，有纵棱纹，无毛或稀疏绒毛，
叶卵圆形，圆锥花序密集或疏散，果实球形或椭圆形。</p>
        </div>
        <div class="card-footer">
            <small>果果熟了商城</small>
        </div>
    </div>
    <div class="card">
        <img src="3.jpg" class="card-img-top">
        <div class="card-body">
            <h5 class="card-title">苹果</h5>
```

```
            <p class="card-text">苹果是落叶乔木，通常树木可高至15米，但栽培树木一般高为3～5米。
苹果树开花期基于各地气候而定，但一般集中在4～5月份。</p>
        </div>
        <div class="card-footer">
            <small>果果熟了商城</small>
        </div>
    </div>
    <div class="card">
        <img src="4.jpg" class="card-img-top">
        <div class="card-body">
            <h5 class="card-title">香蕉</h5>
            <p class="card-text">香蕉是芭蕉科植物。叶片是长圆形。穗状花序下垂，苞片外面呈紫红色，
里面呈深红色。花为乳白色或略带浅紫色，花片接近圆形。</p>
        </div>
        <div class="card-footer">
            <small>果果熟了商城</small>
        </div>
    </div>
</div>
```

程序运行结果如图9-14所示。

图 9-14　卡片组效果

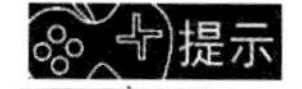

当使用带有页脚的卡片组时，它们的内容将自动对齐。

9.7　旋　转　器

Bootstrap 5提供了基于纯CSS的旋转特效类（.spinner-border），用于指示控件或页面的加载状态。这些特效类仅使用HTML和CSS构建，即无须任何JavaScript来构建，但是需要一些定制的JavaScript来切换它们的可见性。此外，Bootstrap 5还提供了许多其他类，可以轻松地对这些旋转特效进行定制，包括外观、对齐方式和大小等。

9.7.1　定义旋转器

在Bootstrap 5中使用.spinner-border类来定义旋转器：

```
<div class="spinner-border"></div>
```

如果不喜欢旋转特效，可以切换到“渐变缩放”效果，即从小到大的缩放冒泡特效，这个特效使用.spinner-grow类定义：

```
<div class="spinner-grow"></div>
```

两种不同旋转器的显示状态分别如图9-15和图9-16所示，可以看出旋转器的角度和大小都发生了变化。

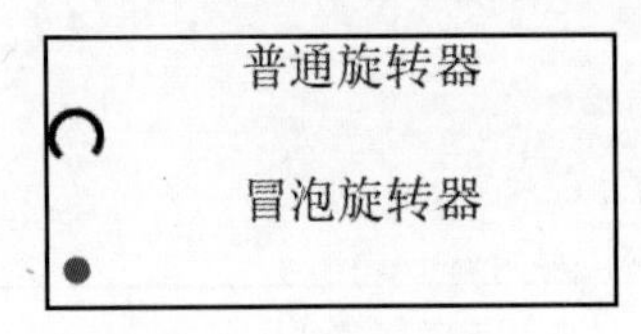

图 9-15　旋转器状态 1

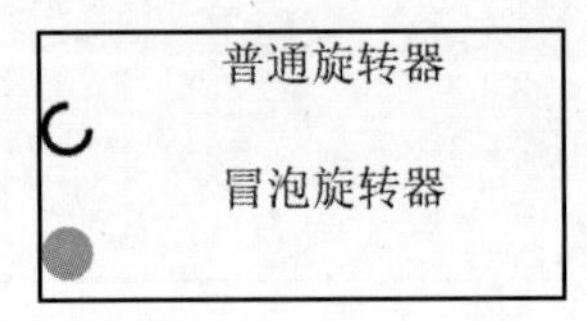

图 9-16　旋转器状态 2

9.7.2　设置旋转器风格

使用Bootstrap通用样式类来设置旋转器的风格，比如设置旋转器的颜色和大小。

1. 设置旋转器的颜色

在Bootstrap 5中，旋转特效控件的颜色基于CSS的currentColor属性，该属性继承自.border-color类，因此可以在标准旋转器上使用文本颜色类来定义颜色。

实例 15：设置旋转器的颜色（案例文件：ch09\9.15.html）

```
<h3 align="center">旋转器颜色</h3>
<div class="spinner-border text-primary"></div>
<div class="spinner-border text-secondary"></div>
<div class="spinner-border text-success"></div>
<div class="spinner-border text-danger"></div>
<div class="spinner-border text-warning"></div>
<div class="spinner-border text-info"></div>
<div class="spinner-border text-light"></div>
<div class="spinner-border text-dark"></div>
<h3 class="my-4">渐变缩放颜色</h3>
<div class="spinner-grow text-primary"></div>
<div class="spinner-grow text-secondary"></div>
<div class="spinner-grow text-success"></div>
<div class="spinner-grow text-danger"></div>
<div class="spinner-grow text-warning"></div>
<div class="spinner-grow text-info"></div>
<div class="spinner-grow text-light"></div>
<div class="spinner-grow text-dark"></div>
```

程序运行结果如图9-17所示。

图 9-17　不同颜色效果

提示　可以使用Bootstrap的外边距类设置它的边距，例如设置为.m-5:

```
<div class="spinner-border m-5"></div>
```

2. 设置旋转器的大小

可以添加.spinner-border-sm和.spinner-grow-sm类来制作一个更小的旋转器，或者根据需要自定义CSS样式来更改旋转器的大小。

实例 16：设置旋转器的大小（案例文件：ch09\9.16.html）

```
<h3 align="center">小的旋转器</h3>
<div class="spinner-border spinner-border-sm"></div>
<div class="spinner-grow spinner-grow-sm  ml-5"></div><hr/>
<h2 align="center">大的旋转器</h2>
<div class="spinner-border" style="width: 3rem; height: 3rem;"></div>
<div class="spinner-grow ml-5" style="width: 3rem; height: 3rem;"></div>
```

程序运行结果如图9-18所示。

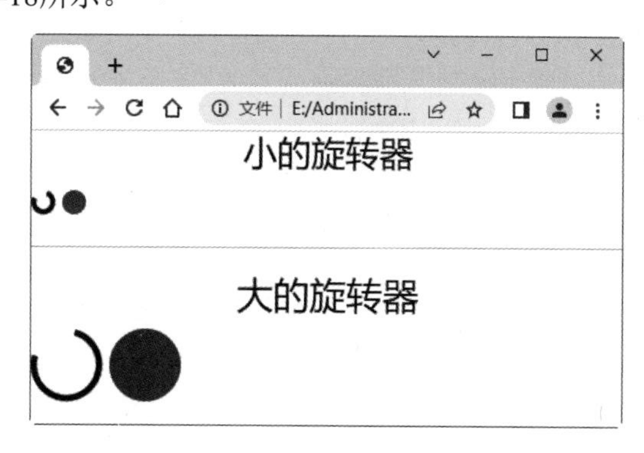

图 9-18　设置旋转器的大小

9.7.3　设置旋转器的对齐方式

使用Flexbox、浮动类或文本对齐类，可以将旋转器精确地放置在需要的位置上。

1. 使用Flexbox

下面使用Flexbox来设置旋转器的水平对齐方式。

实例 17：使用 Flexbox 设置水平对齐（案例文件：ch09\9.17.html）

```
<h3 align="center">默认对齐(左对齐)</h3>
<div class="d-flex">
   <div class="spinner-border"></div>
</div><hr>
<h3 align="center">居中对齐</h3>
<div class="d-flex justify-content-center">
   <div class="spinner-border"></div>
</div><hr>
<h3 align="right">右对齐</h3>
<div class="d-flex justify-content-end">
   <div class="spinner-border"></div>
</div>
```

程序运行结果如图9-19所示。

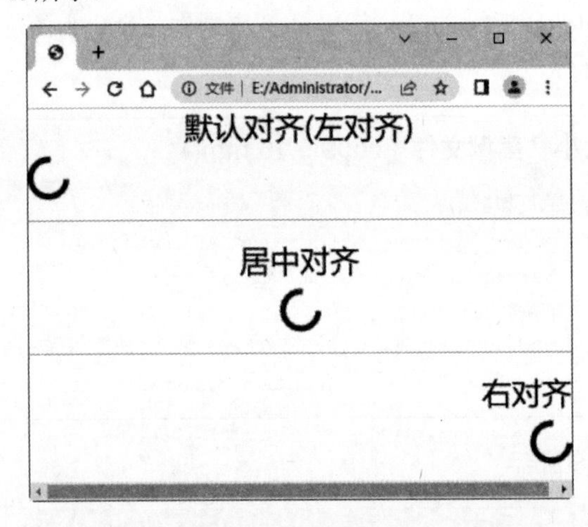

图 9-19　使用 Flexbox 设置水平对齐效果

2. 使用浮动类

可以使用.float-end和.float-start类来设置旋转器的对齐方式。下面使用.float-end类设置旋转器为右对齐，并在父元素中清除浮动，以免造成页面布局混乱。

实例 18：使用.float-end 类设置右对齐（案例文件：ch09\9.18.html）

```
<h3 align="center">右对齐</h3>
<div class="clearfix">
   <div class="spinner-border float-end"></div>
</div>
```

程序运行结果如图9-20所示。

图 9-20　使用浮动类设置右对齐效果

3. 使用文本对齐类

使用.text-center、.text-end等文本对齐类可以设置旋转器的位置。

实例 19：使用文本对齐类设置旋转器的位置（案例文件：ch09\9.19.html）

```
<h3>默认对齐(左对齐)</h3>
<div>
    <div class="spinner-border"></div>
</div><hr/>
<h3 align="center">居中对齐</h3>
<div class="text-center">
    <div class="spinner-border"></div>
</div><hr/>
<h3 align="right">右对齐</h3>
<div class="text-end">
    <div class="spinner-border"></div>
</div>
```

程序运行结果如图9-21所示。

图 9-21　使用文本对齐类效果

9.7.4　按钮旋转器

在按钮中不仅可以使用旋转器指示当前正在处理或正在进行的操作，还可以从旋转器元素中交换文本，并根据需要使用按钮文本。

实例 20：按钮旋转器（案例文件：ch09\9.20.html）

```
<h3 align="center">按钮旋转器</h3>
<button class="btn btn-danger" type="button" disabled>
    <span class="spinner-border spinner-border-sm"></span>
</button>
<button class="btn btn-danger" type="button" disabled>
    <span class="spinner-border spinner-border-sm"></span>
    Loading...
</button><hr/>
<button class="btn btn-success" type="button" disabled>
    <span class="spinner-grow spinner-grow-sm"></span>
</button>
<button class="btn btn-success" type="button" disabled>
    <span class="spinner-grow spinner-grow-sm"></span>
    Loading...
</button>
```

程序运行结果如图9-22所示。

图 9-22　按钮旋转器效果

9.8　手风琴组件

Bootstrap 5新增了手风琴组件，它通常用于后台面板垂直导航菜单、前台折叠消息等。

9.8.1　创建手风琴

手风琴组件非常类似于选项卡，只不过它不是横向排列而是竖向排列的。在Bootstrap 5中使用.accordion类来定义手风琴效果。

```
<div class="accordion"></div>
```

实例 21：创建手风琴（案例文件：ch09\9.21.html）

```
<div class="accordion" id="accordionExample">
        <div class="accordion-item">
            <h2 class="accordion-header" id="headingOne">
```

```
                <button class="accordion-button" type="button"
data-bs-toggle="collapse" data-bs-target="#collapseOne"
                 aria-expanded="true" aria-controls="collapseOne">《村居》</button>
            </h2>
            <div id="collapseOne" class="accordion-collapse collapse show"
aria-labelledby="headingOne" data-bs-parent="#accordionExample">
                <div class="accordion-body">
                    <strong>高鼎（清代）</strong>草长莺飞二月天，拂堤杨柳醉春烟。儿童散学归来早，忙趁东风放纸鸢。
                </div>
            </div>
        </div>
        <div class="accordion-item">
            <h2 class="accordion-header" id="headingTwo">
                <button class="accordion-button collapsed" type="button"
data-bs-toggle="collapse" data-bs-target="#collapseTwo"
                 aria-expanded="false" aria-controls="collapseTwo">《绝句》</button>
            </h2>
            <div id="collapseTwo" class="accordion-collapse collapse"
aria-labelledby="headingTwo" data-bs-parent="#accordionExample">
                <div class="accordion-body">
                    <strong>志南（宋代）</strong>古木阴中系短篷，杖藜扶我过桥东。沾衣欲湿杏花雨，吹面不寒杨柳风。
                </div>
            </div>
        </div>
        <div class="accordion-item">
            <h2 class="accordion-header" id="headingThree">
                <button class="accordion-button collapsed" type="button"
data-bs-toggle="collapse" data-bs-target="#collapseThree"
                 aria-expanded="false" aria-controls="collapseThree">《咏柳》</button>
            </h2>
            <div id="collapseThree" class="accordion-collapse collapse"
aria-labelledby="headingThree" data-bs-parent="#accordionExample">
                <div class="accordion-body">
                    <strong>贺知章（唐代）</strong> 碧玉妆成一树高，万条垂下绿丝绦。不知细叶谁裁出，二月春风似剪刀。
                </div>
            </div>
        </div>
    </div>
```

程序运行结果如图9-23所示。

从上述案例可以看出，手风琴组件的结构如下：

1. 容器

手风琴组件必须包含在accordion容器中。代码如下：

```
<div class="accordion">
```

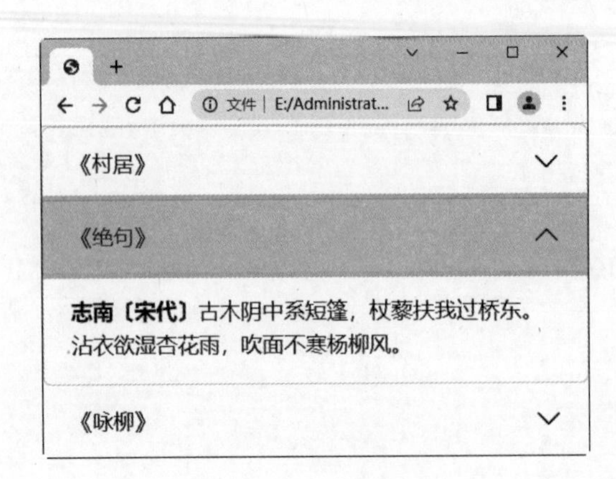

图 9-23　手风琴效果

2. 手风琴的条目

一个手风琴组件有许多个条目，每个条目都包含标题和内容。下面的代码就是一个条目：

```
<div class="accordion-item">    </div>
```

1）条目的标题

下面的代码就是条目的标题，它包含一个<h2>标签和一个按钮。

```
    <h2 class="accordion-header" id="headingOne">
    <button class="accordion-button" type="button" data-bs-toggle="collapse"
data-bs-target="#collapseOne" aria-expanded="true" aria-controls="collapseOne">《村居》
</button>
    </h2>
```

2）条目的内容

下面的代码就是条目的内容。

```
    <div id="collapseOne" class="accordion-collapse collapse show"
aria-labelledby="headingOne" data-bs-parent="#accordionExample">
        <div class="accordion-body">
            <strong>高鼎〔清代〕</strong>草长莺飞二月天，拂堤杨柳醉春烟。儿童散学归来早，忙趁东风放纸鸢。
        </div>
    </div>
```

9.8.2　手风琴组件的样式

如果要修改手风琴组件的样式，则需要在容器中添加.accordion-flush类，删除默认背景色、一些边框和一些圆角，从而使手风琴组件与其父容器看起来更加紧凑。

```
<div class="accordion accordion-flush">
```

下面案例将设计两种不同的手风琴样式，注意对比左右边框和四个角。为了防止页面混乱，需要定义两个不同的id。

实例 22：设置手风琴的样式（案例文件：ch09\9.22.html）

```
<div class="accordion" id="accordionExample">
    <div class="accordion-item">
```

```
            <h2 class="accordion-header" id="headingOne">
                <button class="accordion-button" type="button" data-bs-toggle="collapse"
data-bs-target="#collapseOne"
                 aria-expanded="true" aria-controls="collapseOne">《村居》</button>
            </h2>
            <div id="collapseOne" class="accordion-collapse collapse show"
aria-labelledby="headingOne" data-bs-parent="#accordionExample">
                <div class="accordion-body">
                    <strong>高鼎〔清代〕</strong>草长莺飞二月天，拂堤杨柳醉春烟。儿童散学归来早，忙趁
东风放纸鸢。
                </div>
            </div>
        </div>
        <div class="accordion-item">
            <h2 class="accordion-header" id="headingTwo">
                <button class="accordion-button collapsed" type="button"
data-bs-toggle="collapse" data-bs-target="#collapseTwo"
                 aria-expanded="false" aria-controls="collapseTwo">《绝句》</button>
            </h2>
            <div id="collapseTwo" class="accordion-collapse collapse"
aria-labelledby="headingTwo" data-bs-parent="#accordionExample">
                <div class="accordion-body">
                    <strong>志南〔宋代〕</strong>古木阴中系短篷，杖藜扶我过桥东。沾衣欲湿杏花雨，吹面
不寒杨柳风。
                </div>
            </div>
        </div>
    </div>
    <div class="accordion accordion-flush" id="accordionExample2">
        <div class="accordion-item">
            <h2 class="accordion-header" id="headingOne2">
                <button class="accordion-button" type="button" data-bs-toggle="collapse"
data-bs-target="#collapseOne2"
                 aria-expanded="true" aria-controls="collapseOne">《村居》</button>
            </h2>
            <div id="collapseOne2" class="accordion-collapse collapse show"
aria-labelledby="headingOne" data-bs-parent="#accordionExample2">
                <div class="accordion-body">
                    <strong>高鼎〔清代〕</strong>草长莺飞二月天，拂堤杨柳醉春烟。儿童散学归来早，忙趁
东风放纸鸢。
                </div>
            </div>
        </div>
        <div class="accordion-item">
            <h2 class="accordion-header" id="headingTwo2">
                <button class="accordion-button collapsed" type="button"
data-bs-toggle="collapse" data-bs-target="#collapseTwo2"
                 aria-expanded="false" aria-controls="collapseTwo">《绝句》</button>
            </h2>
            <div id="collapseTwo2" class="accordion-collapse collapse"
aria-labelledby="headingTwo" data-bs-parent="#accordionExample2">
```

```
            <div class="accordion-body">
                <strong>志南〔宋代〕</strong>古木阴中系短篷，杖藜扶我过桥东。沾衣欲湿杏花雨，吹面
不寒杨柳风。
            </div>
        </div>
    </div>
</div>
```

程序运行结果如图9-24所示。

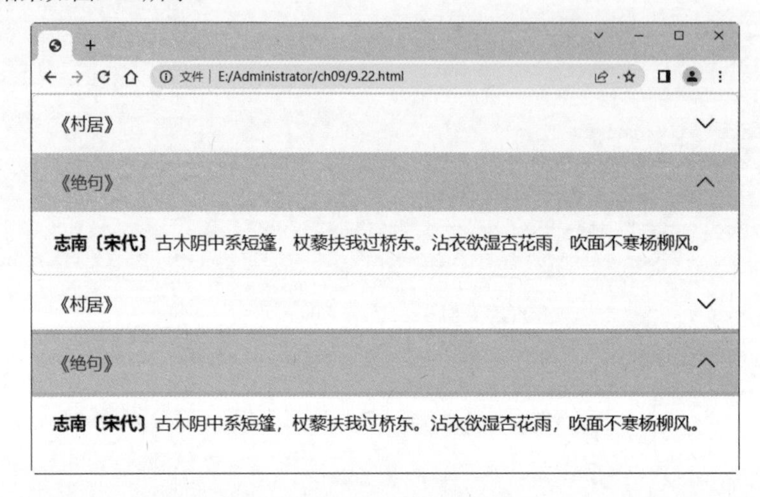

图 9-24　手风琴的样式

9.8.3　手风琴组件中使用列表

手风琴组件的条目内容可以是列表，一般常用在后台导航面板或前台侧边折叠新闻中。可以使用文本通用类设置列表中文字对齐格式，或者使用CSS重新定义列表显示的样式。

实例 23：手风琴组件中使用列表（案例文件：ch09\9.23.html）

```
<div class="accordion" id="accordionExample">
    <div class="accordion-item">
    <h2 class="accordion-header" id="headingOne">
    <button class="accordion-button" type="button" data-bs-toggle="collapse"
data-bs-target="#collapseOne" aria-expanded="true" aria-controls="collapseOne">
     热销商品
    </button>
    </h2>
    <div id="collapseOne" class="accordion-collapse collapse show"
aria-labelledby="headingOne" data-bs-parent="#accordionExample">
    <div class="accordion-body">
      <ul>
         <li>洗衣机</li>
         <li>空调</li>
         <li>冰箱</li>
      </ul>
    </div>
    </div>
```

```
        </div>
        <div class="accordion-item">
        <h2 class="accordion-header" id="headingTwo">
        <button class="accordion-button collapsed" type="button" data-bs-toggle="collapse"
data-bs-target="#collapseTwo" aria-expanded="false" aria-controls="collapseTwo">
         热销蔬菜
         </button>
         </h2>
         <div id="collapseTwo" class="accordion-collapse collapse"
aria-labelledby="headingTwo" data-bs-parent="#accordionExample">
        <div class="accordion-body">
            <ul>
               <li>菠菜</li>
               <li>西红柿</li>
               <li>白菜</li>
            </ul>
        </div>
        </div>
        </div>
        <div class="accordion-item">
        <h2 class="accordion-header" id="headingThree">
        <button class="accordion-button collapsed" type="button" data-bs-toggle="collapse"
data-bs-target="#collapseThree" aria-expanded="false" aria-controls="collapseThree">
         热销水果
         </button>
         </h2>
        <div id="collapseThree" class="accordion-collapse collapse"
aria-labelledby="headingThree" data-bs-parent="#accordionExample">
        <div class="accordion-body">
           <ul>
                <li>苹果</li>
                <li>葡萄</li>
                <li>菠萝</li>
           </ul>
        </div>
        </div>
        </div>
    </div>
```

程序运行结果如图9-25所示。

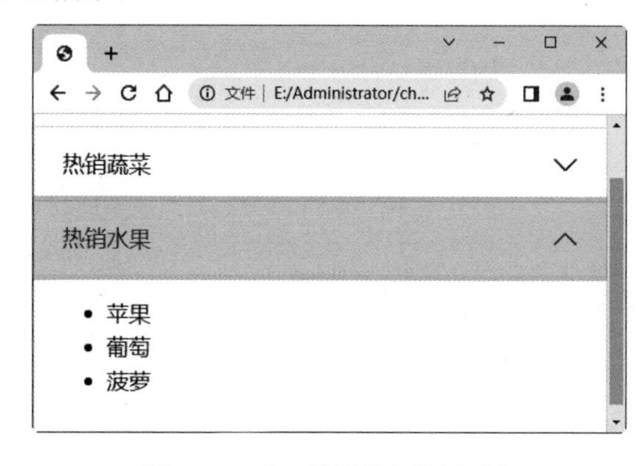

图 9-25　手风琴组件中使用列表

9.8.4 设计手风琴效果

使用折叠组件并结合卡片组件可以实现手风琴效果。

实例 24：设计手风琴效果（案例文件：ch09\9.24.html）

```
    <h2 align="center">设计手风琴效果</h2>
    <h4 class="">商品信息</h4>
    <div id="Example">
        <div class="card">
            <div class="card-header">
                <button class="btn btn-link" type="button" data-bs-toggle="collapse"
data-bs-target="#one">商品名称</button>
            </div>
            <div id="one" class="collapse show" data-parent="#Example">
                <div class="card-body">
                    洗衣机
                </div>
            </div>
        </div>
        <div class="card">
            <div class="card-header">
                <button class="btn btn-link collapsed" type="button"
data-bs-toggle="collapse" data-bs-target="#two">商品产地</button>
            </div>
            <div id="two" class="collapse" data-parent="#Example">
                <div class="card-body">
                    北京
                </div>
            </div>
        </div>
        <div class="card">
            <div class="card-header">
                <button class="btn btn-link collapsed" type="button"
data-bs-toggle="collapse" data-bs-target="#three">商品详情</button>
            </div>
            <div id="three" class="collapse" data-parent="#Example">
                <div class="card-body">
                    该商品价格为4668元
                </div>
            </div>
        </div>
    </div>
```

程序运行结果如图9-26所示。

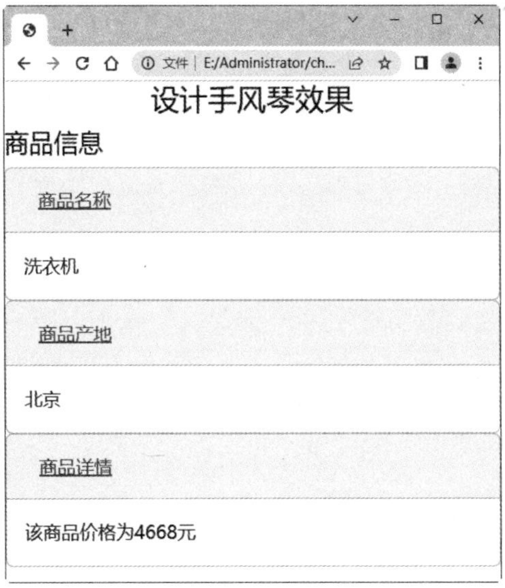

设计手风琴效果

商品信息

商品名称

洗衣机

商品产地

北京

商品详情

该商品价格为4668元

图 9-26　手风琴效果

9.9　实战案例——设计产品推荐页面

本案例使用Bootstrap的卡片组件设计产品推荐页面。卡片组件中有3种排版方式，分别为卡片组、卡片阵列和多列卡片浮动排版，本案例使用多列卡片浮动排版。多列卡片浮动排版使用<div class="card-columns">进行定义，效果如图9-27所示。

图 9-27　产品推荐页面

具体实现步骤如下：

01 使用Bootstrap设计结构，代码如下：

```
<div class="p-4 list">
   <div class="card my-4 my-sm-1">
   <div class="card my-4 my-sm-1">
   <div class="card my-4 my-sm-1">
</div>
```

02 设计产品推荐内容，部分代码如下：

```
<!--多列卡片排版-->
<div class="p-4 list">
    <h5 class="text-center my-3 a">下午茶推荐</h5>
    <h5 class="text-center mb-4 a"><small>感受人间烟火，尽在下午茶推荐</small></h5>
    <div class="card-group">
    <div class="card my-4 my-sm-1">
    <div class="card-body">
        <img class="card-img-top" src="images/p1.jpg" alt=""></div>
    </div>
    <div class=" card my-4 my-sm-1">
        <img class="card-img-top" src="images/p2.jpg" alt="">
    </div>
    <div class="card my-4 my-sm-1">
        <img class="card-img-top" src="images/p3.jpg" alt="">
    </div>
    </div>
</div>
```

03 为产品推荐内容添加自定义CSS样式，包括颜色和圆角效果，部分代码如下：

```
.list{
    background: #eeeeee;                /*定义背景颜色*/
}
.list-border{
    border: 2px solid #DBDBDB;          /*定义边框*/
    border-top:1px solid #DBDBDB ;      /*定义顶部边框*/
}
```

第 10 章 认识 JavaScript 插件

Bootstrap 5自带了很多插件，这些插件扩展了Bootstrap的功能，可以给网站添加更多的互动，为Bootstrap的组件赋予"生命"，即使不是高级的JavaScript开发人员，也可以通过Bootstrap中的JavaScript插件制作出互动性较强的功能模块。本章就来介绍Bootstrap中常用的JavaScript插件。

10.1 插件概述

Bootstrap自带了许多实用的JavaScript插件，利用Bootstrap数据API（Bootstrap Data API），大部分的插件都可以在不编写任何代码的情况下被触发。

10.1.1 插件分类

Bootstrap 5内置了许多插件，这些插件在Web开发中的应用频率都比较高，下面列出Bootstrap插件支持的文件以及各种插件对应的JS文件：

（1）警告框：alert.js。
（2）按钮：button.js。
（3）轮播：carousel.js。
（4）折叠：collapse.js。
（5）下拉菜单：dropdown.js。
（6）模态框：modal.js。
（7）侧边栏导航：offcanvas.js
（8）弹窗：popover.js。
（9）滚动监听：scrollspy.js。
（10）标签页：tab.js。
（11）吐司消息：toast.js
（12）工具提示：tooltip.js。

上面这些插件可以在Bootstrap源文件夹中找到，如图10-1所示。如果只需要使用其中的某一个插件，那么可以从在Bootstrap源文件夹中进行选择。在使用各个插件时，要注意插件之间的依赖关系。

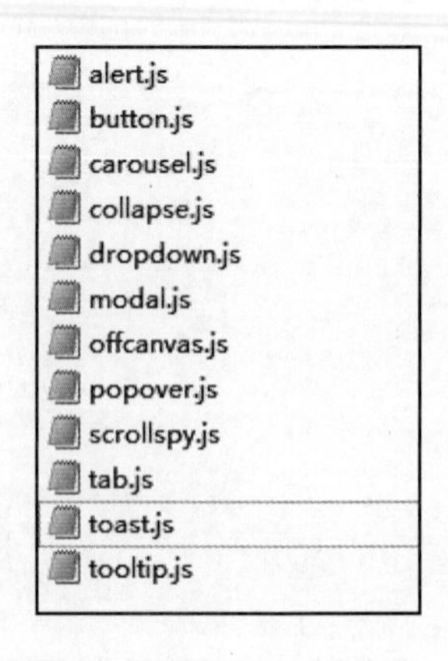

图 10-1　Bootstrap 的插件

10.1.2　安装插件

可以单个引入Bootstrap插件，方法是使用Bootstrap源文件夹中提供的单个*.js文件。

```
    <script src="bootstrap-5.3.0-dist/js/popover.js"></script>
    <script src="bootstrap-5.3.0-dist/js/alert.js"></script>
    <script src="bootstrap-5.3.0-dist/js/scrollspy.js">
</script>
```

也可以一次性全部引入所有插件，方法是引入bootstrap.bundle.min.js文件。例如：

```
    <script src="bootstrap-5.3.0/dist/js/bootstrap.bundle.min.js"></script>
```

部分Bootstrap插件和CSS组件依赖于其他插件。如果需要单独引入某个插件，请确保插件之间的依赖关系。

10.1.3　调用插件

在页面中的目标元素上定义data属性，不用编写JavaScript脚本就可以启用插件。例如，要激活下拉菜单，只需要定义data-bs-toggle属性，设置属性值为"dropdown"即可实现：

```
    <button class="btn btn-primary " data-bs-toggle="dropdown" type="button">下拉菜单
</button>
```

data-bs-toggle属性是Bootstrap激活特定插件的专用属性，它的值为对应插件的字符串名称。例如，在调用模态框时，除了定义data-bs-toggle="modal"来激活模态框插件外，还应该使用data-bs-target="#myModal"属性绑定模态框，告诉Bootstrap插件应该显示哪个页面元素，"#myModal"属性值匹配页面中的模态框包含框<div id="myModal">。

```
    <button type="button" class="btn" data-bs-toggle="modal" data-bs-target="#myModal">
打开模态框</button>
    <div id="myModal" class="modal">模态框</div>
```

在某些特殊情况下，可能需要禁用Bootstrap的data-bs属性。若要禁用data-bs属性的API，可使用data-bs-API取消对文档上所有事件的绑定，代码如下：

```
    $(document).off('.data-bs-api')
```

或者，要禁用特定的插件，只需将插件的名称和数据API一起作为参数使用即可，代码如下:

```
    $(document).off('.alert.data-bs-api')
```

10.2　警告框插件

警告框插件需要alert.js文件的支持，因此在使用该插件之前，应先导入alert.js文件：

```
<script src="alert.js"></script>
```

或者直接导入Bootstrap的集成包：

```
<script src="bootstrap-5.3.0/dist/js/bootstrap.bundle.min.js"></script>
```

10.2.1　关闭警告框

设计一个警告框并添加一个关闭按钮，为关闭按钮设置data-bs-dismiss="alert"属性即可自动赋予警告框关闭功能。

实例 1：设计一个关闭警告框（案例文件：ch10\10.1.html）

```
<div class="alert alert-warning fade show">
    <strong>有电危险！</strong>禁止触摸。
    <button type="button" class="btn-close" data-bs-dismiss="alert">
    </button>
</div>
```

程序运行结果如图10-2所示，单击关闭按钮后，警告框将关闭。

图 10-2　关闭警告框效果

通过JavaScript也可以关闭警告框：

```
alert.close()
```

如果希望警告框在关闭时带有动画效果，那么可以为警告框添加.fade和.show类。

实例 2：使用 JavaScript 脚本来控制警告框的关闭操作（案例文件：ch10\10.2.html）

```
<body class="container">
    <div class="alert alert-warning fade show">
        <strong>警告提示！</strong>程序中出现一个语法问题。
        <button type="button" class="btn-close" data-bs-dismiss="alert"
aria-label="Close"></button>
    </div>
</body>
<script>
```

```
    var alertNode = document.querySelector('.alert')
    var alert = bootstrap.Alert.getInstance(alertNode)
    alert.close()
  </script>
```

程序运行结果如图10-3所示。

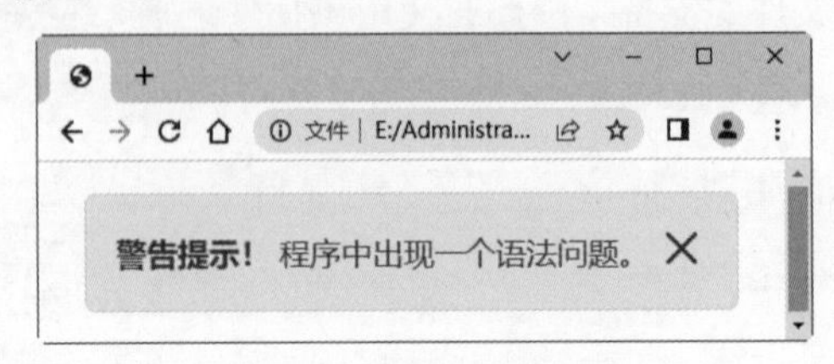

图 10-3　关闭警告框效果

10.2.2　显示警告框

如果初始警告框是隐藏的，那么可以通过JavaScript触发警告框的显示效果。

实例 3：显示警告框（案例文件：ch10\10.3.html）

```
  <body class="container">
  <div id="liveAlertPlaceholder"></div>
  <button type="button" class="btn btn-primary" id="liveAlertBtn">显示警告框</button>
  </body>
  <script>
  var alertPlaceholder = document.getElementById('liveAlertPlaceholder')
  var alertTrigger = document.getElementById('liveAlertBtn')
  function alert(message, type) {
    var wrapper = document.createElement('div')
    wrapper.innerHTML = '<div class="alert alert-' + type + ' alert-dismissible"
role="alert">' + message + '<button type="button" class="btn-close" data-bs-dismiss="alert"
aria-label="Close"></button></div>'
    alertPlaceholder.append(wrapper)
  }
  if (alertTrigger) {
    alertTrigger.addEventListener('click', function () {
      alert('显示警告框的信息', 'success')
    })
  }
  </script>
```

程序运行效果如图10-4所示，单击“显示警告框”按钮，即可显示一个警告框。

图 10-4　显示警告框效果

10.3 按钮插件

按钮插件需要button.js文件的支持，因此在使用该插件之前，应先导入button.js文件：

```
<script src="button.js"></script>
```

或者直接导入Bootstrap的集成包：

```
<script src="bootstrap-5.3.0/dist/js/bootstrap.bundle.min.js"></script>
```

10.3.1 按钮式复选框

Bootstrap的.button样式可以作用于<label>元素上来模拟复选框，这样能够设计出更具个性的复选框样式。下面实例设计3个复选框，均包含在按钮组（btn-group）容器中，然后使用data-bs-toggle="buttons"属性把它们定义为按钮形式，单击将显示深色背景色，再次单击将恢复浅色背景色。

实例 4：设计按钮式复选框（案例文件：ch10\10.4.html）

```
<h3>请选择你的特长</h3>
<div class="btn-group" data-bs-toggle="buttons">
    <label class="btn btn-primary active">
        <input type="checkbox" checked autocomplete="off">唱歌
    </label>
    <label class="btn btn-primary">
        <input type="checkbox" autocomplete="off">跳舞
    </label>
    <label class="btn btn-primary">
        <input type="checkbox" autocomplete="off">画画
    </label>
</div>
```

程序运行效果如图10-5所示。

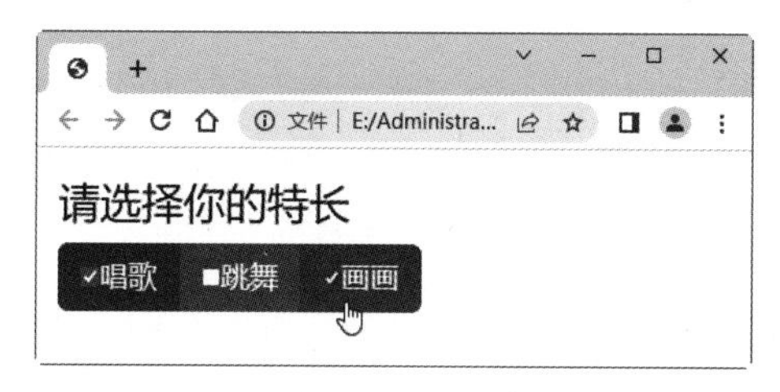

图 10-5　按钮式复选框效果

10.3.2 按钮式单选按钮

使用按钮插件还可以模拟单选按钮，下面设计3个单选按钮，包含在按钮组（btn-group）容器中，然后使用data-bs-toggle="buttons"属性把它们定义为按钮形式，单击将显示深色背景色，再次单击将恢复浅色背景色。

实例5：设计按钮式单选按钮（案例文件：ch10\10.5.html）

```
<h3>请选择当月销售数量最高的产品：</h3>
<div class="btn-group" data-bs-toggle="buttons">
    <label class="btn btn-primary active">
        <input type="radio" name="options" id="option1" autocomplete="off" checked>洗
衣机
    </label>
    <label class="btn btn-primary">
        <input type="radio" name="options" id="option2" autocomplete="off">电视机
    </label>
    <label class="btn btn-primary">
        <input type="radio" name="options" id="option3" autocomplete="off">冰箱
    </label>
</div>
```

程序运行效果如图10-6所示。

图10-6　按钮式单选按钮效果

10.4　轮 播 插 件

简单来讲，轮播（Carousel）是一个循环的幻灯片，元素可以是图片、内嵌框架、视频或者其他任何类型的内容。轮播插件需要carousel.js文件的支持，因此在使用该插件之前，应先导入carousel.js文件：

```
<script src="carousel.js"></script>
```

或者直接导入Bootstrap的集成包：

```
<script src="bootstrap-5.3.0/dist/js/bootstrap.bundle.min.js"></script>
```

10.4.1　定义轮播

轮播是指内容像幻灯片一样循环播放，可以使用CSS 3D变形转换和JavaScript交互。轮播可以包含一系列图片、文本或自定义标记，还可以包含对上一幅、下一幅图的浏览控制。定义一个完整的轮播效果需要的类如表10-1所示。

表 10-1　轮播效果使用的类

类	描　述
.carousel	创建一个轮播
.carousel-indicators	为轮播添加一个指示符，就是轮播图底下的一个个小圆点（或方块），轮播的过程中可以显示目前是第几幅图
.carousel-inner	添加要切换的图片
.carousel-item	指定每幅图片的内容
.carousel-control-prev	添加左侧的按钮，单击会返回上一幅
.carousel-control-next	添加右侧的按钮，单击会切换到下一幅
.carousel-control-prev-icon	与.carousel-control-prev 一起使用，设置左侧的按钮
.carousel-control-next-icon	与.carousel-control-next 一起使用，设置右侧的按钮
.slide	切换图片的过渡和动画效果，如果不需要这样的效果，可以删除这个类

实例 6：设计轮播效果来展示风景图片（案例文件：ch10\10.6.html）

```
    <div class="container mt-3">
        <!-- 轮播 -->
        <div id="demo" class="carousel slide" data-bs-ride="carousel">
            <!-- 指示符 -->
            <div class="carousel-indicators">
                <button type="button" data-bs-target="#demo" data-bs-slide-to="0"
class="active"></button>
                <button type="button" data-bs-target="#demo" data-bs-slide-to="1"></button>
                <button type="button" data-bs-target="#demo" data-bs-slide-to="2"></button>
            </div>
            <!-- 轮播图片 -->
            <div class="carousel-inner">
                <div class="carousel-item active">
                    <img src="02.jpg" class="d-block" style="width:100%">
                </div>
                <div class="carousel-item">
                    <img src="03.jpg" class="d-block" style="width:100%">
                </div>
                <div class="carousel-item">
                    <img src="04.jpg" class="d-block" style="width:100%">
                </div>
            </div>
            <!-- 左右切换按钮 -->
            <button class="carousel-control-prev" type="button" data-bs-target="#demo"
data-bs-slide="prev">
                <span class="carousel-control-prev-icon"></span>
            </button>
            <button class="carousel-control-next" type="button" data-bs-target="#demo"
data-bs-slide="next">
                <span class="carousel-control-next-icon"></span>
            </button>
        </div>
    </div>
```

程序运行结果如图10-7所示。

图 10-7　轮播效果

10.4.2　描述轮播图片

在每个<div class="carousel-item">内添加<div class="carousel-caption">，可以设置轮播图片的描述文本。

实例 7：为轮播图片添加描述文本（案例文件：ch10\10.7.html）

```
    <div class="container mt-3">
        <!-- 轮播 -->
        <div id="demo" class="carousel slide" data-bs-ride="carousel">
            <!-- 指示符 -->
            <div class="carousel-indicators">
                <button type="button" data-bs-target="#demo" data-bs-slide-to="0"
class="active"></button>
                <button type="button" data-bs-target="#demo" data-bs-slide-to="1"></button>
                <button type="button" data-bs-target="#demo" data-bs-slide-to="2"></button>
            </div>
            <!-- 轮播图片 -->
            <div class="carousel-inner">
                <div class="carousel-item active">
                    <img src="02.jpg" class="d-block" style="width:100%">
                    <div class="carousel-caption">
                        <h3>森林木屋</h3>
                        <p>秋天，小木屋，森林，自然！</p>
                    </div>
                </div>
                <div class="carousel-item">
                    <img src="03.jpg" class="d-block" style="width:100%">
                    <div class="carousel-caption">
                        <h3>夕阳西下</h3>
                        <p>枯树，夕阳，旅游目的地！</p>
                    </div>
                </div>
                <div class="carousel-item">
                    <img src="04.jpg" class="d-block" style="width:100%">
                    <div class="carousel-caption">
                        <h3>北极风光</h3>
```

```
                <p>北极雪堆，海岸线，冰，户外！</p>
            </div>
        </div>
    </div>
    <!-- 左右切换按钮 -->
    <button class="carousel-control-prev" type="button" data-bs-target="#demo"
data-bs-slide="prev">
        <span class="carousel-control-prev-icon"></span>
    </button>
    <button class="carousel-control-next" type="button" data-bs-target="#demo"
data-bs-slide="next">
        <span class="carousel-control-next-icon"></span>
    </button>
  </div>
</div>
```

程序运行结果如图10-8所示。

图 10-8　添加描述文本

10.4.3　设计轮播风格

通过给轮播图片添加.slide类，可以实现图片的过渡和动画效果。下面以给图片添加淡入淡出动画效果为例，来介绍实现图片过渡和动画效果的方法。

1. 淡入淡出动画

实现淡入淡出动画效果首先需要在轮播框<div id="carousel">中添加.slide类，然后添加淡入淡出类.carousel-fade。

实例 8：设计轮播淡入淡出动画效果（案例文件：ch10\10.8.html）

```
<h3 align="center">淡入淡出效果</h3>
<!-- 轮播 -->
<div id="carousel" class="carousel slide carousel-fade" data-bs-ride="carousel">
    <!-- 指示符 -->
    <div class="carousel-indicators">
        <button type="button" data-bs-target="#carousel" data-bs-slide-to="0"
class="active"></button>
        <button type="button" data-bs-target="#carousel" data-bs-slide-to="1"></button>
```

```
        <button type="button" data-bs-target="#carousel" data-bs-slide-to="2"></button>
    </div>
    <!-- 轮播图片 -->
    <div class="carousel-inner">
        <div class="carousel-item active">
            <img src="02.jpg" class="d-block" style="width:100%">
        </div>
        <div class="carousel-item">
            <img src="03.jpg" class="d-block" style="width:100%">
        </div>
        <div class="carousel-item">
            <img src="04.jpg" class="d-block" style="width:100%">
        </div>
    </div>
    <!-- 左右切换按钮 -->
    <button class="carousel-control-prev" type="button" data-bs-target="#carousel"
data-bs-slide="prev">
        <span class="carousel-control-prev-icon"></span>
    </button>
    <button class="carousel-control-next" type="button" data-bs-target="#dcarousel"
data-bs-slide="next">
        <span class="carousel-control-next-icon"></span>
    </button>
</div>
```

程序运行结果如图10-9所示。

图 10-9　轮播淡入淡出效果

2. 图片自动循环间隔时间

在幻灯片框中的每个项目上添加data-bs-interval=" "，可以设置自动循环间隔时间，代码如下：

```
<!--幻灯片框-->
<div class="carousel-inner">
    <div class="carousel-item active" data-bs-interval="2000">
        <img src="02.jpg" class="d-block w-100" alt="">
    </div>
    <div class="carousel-item" data-bs-interval="4000">
```

```
        <img src="03.jpg" class="d-block w-100" alt="">
    </div>
    <div class="carousel-item" data-bs-interval="6000">
        <img src="04.jpg" class="d-block w-100" alt="">
    </div>
</div>
```

在上面的代码中设置间隔时间分别为2s、4s和6s。

10.5 折叠插件

使用折叠插件可以很容易地实现内容的显示与隐藏，例如可以使用折叠插件创建折叠导航、折叠内容面板等。

10.5.1 定义折叠效果

折叠插件需要collapse.js文件的支持，因此在使用该插件之前，应先导入collapse.js文件：

```
<script src="collapse.js"></script>
```

或者直接导入Bootstrap的集成包：

```
<script src="bootstrap-5.3.0/dist/js/bootstrap.bundle.min.js"></script>
```

折叠的结构看起来很复杂，但调用起来是很简单的，具体分为以下两个步骤：

01 定义折叠的触发器。在触发器中添加触发属性data-bs-toggle="collapse"，并在触发器中使用id或class指定触发的内容。如果使用的是<a>标签，可以让href属性值等于id或class值；如果是<button>标签，则在<button>中添加data-bs-target属性，属性值为id或class值。

02 定义折叠包含框。折叠内容包含在折叠包含框中，在包含框中设置id或class值，该值等于触发器中对应的id或class值。最后还需要在折叠包含框中添加下面3个类之一：

（1）.collapse：隐藏折叠内容。

（2）.collapsing：隐藏折叠内容，切换时带动态效果。

（3）.collapse.show：显示折叠内容。

完成以上两个步骤便可实现折叠效果。

实例 9：通过折叠插件实现古诗的隐藏与展示（案例文件：ch10\10.9.html）

```
    <h2 align="center">古诗的隐藏与展示</h2>
    <p>
        <a class="btn btn-primary" data-bs-toggle="collapse" href="#collapse">&lt; a &gt;
触发折叠</a>
        <button class="btn btn-danger" type="button" data-bs-toggle="collapse"
data-bs-target="#collapse1">&lt; button &gt;触发折叠</button>
    </p>
    <div class="collapsing" id="collapse">
```

```
        <div class="card card-body">
            人生若只如初见，何事秋风悲画扇。
        </div>
    </div>
    <div class="collapse" id="collapse1">
        <div class="card card-body">
            云想衣裳花想容，春风拂槛露华浓。
        </div>
    </div>
```

程序运行结果如图10-10所示。通过单击“触发折叠”按钮，可以展示古诗词信息，如图10-11所示。

图 10-10　折叠隐藏效果

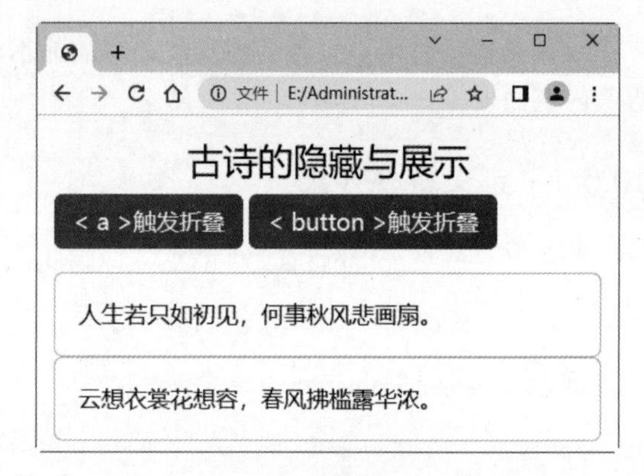

图 10-11　折叠展示效果

10.5.2　控制多目标

在触发器上，可以通过一个选择器来显示或隐藏多个折叠包含框（一般使用class值），也可以使用多个触发器来显示或隐藏一个折叠包含框。

实例 10：通过选择器控制多个目标项目（案例文件：ch10\10.10.html）

```
    <h3 class="mb-4">一个触发器切换多个目标</h3>
    <p>
        <button class="btn btn-primary" type="button" data-bs-toggle="collapse"
data-bs-target=".multi-collapse">切换下面3个目标</button>
    </p>
    <div class="collapse multi-collapse">
        <div class="card card-body">
            《清平调·其一》 唐·李白
        </div>
    </div>
    <div class="collapse multi-collapse">
        <div class="card card-body">
            云想衣裳花想容，春风拂槛露华浓。
        </div>
    </div>
    <div class="collapse multi-collapse">
```

```
        <div class="card card-body">
            若非群玉山头见，会向瑶台月下逢。
        </div>
    </div>
    <hr class="my-4">
    <h3 class="mb-4">多个触发器切换一个目标</h3>
    <p>
        <button class="btn btn-primary" type="button" data-bs-toggle="collapse"
data-bs-target="#multi-collapse">触发器1</button>
        <button class="btn btn-primary" type="button" data-bs-toggle="collapse"
data-bs-target="#multi-collapse">触发器2</button>
    </p>
    <div class="collapse" id="multi-collapse">
        <div class="card card-body">
            凤凰台上凤凰游，凤去台空江自流。
        </div>
    </div>
```

程序运行结果如图10-12所示。单击“切换下面3个目标”按钮，可以展示折叠起来的内容，如图10-13所示。单击“触发器1”或“触发器2”按钮，可以展示多个触发器触发的内容，如图10-14所示。

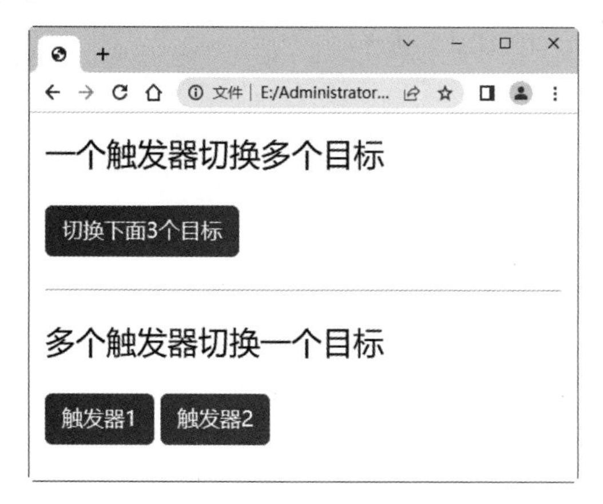

图 10-12　折叠效果

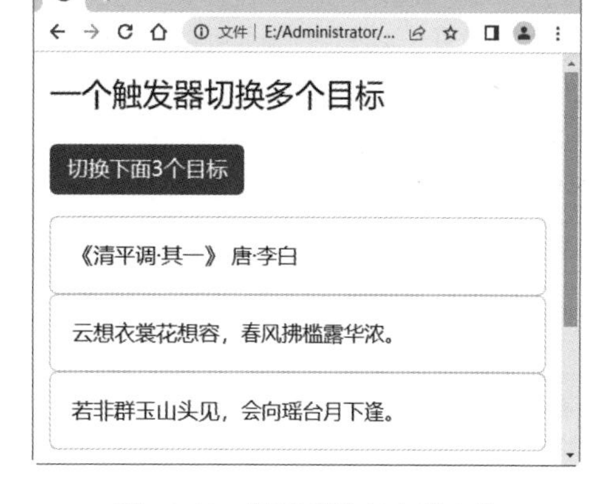

图 10-13　展示折叠起来的内容

图 10-14　展示多个触发器触发的内容

10.6 下拉菜单插件

Bootstrap通过dropdown.js支持下拉菜单交互，在使用之前应该导入jquery.js、util.js和dropdown.js文件。下拉菜单插件用第三方插件popper.js实现，popper.js文件提供了动态定位和浏览器窗口大小监测，因此在使用下拉菜单插件时应确保引入了popper.js文件。

```
<script src="popper.js"></script>
<script src="dropdown.js"></script>
```

或者直接导入Bootstrap的集成包：

```
<script src="bootstrap-5.3.0/dist/js/bootstrap.bundle.min.js"></script>
```

10.6.1 调用下拉菜单

下拉菜单插件可以为所有对象添加下拉菜单，包括按钮、导航栏、标签页等。调用下拉菜单时需要使用data属性。在超链接或者按钮上添加data-bs-toggle="dropdown"属性，即可激活下拉菜单交互行为。

实例 11：通过 data 属性激活下拉菜单（案例文件：ch10\10.11.html）

```
<div class="dropdown">
    <button class="btn btn-primary dropdown-toggle" data-bs-toggle="dropdown"
type="button">热销水果</button>
    <div class="dropdown-menu">
        <a class="dropdown-item" href="#">苹果</a>
        <a class="dropdown-item" href="#">香蕉</a>
        <a class="dropdown-item" href="#">橘子</a>
        <a class="dropdown-item" href="#">葡萄</a>
    </div>
</div>
```

程序运行结果如图10-15所示。

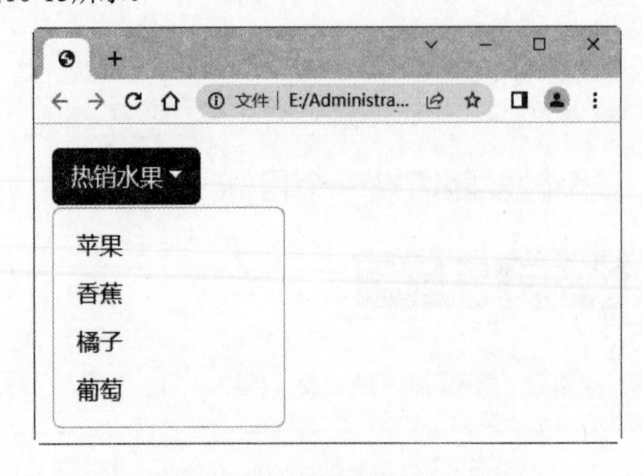

图 10-15 data 属性调用下拉菜单

10.6.2　设置下拉菜单

可以通过data属性配置参数，参数如表10-2所示。对于data属性，参数名称追加到“data-bs-”后面，例如：data-bs-offset=" "。

表 10-2　下拉菜单配置参数

参　数	类　型	默 认 值	说　明
offset	number|string|function	0	下拉菜单相对于目标的偏移量
flip	boolean	True	允许下拉菜单在引用元素重叠的情况下翻转

实例 12：通过 data 属性配置参数来设置下拉菜单（案例文件：ch10\10.12.html）

```
    <div class="dropdown">
        <button class="btn btn-primary dropdown-toggle" data-bs-toggle="dropdown"
data-bs-offset="50,30" type="button">热门电器</button>
        <div class="dropdown-menu">
            <a class="dropdown-item" href="#">洗衣机</a>
            <a class="dropdown-item" href="#">电视机</a>
            <a class="dropdown-item" href="#">空调</a>
        </div>
    </div>
```

程序运行结果如图10-16所示。

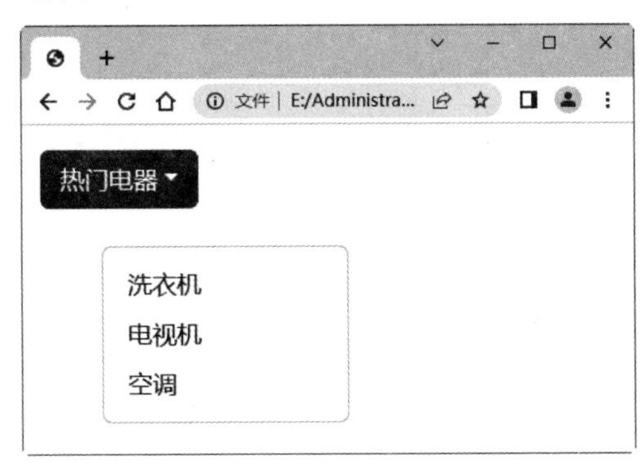

图 10-16　data 属性配置参数

10.6.3　添加用户行为

Bootstrap为下拉菜单定义了事件，以响应特定操作阶段的用户行为，说明如表10-3所示。

表 10-3　下拉菜单事件

事　件	说　明
show.bs.dropdown	调用显示下拉菜单的方法时触发该事件
shown.bs.dropdown	当下拉菜单显示完毕后触发该事件
hide.bs.dropdown	当调用隐藏下拉菜单的方法时触发该事件
hidden.bs.dropdown	当下拉菜单隐藏完毕后触发该事件

下面使用show、shown、hide和hidden这4个事件来监听下拉菜单，然后激活下拉菜单交互行为，这样在下拉菜单交互过程中，可以看到4个事件的执行顺序和发生节点。

实例 13：为下拉菜单添加用户行为（案例文件：ch10\10.13.html）

```
<div class="dropdown" id="dropdown">
    <button class="btn btn-primary dropdown-toggle" data-bs-toggle="dropdown"
type="button">下拉菜单</button>
    <div class="dropdown-menu">
        <a class="dropdown-item" href="#">家用电器</a>
        <a class="dropdown-item" href="#">电脑办公</a>
        <a class="dropdown-item" href="#">水果特产</a>
        <a class="dropdown-item" href="#">男装女装</a>
    </div>
</div>
</body>
<script>
    $(function(){
        $("#dropdown").on("show.bs.dropdown",function(){
            $(this).children("[data-bs-toggle='dropdown']").html("开始显示下拉菜单")
        })
        $("#dropdown").on("shown.bs.dropdown",function(){
            $(this).children("[data-bs-toggle='dropdown']").html("下拉菜单显示完成")
        })
        $("#dropdown").on("hide.bs.dropdown",function(){
            $(this).children("[data-bs-toggle='dropdown']").html("开始隐藏下拉菜单")
        })
        $("#dropdown").on("hidden.bs.dropdown",function(){
            $(this).children("[data-bs-toggle='dropdown']").html("下拉菜单隐藏完成")
        })
    })
</script>
```

运行程序，激活下拉菜单的效果如图10-17所示，隐藏下拉菜单的效果如图10-18所示。

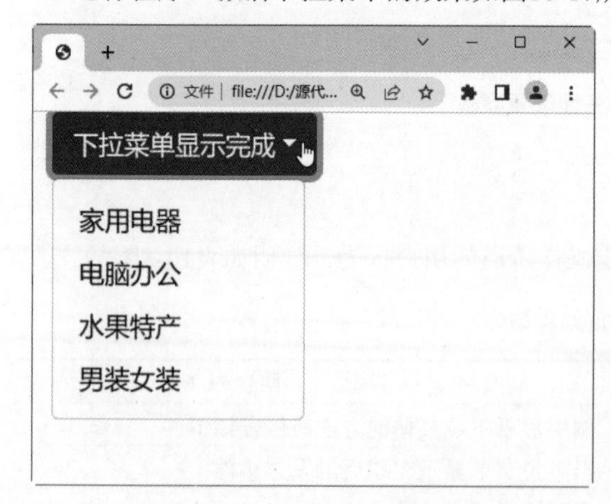

图 10-17　激活下拉菜单效果

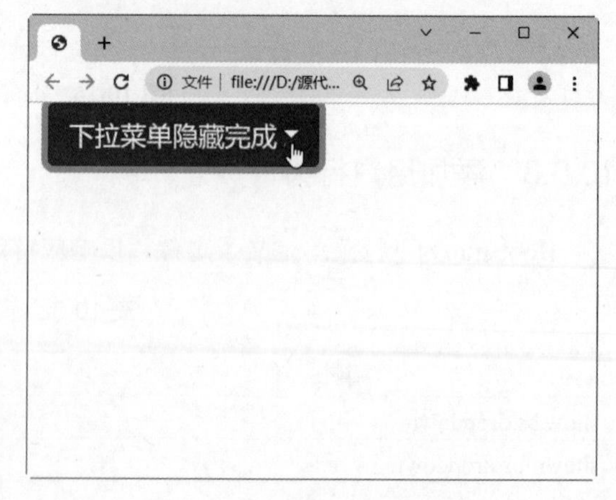

图 10-18　隐藏下拉菜单效果

10.7　模态框插件

模态框是覆盖在父窗体上的子窗体。通常，其目的是显示一个单独的内容，在不离开父窗体的情况下与用户有一些互动。子窗体可以自定义内容，可提供信息、交互等。

10.7.1　定义模态框

模态框插件需要modal.js插件的支持，因此在使用该插件之前，应先导入modal.js文件：

```
<script src="modal.js"></script>
```

或者直接导入Bootstrap的集成包：

```
<script src="bootstrap-5.1.3-dist/js/bootstrap.bundle.js"></script>
```

在页面中设计模态框文档结构，并为页面特定对象绑定行为，即可打开模态框。

实例 14：定义模态框（案例文件：ch10\10.14.html）

```
<h3 align="center" >定义模态框<h3>
<a href="#myModal" class="btn btn-default" data-bs-toggle="modal">打开模态框</a>
<div id="myModal" class="modal">
    <div class="modal-dialog">
        <div class="modal-content">
            <h3>模态框</h3>
            <p>这是弹出的模态框内容</p>
        </div>
    </div>
</div>
```

程序运行结果如图10-19所示。

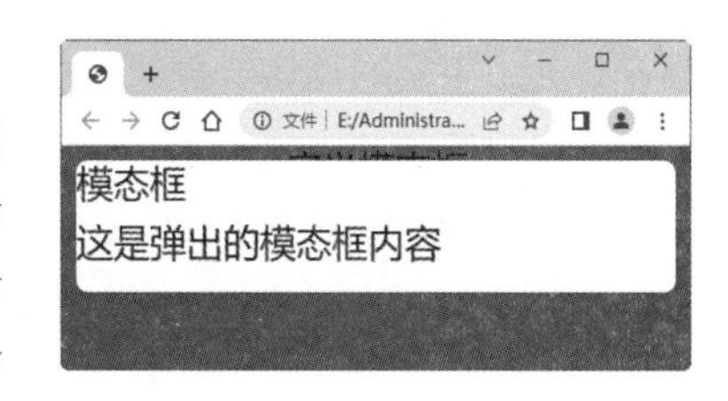

图 10-19　模态框

模态框有固定的结构，外层使用.modal类样式定义弹出模态框的外框，内部嵌套两层结构，分别为<div class="modal-dialog">和<div class="modal-content">。<div class="modal-dialog">定义模态对话框层，<div class="modal-content">定义模态对话框显示样式。

```
<div class="modal">
    <div class="modal-dialog">
        <div class="modal-content">模态框内容</div>
    </div>
</div>
```

模态框内容包括3个部分：头部、正文和页脚，分别使用.modal-header、.modal-body和.modal-footer来定义。

（1）头部：用于给模态框添加标题和“×”关闭按钮等。标题使用.modal-title来定义，关闭按钮中需要添加data-bs-dismiss="modal"属性，用来指定关闭的模态框组件。

（2）正文：可以在其中添加任何类型的数据，包括视频、图片或者任何其他内容。

（3）页脚：该区域默认为右对齐。在这个区域，可以放置“保存”“关闭”“接受”等操作按钮，这些按钮与模态框需要表现的行为相关联。“关闭”按钮中也需要添加data-bs-dismiss="modal"属性，用来指定关闭的模态框组件。

```
<!-- 模态框 -->
<div class="modal" id="Modal-test">
    <div class="modal-dialog">
        <div class="modal-content">
            <!--头部-->
            <div class="modal-header">
                <!--标题-->
                <h5 class="modal-title" id="modalTitle">模态框标题</h5>
                <!--关闭按钮-->
                <button type="button" class="btn-close" data-bs-dismiss="modal">
                    <span>&times;</span>
                </button>
            </div>
            <!--正文-->
            <div class="modal-body">模态框正文</div>
            <!--页脚-->
            <div class="modal-footer">
                <!--关闭按钮-->
                <button type="button" class="btn btn-secondary" data-bs-dismiss="modal">
关闭</button>
                <button type="button" class="btn btn-primary">保存</button>
            </div>
        </div>
    </div>
</div>
```

以上就是模态框的完整结构。设计完成模态框结构后，需要为特定对象（通常为按钮）绑定触发行为，才能通过该对象触发模态框。在这个特定对象中需要添加data-bs-target="#Modal-test"属性来绑定对应的模态框，添加data-bs-toggle="modal"属性指定要打开的模态框：

```
<button type="button" class="btn btn-primary" data-bs-toggle="modal"
data-bs-target="#Modal-test">
    打开模态框
</button>
```

程序运行结果如图10-20所示。

图 10-20　激活模态框效果

10.7.2　模态框布局

1. 垂直居中

通过给<div class="modal-dialog">添加.modal-dialog-centered样式，来设置模态框垂直居中显示。

实例 15：设置模态框垂直居中显示（案例文件：ch10\10.15.html）

```
<h3 align="center">模态框垂直居中</h3>
<button type="button" class="btn btn-primary" data-bs-toggle="modal" data-bs-target="#Modal">打开模态框</button>
<div class="modal fade" id="Modal">
    <div class="modal-dialog modal-dialog-centered">
        <div class="modal-content">
            <div class="modal-header">
                <h5 class="modal-title" id="modalTitle">终南望余雪</h5>
                <button type="button" class="btn-close" data-bs-dismiss="modal">
                    <span>&times;</span>
                </button>
            </div>
            <div class="modal-body">终南阴岭秀，积雪浮云端。</div>
            <div class="modal-body">林表明霁色，城中增暮寒。</div>
            <div class="modal-footer">
                <button type="button" class="btn btn-secondary" data-bs-dismiss="modal">关闭</button>
                <button type="button" class="btn btn-primary">更多</button>
            </div>
        </div>
    </div>
</div>
```

程序运行结果如图10-21所示。

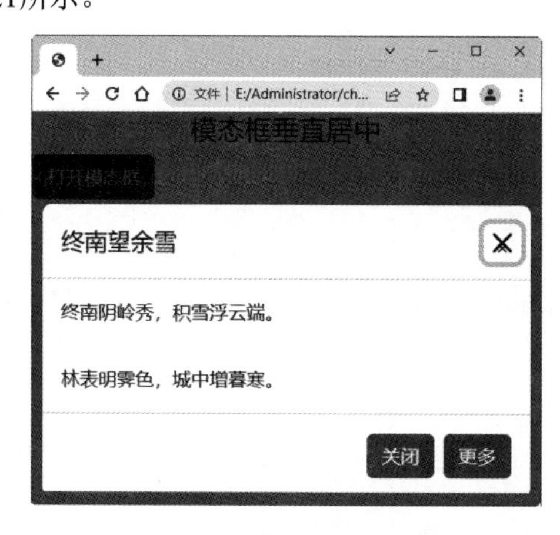

图 10-21　模态框垂直居中

2. 设置模态框的大小

模态框除了默认大小以外，还有3种可选值，如表10-4所示。这3种可选值在断点处还可自动响应处理，以避免在较窄的视图上出现水平滚动条。通过给<div class="modal-dialog">添加.modal-sm、.modal-lg和.modal-xl样式来设置模态框的大小。

表 10-4　模态框大小

大　小	类	模态宽度
小尺寸	.modal-sm	300px
大尺寸	.modal-lg	800px
超大尺寸	.modal-xl	1140px
默认尺寸	无	500px

实例 16：设置模态框的大小（案例文件：ch10\10.16.html）

```
    <h3 align="center">设置模态框大小</h3>
    <!-- 大尺寸模态框 -->
    <button type="button" class="btn btn-primary" data-bs-toggle="modal"
data-bs-target=".example-modal-lg">大尺寸模态框</button>
    <div class="modal example-modal-lg">
        <div class="modal-dialog modal-lg">
            <div class="modal-content">
                <div class="modal-header">
                    <h5 class="modal-title">大尺寸模态框</h5>
                    <button type="button" class="btn-close" data-bs-dismiss="modal">
                        <span>&times;</span>
                    </button>
                </div>
                <div class="modal-body">莫笑农家腊酒浑，丰年留客足鸡豚。</div>
                <div class="modal-body">山重水复疑无路，柳暗花明又一村。</div>
            </div>
        </div>
    </div>
    <!-- 小尺寸模态框 -->
    <button type="button" class="btn btn-primary" data-bs-toggle="modal"
data-bs-target=".example-modal-sm">小尺寸模态框</button>
    <div class="modal example-modal-sm">
        <div class="modal-dialog modal-sm">
            <div class="modal-content">
                <div class="modal-header">
                    <h5 class="modal-title">小尺寸模态框</h5>
                    <button type="button" class="btn-close" data-bs-dismiss="modal">
                        <span>&times;</span>
                    </button>
                </div>
                <div class="modal-body">箫鼓追随春社近，衣冠简朴古风存。</div>
                <div class="modal-body">从今若许闲乘月，拄杖无时夜叩门。</div>
            </div>
        </div>
    </div>
```

运行程序，大尺寸模态框效果如图10-22所示，小尺寸模态框效果如图10-23所示。

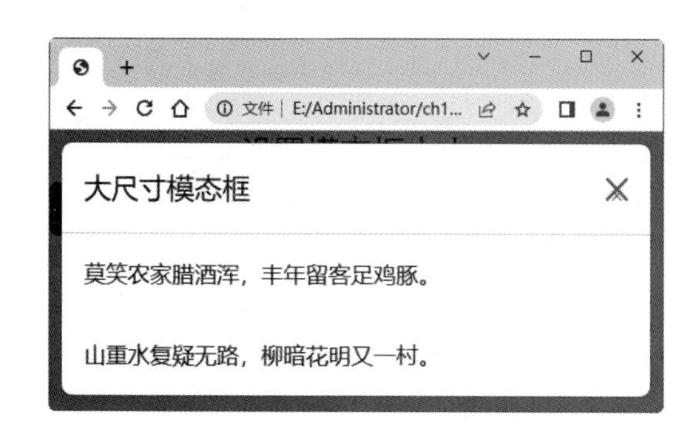

图 10-22　大尺寸模态框效果

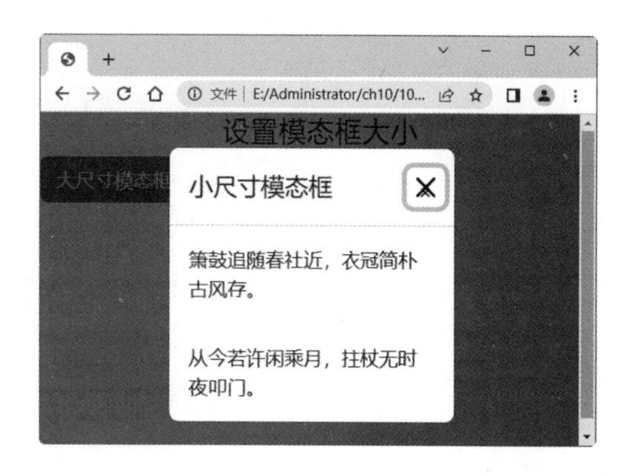

图 10-23　小尺寸模态框效果

10.7.3　模态框样式

1. 模态框网格样式

在<div class="modal-body">中嵌套一个<div class="container-fluid">容器，便可以在该容器中使用Bootstrap的网格系统，就像在其他地方使用常规网格系统类一样。

实例 17：设置模态框网格（案例文件：ch10\10.17.html）

```
    <h2 align="center">模态框网格</h2>
    <button type="button" class="btn btn-primary" data-bs-toggle="modal"
data-bs-target="#Modal">打开模态框</button>
    <div class="modal" id="Modal">
        <div class="modal-dialog modal-dialog-centered">
            <div class="modal-content">
                <div class="modal-header">
                    <h5 class="modal-title" id="modalTitle">模态框网格</h5>
                    <button type="button" class="btn-close" data-bs-dismiss="modal">
                        <span>&times;</span>
                    </button>
                </div>
                <div class="modal-body">
                    <div class="container">
                        <div class="row">
                            <div class="col-md-4 bg-success text-white">.col-md-4</div>
                            <div class="col-md-4 ms-auto bg-success
text-white">.col-md-4 .ms-auto</div>
                        </div>
                        <div class="row">
                            <div class="col-md-4 ms-md-auto bg-danger
text-white">.col-md-3 .ms-md-auto</div>
                            <div class="col-md-4 ms-md-auto bg-danger
text-white">.col-md-3 .ms-md-auto</div>
                        </div>
                        <div class="row">
                            <div class="col-auto me-auto bg-warning">.col-auto .me-auto</div>
                            <div class="col-auto bg-warning">.col-auto</div>
```

```
                </div>
            </div>
        </div>
        <div class="modal-footer">
            <button type="button" class="btn btn-secondary" data-bs-dismiss="modal">
关闭</button>
            <button type="button" class="btn btn-primary">更多</button>
        </div>
    </div>
</div>
</div>
```

程序运行结果如图10-24所示。

图 10-24　模态框网格效果

2. 添加弹窗和工具提示

可以根据需要将工具提示和弹窗放置在模态框中。当模态框关闭时，包含的任何工具提示和弹窗都会同步关闭。

实例 18：添加弹窗和工具提示（案例文件：ch10\10.18.html）

```
<h3 align="center">弹窗和工具提示</h3>
<button type="button" class="btn btn-primary" data-bs-toggle="modal"
data-bs-target="#Modal">打开模态框</button>
<div class="modal" id="Modal">
    <div class="modal-dialog modal-dialog-centered">
        <div class="modal-content">
            <div class="modal-header">
                <h5 class="modal-title" id="modalTitle">模态框标题</h5>
                <button type="button" class="btn-close" data-bs-dismiss="modal">
                    <span>&times;</span>
                </button>
```

```
            </div>
            <div class="modal-body">
                <div class="modal-body">
                    <h5>弹窗</h5>
                    <p><a href="#" role="button" class="btn btn-secondary popover-test"
title="望岳" data-bs-content="荡胸生曾云，决眦入归鸟。会当凌绝顶，一览众山小。">古诗</a></p><hr>
                    <h5>工具提示</h5>
                    <p><a href="#" class="tooltip-test" title="古诗一">古诗一</a>、<a
href="#" class="tooltip-test" title="古诗二">古诗二</a> 和 <a href="#" class="tooltip-test"
title="古诗三">古诗三</a></p>
                </div>
                <script>
                    $(document).ready(function(){
                        //找到对应的属性类别，添加弹窗和工具提示
                        $('.popover-test').popover();
                        $('.tooltip-test').tooltip();
                    });
                </script>
            </div>
            <div class="modal-footer">
                <button type="button" class="btn btn-secondary" data-bs-dismiss="modal">
关闭</button>
                <button type="button" class="btn btn-primary">提交</button>
            </div>
        </div>
    </div>
</div>
```

运行程序，单击“古诗”按钮，打开弹窗，将鼠标指针悬浮链接上，触发工具提示。最终效果如图10-25所示。

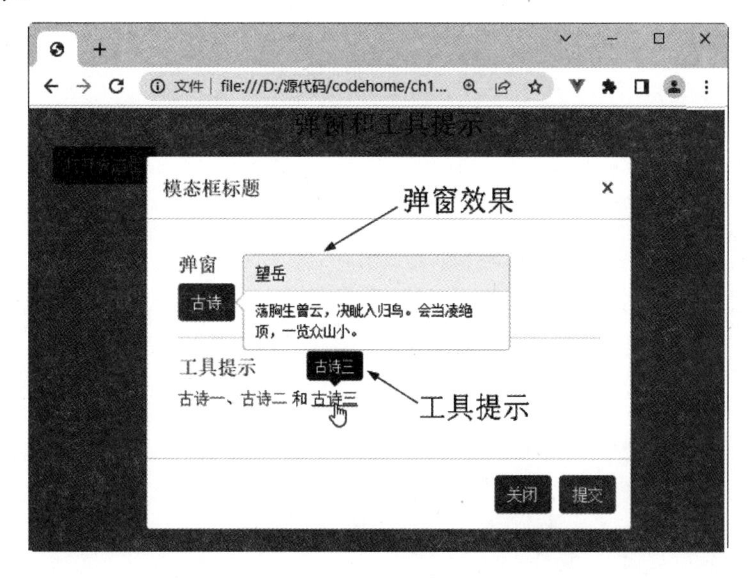

图 10-25　模态框添加弹窗和工具提示效果

10.8　实战案例——设计抢红包模态框

本案例使用Bootstrap模态框插件设计抢红包模态框。当页面加载完成后，页面自动弹出抢红包的提示框，效果如图10-26所示。

图10-26　抢红包模态框

具体实现步骤如下：

01 设计抢红包模态框，代码如下：

```
<div class="modal fade" id="myModal" >
    <div class="modal-dialog modal-dialog-centered" role="document" style="width:
300px">
        <div class="modal-content">
            <button type="button" class="close del" data-bs-dismiss="modal">
                <span >&times;</span>
            </button>
            <img src="6.png" alt="" class="img-fluid rounded">
            <a href="#" class="btn redWars">抢</a>
        </div>
    </div>
</div>
```

02 设计红包动态效果，代码如下：

```
<script>
    $(function(){
        $('#myModal').modal('show');
    });
</script>
```

03 设计抢红包动态样式。样式主要使用CSS 3来设计，代码如下：

```
<style>
      .del{
         border: 2px solid white!important;          /*定义边框*/
         padding: 3px 8px 5px!important;             /*定义内边距*/
         border-radius: 50%;                         /*定义圆角边框*/
         display: inline-block;                      /*定义行内块级元素*/
         position: absolute;                         /*定义绝对定位*/
         right: 2px;                                 /*距离右侧2px*/
         top: 2px;                                   /*距离顶部2px*/
         background:#F72943!important;               /*定义背景色*/
      }
      .redWars{
         border: 1px solid white!important;          /*定义边框*/
         padding: 15px 26px!important;               /*定义内边距*/
         border-radius: 50%;                         /*定义圆角边框*/
         font-size: 40px;                            /*定义字体大小*/
         color: #F72943;                             /*定义字体颜色*/
         background: yellow;                         /*定义背景色*/
         display: inline-block;                      /*定义行内块级元素*/
         position: absolute;                         /*定义绝对定位*/
         left: 105px;                                /*距离左侧105px*/
         top: 260px;                                 /*距离顶部260px*/
      }
</style>
```

第 11 章 精通 JavaScript 插件

Bootstrap定义了丰富的JavaScript插件，包括侧边栏导航、弹出框、滚动监听、标签页、吐司消息、提示框等，本章就来介绍这些JavaScript插件。

11.1 侧边栏导航

Bootstrap 5的侧边栏导航类似于模态框，在移动端设备中比较常用。侧边栏导航插件需要offcanvas.js文件的支持，因此在使用该插件之前，应先导入offcanvas.js文件：

```
<script src="offcanvas.js "></script>
```

或者直接导入Bootstrap的集成包：

```
<script src="bootstrap-5.3.0/dist/js/bootstrap.bundle.min.js"></script>
```

11.1.1 创建侧边栏导航

侧边栏导航可以通过JavaScript进行切换，在项目中常用来构建可隐藏的侧边栏，用于导航、购物车等。可以在窗口的左、右或下边缘进行显示和隐藏：

（1）.offcanvas：隐藏内容（默认）。

（2）.offcanvas.show：显示内容。

可以用链接元素的href属性或者按钮元素的data-bs-target属性来设置侧边栏。这两种情况都需要设置data-bs-toggle="offcanvas"。

实例 1：创建侧边栏导航（案例文件：ch11\11.1.html）

```
<a class="btn btn-primary" data-bs-toggle="offcanvas" href="#offcanvasExample"
role="button" aria-controls="offcanvasExample">
   使用链接的href属性</a>
<button class="btn btn-primary" type="button" data-bs-toggle="offcanvas"
data-bs-target="#offcanvasExample" aria-controls="offcanvasExample">
```

```
    按钮中使用data-bs-target</button>
  <div class="offcanvas offcanvas-start" tabindex="-1" id="offcanvasExample"
aria-labelledby="offcanvasExampleLabel">
    <div class="offcanvas-header">
      <h5 class="offcanvas-title" id="offcanvasExampleLabel">家用电器</h5>
      <button type="button" class="btn-close text-reset" data-bs-dismiss="offcanvas"
aria-label="Close"></button>
    </div>
    <div class="offcanvas-body">
  <div>家电馆——开店设备一站购。</div>
      <div class="dropdown mt-3">
        <button class="btn btn-secondary dropdown-toggle" type="button"
id="dropdownMenuButton" data-bs-toggle="dropdown">电视机</button>
        <ul class="dropdown-menu" aria-labelledby="dropdownMenuButton">
          <li><a class="dropdown-item" href="#">全面屏电视</a></li>
          <li><a class="dropdown-item" href="#">教育电视</a></li>
          <li><a class="dropdown-item" href="#">OLED电视</a></li>
        </ul>
      </div>
    </div>
  </div>
```

程序运行结果如图11-1所示。

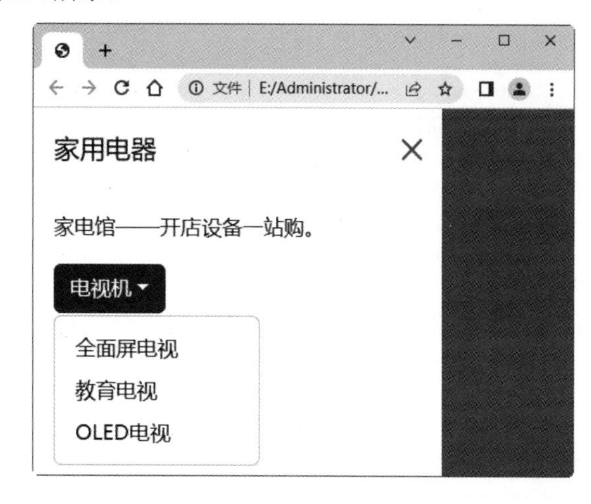

图 11-1　侧边栏导航

从实例1可以看出，侧边栏导航的组件包括容器、导航头、导航主体和导航按钮。下面分别进行介绍：

1. 容器

侧边栏导航的内容都在div class="offcanvas offcanvas-start"> </div>中，容器就是侧边栏导航最外层的壳。

2. 导航头

导航头包含一个导航标题和按钮，按钮就是侧边栏导航右上角的关闭按钮，代码如下：

```
    <div class="offcanvas-header">
        <h5 class="offcanvas-title" id="offcanvasExampleLabel">山中雪后</h5>
        <button type="button" class="btn-close text-reset" data-bs-dismiss="offcanvas"
aria-label="Close"></button>
    </div>
```

3. 导航主体

所有包含在<div class="offcanvas-body"> <div>之间的内容都是导航主体，里面可以放置任意元素。

4. 导航按钮

导航按钮理论上来说不是导航的一部分，但是一般都要在页面设置某个按钮或者图标，当导航被隐藏的时候，可以通过点击或者滑动该按钮或图标到某个区域来激活侧边栏导航。

```
    <a class="btn btn-primary" data-bs-toggle="offcanvas" href="#offcanvasExample"
role="button" aria-controls="offcanvasExample">
      使用链接的href属性</a>
    <button class="btn btn-primary" type="button" data-bs-toggle="offcanvas"
data-bs-target="#offcanvasExample" aria-controls="offcanvasExample">
      按钮中使用 data-bs-target</button>
```

上面的导航按钮分析如下：

（1）data-bs-toggle="offcanvas"表明对侧边栏导航起作用。

（2）href=" "或data-bs-target="#offcanvasExample"是起关键作用的代码，其中#offcanvasExample就是容器的id。

（3）aria-controls="offcanvasExample"是设置键盘焦点的，可以不用设置。

11.1.2 侧边栏导航的方向

在创建侧边栏导航时，可以通过以下4个类来控制侧边栏的方向。

（1）.offcanvas-start：显示在左侧。

（2）.offcanvas-end：显示在右侧。

（3）.offcanvas-top：显示在顶部。

（4）.offcanvas-bottom：显示在底部。

实例 2：创建右边显示的侧边栏导航（案例文件：ch11\11.2.html）

```
    <a class="btn btn-primary" data-bs-toggle="offcanvas" href="#offcanvasExample"
role="button" aria-controls="offcanvasExample">
      使用链接的href属性</a>
    <button class="btn btn-primary" type="button" data-bs-toggle="offcanvas"
data-bs-target="#offcanvasExample" aria-controls="offcanvasExample">
      按钮中使用data-bs-target</button>
    <div class="offcanvas offcanvas-end" tabindex="-1" id="offcanvasExample"
aria-labelledby="offcanvasExampleLabel">
      <div class="offcanvas-header">
        <h5 class="offcanvas-title" id="offcanvasExampleLabel">家用电器</h5>
```

```
        <button type="button" class="btn-close text-reset" data-bs-dismiss="offcanvas"
aria-label="Close"></button>
      </div>
      <div class="offcanvas-body">
    <div>家电馆——开店设备一站购。</div>
        <div class="dropdown mt-3">
          <button class="btn btn-secondary dropdown-toggle" type="button"
id="dropdownMenuButton" data-bs-toggle="dropdown">电视机</button>
          <ul class="dropdown-menu" aria-labelledby="dropdownMenuButton">
            <li><a class="dropdown-item" href="#">全面屏电视</a></li>
            <li><a class="dropdown-item" href="#">教育电视</a></li>
            <li><a class="dropdown-item" href="#">OLED电视</a></li>
          </ul>
        </div>
      </div>
    </div>
```

程序运行结果如图11-2所示。

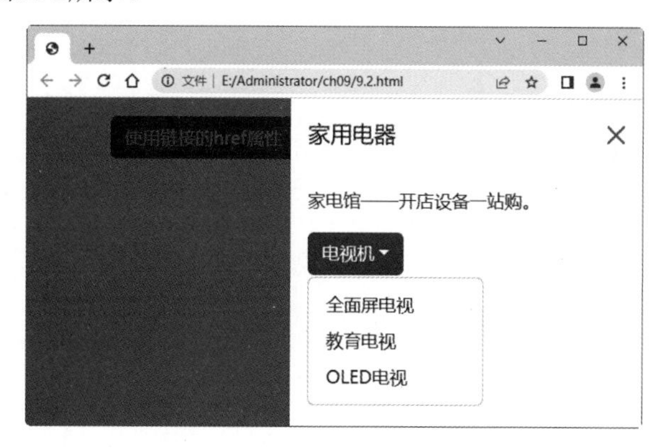

图 11-2　右侧显示的侧边栏导航

11.1.3　设置侧边栏导航背景样式

在Bootstrap 5中，用户可以在弹出侧边栏导航时设置<body>元素是否可以滚动，也可以设置是否显示一个背景画布。使用data-bs-scroll属性来设置<body>元素是否可以滚动，使用data-bs-backdrop来设置是否显示背景画布。

实例 3：设置背景及背景是否可滚动（案例文件：ch11\11.3.html）

```
    <button class="btn btn-primary" type="button" data-bs-toggle="offcanvas"
data-bs-target="#offcanvasScrolling" aria-controls="offcanvasScrolling">body 元素可以滚动无
背景</button>
    <button class="btn btn-primary" type="button" data-bs-toggle="offcanvas"
data-bs-target="#offcanvasWithBackdrop" aria-controls="offcanvasWithBackdrop">body 元素不
能滚动有背景</button>
    <button class="btn btn-primary" type="button" data-bs-toggle="offcanvas"
data-bs-target="#offcanvasWithBothOptions" aria-controls="offcanvasWithBothOptions">body
元素可以滚动有背景</button>
```

```
<div class="offcanvas offcanvas-start" data-bs-scroll="true" data-bs-backdrop="false"
tabindex="-1" id="offcanvasScrolling" aria-labelledby="offcanvasScrollingLabel">
    <div class="offcanvas-header">
      <h5 class="offcanvas-title" id="offcanvasScrollingLabel">正文内容可以滚动</h5>
      <button type="button" class="btn-close text-reset" data-bs-dismiss="offcanvas"
aria-label="Close"></button>
    </div>
    <div class="offcanvas-body">
      <p>滚动页面查看效果。</p>
    </div>
  </div>
  <div class="offcanvas offcanvas-start" tabindex="-1" id="offcanvasWithBackdrop"
aria-labelledby="offcanvasWithBackdropLabel">
    <div class="offcanvas-header">
      <h5 class="offcanvas-title" id="offcanvasWithBackdropLabel">使用背景画布</h5>
      <button type="button" class="btn-close text-reset" data-bs-dismiss="offcanvas"
aria-label="Close"></button>
    </div>
    <div class="offcanvas-body">
      <p>正文内容不可滚动</p>
    </div>
  </div>
  <div class="offcanvas offcanvas-start" data-bs-scroll="true" tabindex="-1"
id="offcanvasWithBothOptions" aria-labelledby="offcanvasWithBothOptionsLabel">
    <div class="offcanvas-header">
      <h5 class="offcanvas-title" id="offcanvasWithBothOptionsLabel">使用背景画布，正文内容
可滚动</h5>
      <button type="button" class="btn-close text-reset" data-bs-dismiss="offcanvas"
aria-label="Close"></button>
    </div>
    <div class="offcanvas-body">
      <p>滚动页面查看效果。</p>
    </div>
  </div>
  <div class="container-fluid mt-3">
    <h3>侧边栏滚动测试</h3>
    <p>侧边栏滚动测试内容 </p>
    <p>侧边栏滚动测试内容 </p>
    <p>侧边栏滚动测试内容 </p>
    <p>侧边栏滚动测试内容</p> <br /><br /><br /><br /><br />
    <p>侧边栏滚动测试内容</p>
    <p>侧边栏滚动测试内容</p>
    <p>侧边栏滚动测试内容</p>
    <p>侧边栏滚动测试内容</p> <br /><br /><br /><br /><br />
    <p>侧边栏滚动测试内容</p>
    <p>侧边栏滚动测试内容</p>
    <p>侧边栏滚动测试内容</p>
    <p>侧边栏滚动测试内容</p>
    <br /><br /><br /><br /><br />
    <p>侧边栏滚动测试内容</p>
    <p>侧边栏滚动测试内容</p>
```

```
  <p>侧边栏滚动测试内容</p>
  <p>侧边栏滚动测试内容</p><br /><br /><br /><br /><br />
</div>
```

程序运行结果如图11-3所示。

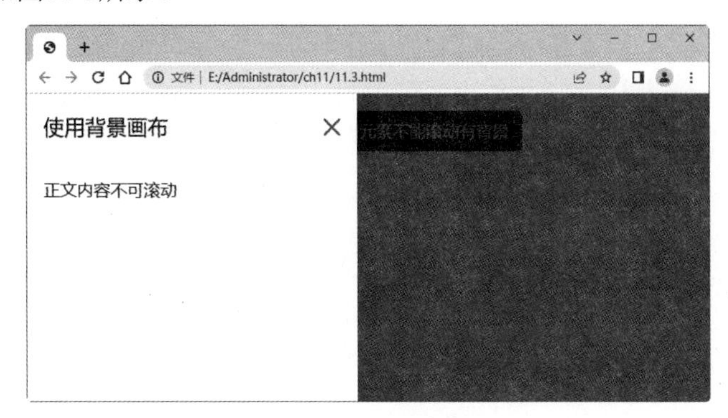

图 11-3　设置背景及背景是否可滚动

11.2　弹出框插件

弹出框插件依赖提示框插件，因此需要先加载提示框插件tooltip.js。另外，弹出框插件还需要popover.js文件的支持，因此还需要导入popover.js文件：

```
<script src="tooltip.js"></script>
<script src="popover.js"></script>
```

或者直接导入Bootstrap的集成包：

```
<script src="bootstrap-5.3.0/dist/js/bootstrap.bundle.min.js"></script>
```

11.2.1　创建弹出框

弹出框类似于提示框，它在单击按钮或链接后显示，与提示框不同的是它可以显示更多的内容。

使用data-bs-toggle="popover"属性对元素添加弹出框，使用title属性设置弹出框的标题内容，使用data-bs-content属性设置弹出框的内容。例如下面代码，定义一个超链接，添加data-bs-toggle="popover"属性，定义title和data-bs-content属性内容：

```
<a href="#" type="button" class="btn btn-primary"data-bs-toggle="popover" title="弹出框标题" data-bs-content="弹出框的内容">弹出框</a>
```

出于性能原因的考虑，Bootstrap中无法通过data属性激活弹出框插件，因此必须手动通过JavaScript脚本的方式进行调用。代码如下：

```
<script>
    var popoverTriggerList =
[].slice.call(document.querySelectorAll('[data-bs-toggle="popover"]'))
    var popoverList = popoverTriggerList.map(function (popoverTriggerEl) {
```

```
        return new bootstrap.Popover(popoverTriggerEl)
    })
    </script>
```

实例 4：创建弹出框（案例文件：ch11\11.4.html）

```
    <button type="button" class="btn btn-primary" data-bs-toggle="popover" title="戏问花门
酒家"
      data-bs-content="老人七十仍沽酒，千壶百瓮花门口。道傍榆荚仍似钱，摘来沽酒君肯否？">
      古诗欣赏
    </button>
    <script>
      var popoverTriggerList =
[].slice.call(document.querySelectorAll('[data-bs-toggle="popover"]'))
      var popoverList = popoverTriggerList.map(function (popoverTriggerEl) {
        return new bootstrap.Popover(popoverTriggerEl)
    })
    </script>
```

程序运行结果如图11-4所示。

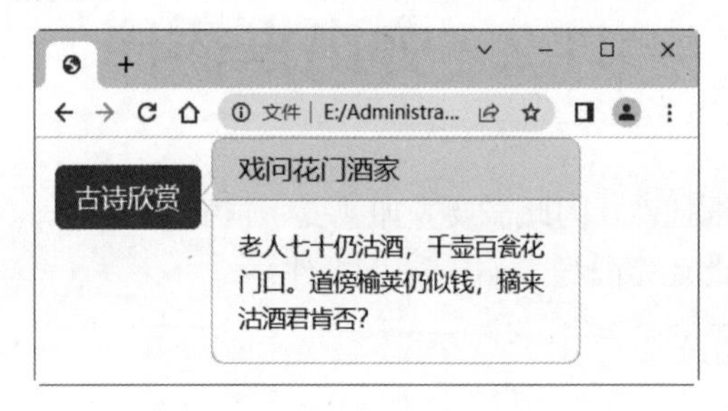

图 11-4 创建弹出框

11.2.2 弹出框方向

与提示框默认的显示位置不同，弹出框默认显示位置在目标对象的右侧。通过data-bs-placement属性可以设置提示信息的显示位置，取值包括top（顶部）、end（右侧）、bottom（底部）和start（左侧）4种。

在下面案例中，使用data-bs-placement属性为4个按钮设置不同的弹出框位置。

实例 5：设置弹出框的方向（案例文件：ch11\11.5.html）

```
    <h3 align="center">弹出框的4个方向</h2>
      <hr>
      <button type="button" class="btn btn-lg btn-danger ml-5" data-bs-toggle="popover"
        data-bs-placement="left" title="清明" data-bs-content="清明时节">向左</button>
      <button type="button" class="btn btn-lg btn-danger ml-5" data-bs-toggle="popover"
        data-bs-placement="right" title="清明" data-bs-content="清明时节">向右</button>
      <div class="mt-5 mb-5">
        <hr>
      </div>
      <button type="button" class="btn btn-lg btn-danger ml-5 " data-bs-toggle="popover"
```

```
    data-bs-placement="top" title="清明" data-bs-content="清明时节">向上</button>
    <button type="button" class="btn btn-lg btn-danger ml-5" data-bs-toggle="popover"
    data-bs-placement="bottom" title="清明" data-bs-content="清明时节">向下</button>
  <script>
   var popoverTriggerList =
[].slice.call(document.querySelectorAll('[data-bs-toggle="popover"]'))
   var popoverList = popoverTriggerList.map(function(popoverTriggerEl) {
     return new bootstrap.Popover(popoverTriggerEl)
  })
  </script>
```

程序运行结果如图11-5所示。

图 11-5　弹出框方向效果

在上面的示例中，使用公有的data-bs-toggle="popover"属性来触发所有弹出框。

11.2.3　关闭弹出框

默认情况下，显示弹出框后，再次单击指定元素后就会关闭弹出框。如果需要设置在单击元素的外部区域来关闭弹出框，那么可以设置属性data-bs-trigger="focus"，代码如下：

```
  <a href="#" title="取消弹出框" data-bs-toggle="popover" data-bs-trigger="focus"
data-bs-content="点击文档的其他地方关闭我">点我</a>
```

如果想实现在鼠标移动到元素上显示弹出框，鼠标离开后弹出框就消失的效果，可以设置属性data-bs-trigger="hover"，代码如下：

```
  <a href="#" title="标题" data-bs-toggle="popover" data-bs-trigger="hover"
data-bs-content="一些内容">鼠标移动到我这</a>
```

实例 6：关闭弹出框（案例文件：ch11\11.6.html）

```
  <div class="container mt-3">
     <h3>关闭弹出框</h3>
     <a href="#" title="戏问花门酒家" data-bs-toggle="popover" data-bs-trigger="focus"
data-bs-content="老人七十仍沽酒，千壶百瓮花门口。
  ">点我</a></div><br><br>
```

```
    <div class="container mt-3">
        <h3>关闭弹出框</h3>
        <a href="#" title="戏问花门酒家" data-bs-toggle="popover" data-bs-trigger="hover" 
data-bs-content="道傍榆荚仍似钱，摘来沽酒君肯否？">鼠标移动到我这</a>
    </div>
    <script>
        var popoverTriggerList = 
[].slice.call(document.querySelectorAll('[data-bs-toggle="popover"]'))
        var popoverList = popoverTriggerList.map(function (popoverTriggerEl) {
            return new bootstrap.Popover(popoverTriggerEl)
    })
    </script>
```

程序运行结果如图11-6所示。

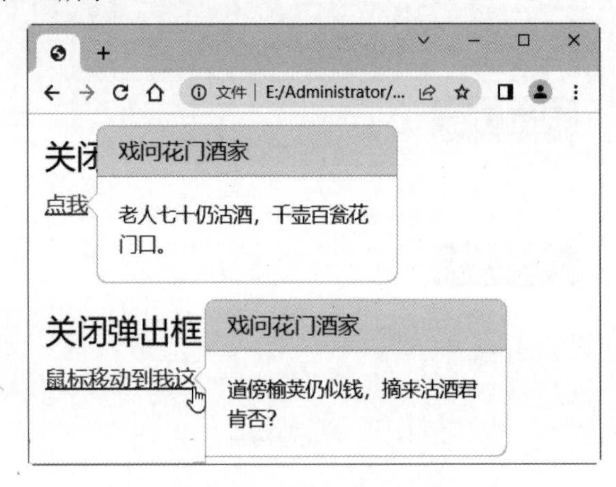

图 11-6　关闭弹出框效果

11.3　滚动监听插件

滚动监听（Scrollspy）插件能自动更新导航栏组件或列表组组件，并根据页面滚动的位置动态改变对应的目标。它能够根据滚动条位置定位到页面中的不同部分，并自动向导航栏或列表组中添加.active类以表示当前所处位置。在使用滚动监听插件之前，应在页面中导入scrollspy.js插件：

```
<script src="scrollspy.js"></script>
```

或者直接导入Bootstrap的集成包：

```
<script src="bootstrap-5.1.3-dist/js/bootstrap.bundle.min.js"></script>
```

11.3.1　创建滚动监听

滚动监听Scrollspy插件，即自动更新导航插件，会根据滚动条的位置自动更新对应的导航目标。

实例 7：使用滚动监听制作古诗词（案例文件：ch11\11.7.html）

```
<body data-bs-spy="scroll" data-bs-target=".navbar" data-bs-offset="40">
    <nav class="navbar navbar-expand-sm bg-primary navbar-dark fixed-top">
        <div class="container-fluid">
            <ul class="navbar-nav">
                <li class="nav-item">
                    <a class="nav-link" href="#section1">《望庐山瀑布》</a>
                </li>
                <li class="nav-item">
                    <a class="nav-link" href="#section2">《早发白帝城》</a>
                </li>
                <li class="nav-item">
                    <a class="nav-link" href="#section3">《春夜喜雨》</a>
                </li>
            </ul>
        </div>
    </nav>
    <div id="section1" class="container-fluid bg-success" style="padding:80px
20px;">
        <h1>《望庐山瀑布》</h1>
        <p>日照香炉生紫烟，遥看瀑布挂前川。</p>
        <p>飞流直下三千尺，疑是银河落九天。</p>
    </div>
    <div id="section2" class="container-fluid bg-warning" style="padding:80px
20px;">
        <h1>《早发白帝城》</h1>
        <p>朝辞白帝彩云间，千里江陵一日还。</p>
        <p>两岸猿声啼不住，轻舟已过万重山。</p>
    </div>
    <div id="section3" class="container-fluid bg-info" style="padding:80px 20px;">
        <h1>《春夜喜雨》</h1>
        <p>好雨知时节，当春乃发生。 随风潜入夜，润物细无声。</p>
        <p>野径云俱黑，江船火独明。 晓看红湿处，花重锦官城。</p>
    </div>
</body>
```

程序运行结果如图11-7所示。

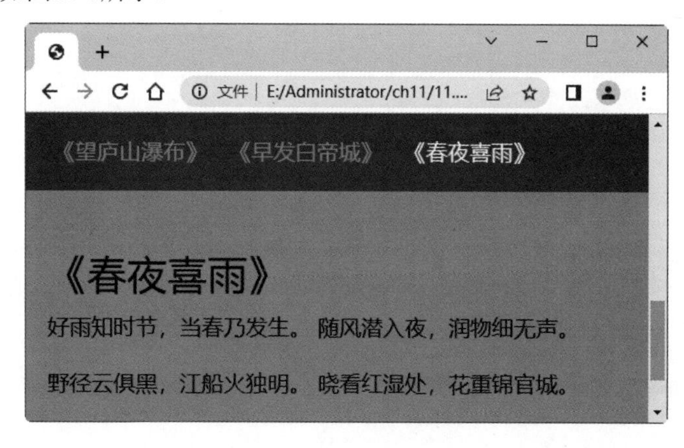

图 11-7　古诗显示页面

11.3.2 导航栏中的滚动监听

在导航栏中创建滚动监听，可以观看滚动导航栏下方区域活动列表的变化，选择的下拉菜单项也会被突出显示。

实例 8：导航栏中的滚动监听（案例文件：ch11\11.8.html）

01 设计导航栏。在导航栏中添加一个下拉菜单，分别为导航栏列表项和下拉菜单项目设计锚点链接，锚记分别为“#list1”“#list2”“#menu1”“#menu2”“#menu3”。同时为导航栏定义一个ID值（id=“navbar”），以方便控制滚动监听。具体代码如下：

```
<h3 align="center">在导航栏中的滚动监听</h3>
<nav id="navbar" class="navbar navbar-light bg-light fixed-top">
    <ul class="nav nav-pills">
        <li class="nav-item">
            <a class="nav-link" href="#list1">首页</a>
        </li>
        <li class="nav-item">
            <a class="nav-link" href="#list2">热门蔬菜</a>
        </li>
        <li class="nav-item dropdown">
            <a class="nav-link dropdown-toggle" data-bs-toggle="dropdown" href="#">热销
水果</a>
            <div class="dropdown-menu">
                <a class="dropdown-item" href="#menu1">精品葡萄</a>
                <a class="dropdown-item" href="#menu2">精品苹果</a>
                <a class="dropdown-item" href="#menu3">精品香蕉</a>
            </div>
        </li>
    </ul>
</nav>
```

02 设计监听对象。这里设计一个包含框（class="Scrollspy"），其中存放多个子容器。在内容框中，为每个标题设置锚点位置，即为每个<h4>标签定义ID值，对应的值分别为list1、list2、menu1、menu2、menu3。为监听对象设置被监听的Data属性（data-bs-spy="scroll"），指定监听的导航栏（data-bs-target="#navbar"），定义监听过程中滚动条的偏移位置（data-bs-offset="80"）。代码如下：

```
<div data-bs-spy="scroll" data-bs-target="#navbar" data-bs-offset="80"
class="Scrollspy">
    <h4 id="list1">惠丰商城</h4>
    <p><img src="1.jpg" alt="" class="img-fluid"></p>
    <h4 id="list2">热门蔬菜</h4>
    <p><img src="2.jpg" alt="" class="img-fluid"></p>
    <h4 id="menu1">精品葡萄</h4>
    <p><img src="3.jpg" alt="" class="img-fluid"></p>
    <h4 id="menu2">精品苹果</h4>
    <p><img src="4.jpg" alt="" class="img-fluid"></p>
    <h4 id="menu3">精品香蕉</h4>
```

```
    <p><img src="5.jpg" alt="" class="img-fluid"></p>
</div>
```

03 为监听对象<div class="Scrollspy">自定义样式，设计包含框为固定大小，并显示滚动条。代码如下：

```
<style>
  .scrollspy{
    width: 500px;      /*定义宽度*/
    height: 300px;     /*定义高度*/
    overflow: scroll; /*定义当内容溢出元素框时，浏览器显示滚动条以便查看其余的内容*/
    }
</style>
```

完成以上操作，运行程序，可以看到当滚动<div class="Scrollspy">容器的滚动条时，导航条会实时监听并更新当前被激活的菜单项，效果如图11-8所示。

图 11-8　导航栏中的滚动监听效果

11.3.3　垂直导航栏中的滚动监听

垂直导航栏中的滚动监听效果就像书的目录一样。下面制作垂直导航栏中的滚动监听示例，实现左侧是导航栏，右侧是监听对象。

实例 9：垂直导航栏中的滚动监听（案例文件：ch11\11.9.html）

01 设计布局。使用Bootstrap的网格系统进行设计，左侧占3份，右侧占9份：

```
<div class="row">
    <div class="col-3"></div>
    <div class="col-9"></div>
</div>
```

02 设计垂直导航栏，分别为嵌套的导航栏列表项添加锚点链接，同时为导航栏添加一个ID值（id="navbar1"）：

```
<h3 align="center">垂直导航栏中的滚动监听</h3>
<div class="row">
    <div class="col-3">
        <nav id="navbar1 " class="navbar navbar-light bg-light">
            <nav class="nav nav-pills flex-column">
                <a class="nav-link" href="#item-1">首页</a>
                <nav class="nav nav-pills flex-column">
                    <a class="nav-link ms-3 my-1" href="#item-1-1">精品香蕉</a>
                    <a class="nav-link ms-3 my-1" href="#item-1-2">精品苹果</a>
                </nav>
                <a class="nav-link" href="#item-2">最新活动</a>
                <a class="nav-link" href="#item-3">新品上架</a>
                <nav class="nav nav-pills flex-column">
                    <a class="nav-link ms-3 my-1" href="#item-3-1">精品蔬菜</a>
                    <a class="nav-link ms-3 my-1" href="#item-3-2">精品葡萄</a>
                </nav>
            </nav>
        </nav>
    </div>
    <div class="col-9">
        <div data-bs-spy="scroll" data-bs-target="#navbar1" data-bs-offset="80"
class="Scrollspy">
            <h4 id="item-1">首页</h4>
            <h5 id="item-1-1">精品香蕉</h5>
            <p><img src="5.jpg" alt="" class="img-fluid"></p>
            <h5 id="item-1-2">精品苹果</h5>
            <p><img src="4.jpg" alt="" class="img-fluid"></p>
            <h4 id="item-2">最新活动</h4>
             <h4 id="item-3">新品上架</h4>
            <p><img src="1.jpg" alt="" class="img-fluid"></p>
            <h5 id="item-3-1">精品蔬菜</h5>
            <p><img src="2.jpg" alt="" class="img-fluid"></p>
            <h5 id="item-3-2">精品葡萄</h5>
            <p><img src="3.jpg" alt="" class="img-fluid"></p>
        </div>
    </div>
</div>
```

03 为监听对象<div class="Scrollspy">自定义样式，设计包含框为固定大小，并显示滚动条：

```
<style>
  .Scrollspy{
  width: 500px;        /*定义宽度*/
  height: 600px;       /*定义高度*/
  overflow: scroll;  /*定义当内容溢出元素框时，浏览器显示滚动条以便查看其余的内容*/
  }
</style>
```

运行程序，可以看到当滚动<div class="Scrollspy">容器的滚动条时，导航条会实时监听并更新当前被激活的菜单项，效果如图11-9所示。

图 11-9　垂直导航栏监听效果

11.3.4　列表组中的滚动监听

列表组采用上面案例中的相同的布局，只是把垂直导航栏换成列表组。

实例 10：列表组中的滚动监听（案例文件：ch11\11.10.html）

这里为监听对象<div class="Scrollspy">自定义样式，设计包含框为固定大小，并显示滚动条：

```
<style>
  .Scrollspy{
   width: 500px;      /*定义宽度*/
   height: 500px;     /*定义高度*/
   overflow: scroll; /*定义当内容溢出包含框时，浏览器显示滚动条以便查看其余的内容*/
      }
</style>
<h3 align="center">列表组中的滚动监听</h3>
<div class="row">
    <div class="col-3">
        <div id="list" class="list-group">
            <a class="list-group-item list-group-item-action" href="#list-item-1">最新
活动</a>
            <a class="list-group-item list-group-item-action" href="#list-item-2">精品
蔬菜</a>
            <a class="list-group-item list-group-item-action" href="#list-item-3">精品
葡萄</a>
            <a class="list-group-item list-group-item-action" href="#list-item-4">精品
苹果</a>
            <a class="list-group-item list-group-item-action" href="#list-item-5">精品
香蕉</a>
        </div>
    </div>
    <div class="col-9">
        <div data-bs-spy="scroll" data-bs-target="#list" data-bs-offset="0"
class="Scrollspy">
```

```
        <h4 id="list-item-1">最新活动</h4>
        <p><img src="1.jpg " alt="" class="img-fluid"></p>
        <h4 id="list-item-2">精品蔬菜</h4>
        <p><img src="2.jpg " alt="" class="img-fluid"></p>
        <h4 id="list-item-3">精品葡萄</h4>
        <p><img src="3.jpg " alt="" class="img-fluid"></p>
        <h4 id="list-item-4">精品苹果</h4>
        <p><img src="4.jpg " alt="" class="img-fluid"></p>
        <h4 id="list-item-5">精品香蕉</h4>
        <p><img src="5.jpg " alt="" class="img-fluid"></p>
      </div>
    </div>
  </div>
```

运行程序，可以看到当滚动<div class="Scrollspy">容器的滚动条时，列表会实时监听并更新当前被激活的列表项，效果如图11-10所示。

图 11-10　列表滚动监听效果

11.4　标签页插件

标签页插件需要tab.js文件的支持，因此在使用该插件之前，应先导入tab.js文件：

```
<script src="tab.js"></script>
```

或者直接导入Bootstrap的集成包：

```
<script src="bootstrap-5.3.0/dist/js/bootstrap.bundle.min.js"></script>
```

在使用标签页插件之前，首先来了解一下标签页的HTML结构。

标签页分为两个部分：导航区域和内容区域。导航区域使用Bootstrap导航组件设计，在导航区域内，把每个超链接定义为锚点链接，锚点值指向对应的标签内容框的ID值。内容区域需要使用tab-content类定义外包含框，使用tab-pane类定义每个Tab内容框。

最后，在导航区域内为每个超链接定义data-bs-toggle="tab"，激活标签页插件。对于下拉菜单选项，也可以通过该属性激活它们对应的行为。

实例 11：定义标签页（案例文件：ch11\11.11.html）

```
    <ul class="nav nav-tabs">
        <li class="nav-item">
            <a class="nav-link active" data-bs-toggle="tab" href="#image1">首页</a>
        </li>
        <li class="nav-item">
            <a class="nav-link" data-bs-toggle="tab" href="#image2">精品蔬菜</a>
        </li>
        <li  class="dropdown nav-item">
            <a href="#" class="nav-link dropdown-toggle" data-bs-toggle="dropdown">精品水果
</a>
            <ul class="dropdown-menu">
               <li class="nav-item">
                  <a class="nav-link" data-bs-toggle="tab" href="#image3">葡萄</a>
                </li>
                <li class="nav-item">
                  <a class="nav-link" data-bs-toggle="tab" href="#image4">苹果</a>
                </li>
            </ul>
        </li>
        <li class="nav-item">
            <a class="nav-link" data-bs-toggle="tab" href="#image5">热销水果</a>
        </li>
    </ul>
    <div class="tab-content">
        <div class="tab-pane fade show active" id="image1"><img src="1.jpg" alt=""
class="img-fluid"></div>
        <div class="tab-pane fade" id="image2"><img src="2.jpg" alt=""
class="img-fluid"></div>
        <div class="tab-pane fade" id="image3"><img src="3.jpg" alt=""
class="img-fluid"></div>
        <div class="tab-pane fade" id="image4"><img src="4.jpg" alt=""
class="img-fluid"></div>
        <div class="tab-pane fade" id="image5"><img src="5.jpg" alt=""
class="img-fluid"></div>
    </div>
```

程序运行结果如图11-11所示。

图 11-11　标签页效果

11.5 吐司消息插件

吐司（Toasts）是一种轻量级通知，旨在模仿移动和桌面操作系统中常见的推送通知。它们是用flexbox构建的，所以它们很容易对齐和定位。

吐司消息插件需要toast.js文件的支持，因此在使用该插件之前，应先导入toast.js文件：

```
<script src="toast.js"></script>
```

或者直接导入Bootstrap的集成包：

```
<script src="bootstrap-5.3.0/dist/js/bootstrap.bundle.min.js"></script>
```

11.5.1 创建吐司消息

使用data-bs-dismiss="toast"属性为元素添加吐司消息。出于性能方面的考虑，Bootstrap不支持通过data属性激活吐司消息插件，因此必须手动通过JavaScript脚本方式调用：

```
document.querySelector("#liveToastBtn").onclick = function(){
  new bootstrap.Toast(document.querySelector('.toast')).show();
}
```

实例 12：创建吐司消息（案例文件：ch11\11.12.html）

```
<div><br>
    <button type="button" class="btn btn-primary" id="liveToastBtn">吐司消息</button>
    <div class="position-fixed bottom-0 end-0 p-3" style="z-index: 5">
      <div id="liveToast" class="toast hide" data-bs-animation="false" role="alert"
aria-live="assertive" aria-atomic="true">
        <div class="toast-header">
        <strong class="me-auto">吐司消息提示</strong>
        <small>5秒之前</small>
        <button type="button" class="btn-close" data-bs-dismiss="toast"
aria-label="Close"></button>
        </div>
        <div class="toast-body"> 您有一条新短消息！</div></div>
    </div>
  </div>
<script>
  document.querySelector("#liveToastBtn").onclick = function() {
   new bootstrap.Toast(document.querySelector('.toast')).show();
  }
</script>
```

程序运行结果如图11-12所示。

图 11-12　吐司消息效果

11.5.2　堆叠吐司消息

可以通过将吐司消息包装在toast-container容器中来堆叠它们，这将会在每条消息间的垂直方向上增加一些间距。

实例 13：堆叠吐司消息（案例文件：ch11\11.13.html）

```
    <div> <br>
        <button type="button" class="btn btn-primary" id="liveToastBtn1">吐司消息1</button>
        <button type="button" class="btn btn-primary" id="liveToastBtn2">吐司消息2</button>
        <div class="toast-container">
          <div class="toast" id="toast1" role="alert" aria-live="assertive"
aria-atomic="true">
          <div class="toast-header">
          <strong class="me-auto">吐司消息</strong>
          <small class="text-muted">刚刚发送</small>
          <button type="button" class="btn-close" data-bs-dismiss="toast"
aria-label="Close"></button>
          </div>
          <div class="toast-body">第一条消息</div>
         </div>
         <div class="toast"  id="toast2" role="alert" aria-live="assertive"
aria-atomic="true">
         <div class="toast-header">
         <strong class="me-auto">吐司消息</strong>
         <small class="text-muted">3分钟前</small>
         <button type="button" class="btn-close" data-bs-dismiss="toast"
aria-label="Close"></button>
         </div>
         <div class="toast-body">第二条消息</div>
        </div>
        </div>
    </div>
    <script>
        document.querySelector("#liveToastBtn1").onclick = function() {
           new bootstrap.Toast(document.querySelector('#toast1')).show();
        }
        document.querySelector("#liveToastBtn2").onclick = function() {
```

```
        new bootstrap.Toast(document.querySelector('#toast2')).show();
    }
</script>
```

程序运行结果如图11-13所示。

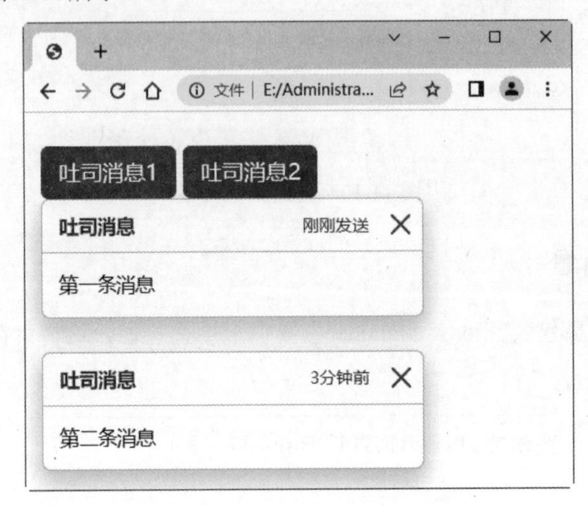

图 11-13　堆叠吐司消息效果

11.5.3　自定义吐司消息

通过移除子元件、调整通用类或是增加标记，可以自定义吐司消息。

实例 14：自定义吐司消息（案例文件：ch11\11.14.html）

```
<div> <br><br>
    <button type="button" class="btn btn-primary" id="liveToastBtn">吐司消息</button>
    <div class="toast" role="alert" aria-live="assertive" aria-atomic="true">
        <div class="toast-body">
        月落乌啼霜满天，江枫渔火对愁眠。
        <div class="mt-2 pt-2 border-top">
        <button type="button" class="btn btn-primary btn-sm">更多古诗欣赏</button>
        <button type="button" class="btn btn-secondary btn-sm" data-bs-dismiss="toast">
关闭</button>
        </div>
        </div>
      </div>
</div>
<script>
    document.querySelector("#liveToastBtn").onclick = function() {
      new bootstrap.Toast(document.querySelector('.toast')).show();
    }
</script>
```

程序运行结果如图11-14所示。

图 11-14　自定义吐司消息效果

11.5.4　设置吐司消息的颜色

通过颜色通用类可以设置不同的吐司消息颜色。先将.bg-danger与.text-white添加到.toast，再把.text-white添加到关闭按钮上。为了让边缘显示清晰，可以设置border-0移除预设的边框。

实例 15：设置吐司消息的颜色（案例文件：ch11\11.15.html）

```
    <div> <br>
       <button type="button" class="btn btn-primary" id="liveToastBtn">显示吐司消息</button>
       <div class="toast align-items-center text-white bg-danger border-0" role="alert"
aria-live="assertive" aria-atomic="true">
          <div class="d-flex">
          <div class="toast-body">
          这里是红色背景的
          </div>
          <button type="button" class="btn-close btn-close-white me-2 m-auto"
data-bs-dismiss="toast" aria-label="Close"></button>
          </div>
    <script>
       document.querySelector("#liveToastBtn").onclick = function() {
        new bootstrap.Toast(document.querySelector('.toast')).show();
       }
    </script>
```

程序运行结果如图11-15所示。

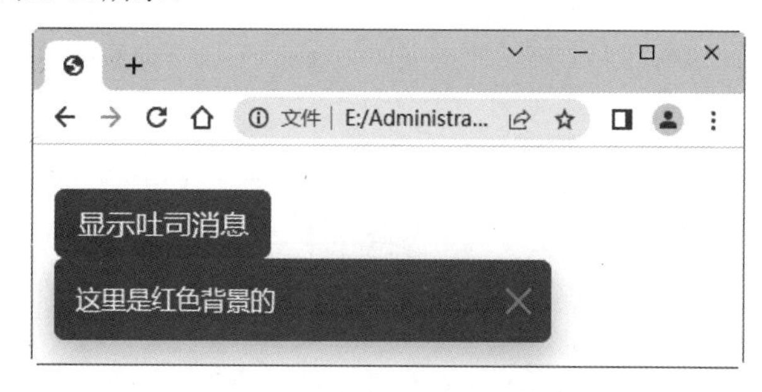

图 11-15　设置吐司消息的颜色

11.6 提示框插件

在Bootstrap 5中，提示框插件需要tooltip.js文件的支持，因此在使用之前，应该导入tooltip.js。提示框插件还依赖第三方popper.js插件，因此在使用提示框时应确保引入了popper.js文件：

```
<script src="popper.js"></script>
<script src="tooltip.js"></script>
```

或者直接导入Bootstrap的集成包：

```
<script src="bootstrap-5.3.0/dist/js/bootstrap.bundle.min.js"></script>
```

11.6.1 创建提示框

提示框是一个小小的弹出框，在鼠标移动到元素上时显示，移到元素外时消失。使用data-bs-toggle="tooltip"属性对元素添加提示框，提示的内容使用title属性设置。例如下面代码，定义一个超链接，添加data-bs-toggle="tooltip"属性，并定义title内容：

```
<a href="#" type="button" class="btn btn-primary" data-bs-toggle="tooltip" title="将
跳转到注册页面">注册</a>
```

出于性能原因的考虑，Bootstrap不支持提示框插件通过data属性激活，因此必须手动通过JavaScript脚本方式调用：

```
var tooltipTriggerList =
[].slice.call(document.querySelectorAll('[data-bs-toggle="tooltip"]'))
var tooltipList = tooltipTriggerList.map(function (tooltipTriggerEl) {
  return new bootstrap.Tooltip(tooltipTriggerEl)
})
```

程序运行效果如图11-16所示。

图 11-16 提示框效果

对于禁用的按钮元素，是不能交互的，即无法通过悬浮或单击来触发提示框，可以为禁用元素包裹一个容器，在该容器上触发提示框。

在下面代码中，为禁用按钮包裹一个<span>标签，在它上面添加提示框：

```
<span data-bs-toggle="tooltip" title="禁用的按钮">
    <button class="btn btn-primary" type="button" disabled>禁用按钮</button>
</span>
```

程序运行效果如图11-17所示。

图 11-17 禁用按钮设置提示框效果

11.6.2　提示框方向

使用data-bs-placement=""属性设置提示框的显示方向，可选值有4个：start、end、top和bottom，分别表示向左、向右、向上和向下。

下面定义4个按钮，使用data-bs-placement属性为每个提示框设置不同的显示位置。

实例 16：设置提示框的显示位置（案例文件：ch11\11.16.html）

```
    <body class="container">
    <h2 align="center">设置提示框的显示位置</h2>
    <button type="button" class="btn btn-lg btn-danger ml-5" data-bs-toggle="tooltip"
data-bs-placement="left" data-bs-trigger="click" title="提示框信息">向左</button>
    <button type="button" class="btn btn-lg btn-danger ml-5" data-bs-toggle="tooltip"
data-bs-placement="right" data-bs-trigger="click" title="提示框信息">向右</button>
    <div class="mt-5 mb-5"><hr></div>
    <button type="button" class="btn btn-lg btn-danger ml-5 " data-bs-toggle="tooltip"
data-bs-placement="top" data-bs-trigger="click" title="提示框信息">向上</button>
    <button type="button" class="btn btn-lg btn-danger ml-5" data-bs-toggle="tooltip"
data-bs-placement="bottom" data-bs-trigger="click" title="提示框信息">向下</button>
    </body>
    <script>
       var tooltipTriggerList =
[].slice.call(document.querySelectorAll('[data-bs-toggle="tooltip"]'))
       var tooltipList = tooltipTriggerList.map(function (tooltipTriggerEl) {
          return new bootstrap.Tooltip(tooltipTriggerEl)
       })
    </script>
```

程序运行结果如图11-18所示。

图 11-18　提示框的显示位置

11.6.3　调用提示框

使用JavaScript脚本触发提示框：

```
$('#example').tooltip(options);
```

$('#example')表示匹配的页面元素；options是一个参数对象，可以设置提示框的相关配置参数，说明如表11-1所示。

表 11-1 tooltip()的配置参数

名 称	类 型	默 认 值	说 明
animation	boolean	true	提示工具是否应用 CSS 淡入淡出过渡特效
container	string|element|false	false	将提示工具附加到特定元素上，例如“<body>”
delay	number|object	0	设置提示工具显示和隐藏的延迟时间，不适用于手动触发类型；如果只提供了一个数字，则表示显示和隐藏的延迟时间。语法结构如下： `delay:{show:1000,hide:500}`
html	boolean	false	是否插入 HTML 字符串。如果设置为 true，则提示框标题中的 HTML 标记将在提示框中呈现；如果设置为 false，则使用 jQuery 的 text()方法插入内容，就不用担心 XSS 攻击
placement	string|function	top	设置提示框的位置，包括 auto|top|bottom|left|right。当设置为 auto 时，它将动态地重新定位提示框
selector	string	false	设置一个选择器字符串，针对选择器匹配的目标进行显示
title	string|element|function	无	如果 title 属性不存在，则需要显示提示文本
trigger	string	click	设置提示框的触发方式，包括单击（click）、鼠标经过（hover）、获取焦点（focus）或者手动（manual）。可以指定多种方式，多种方式之间通过空格进行分隔
offset	number|string	0	提示框内容相对于提示框的偏移量

可以通过data属性或JavaScript脚本传递参数。对于data属性，将参数名附着到data-bs-后面即可，例如data-bs-container=""。也可以针对单个提示框指定单独的data属性。

下面通过JavaScript设置提示框的参数，让提示信息以HTML文本格式显示一幅图片，同时延迟1秒钟显示，推迟1秒钟隐藏，通过click（单击）触发弹出框，偏移量设置为100px，支持HTML字符串，应用CSS淡入淡出过渡特效。

实例 17：在提示框中显示图片（案例文件：ch11\11.17.html）

```
    <h3 align="center">在提示框中显示图片</h3>
    <button type="button" class="btn btn-lg btn-danger ml-5" data-bs-toggle="tooltip">提
示框</button>
    <script>
       $(function () {
          $('[data-bs-toggle="tooltip"]').tooltip({
             animation:true,                          //应用CSS淡入淡出过渡特效
             html:true,                               //支持HTML字符串
             offset:"100px",                          //设置偏移位置
             title:"<img src='2.jpg' width='300' class='img-fluid'>",     //提示内容
             placement:"right",                       //显示位置
             trigger:"click",                         //鼠标单击时触发
             delay:{show:1000,hide:1000}              //显示和延迟的时间
          });
       })
    </script>
```

程序运行结果如图11-19所示。

图 11-19　JavaScript 传递参数设置效果

11.7　实战案例——设计侧边栏导航

本案例使用Bootstrap侧边栏导航插件设计一个侧边栏导航，侧边栏导航包含一个关闭按钮、一个企业logo和菜单栏。关闭按钮使用awesome字体库中的字体图标进行设计，企业logo和名称包含在<h3>标签中。效果如图11-20所示。

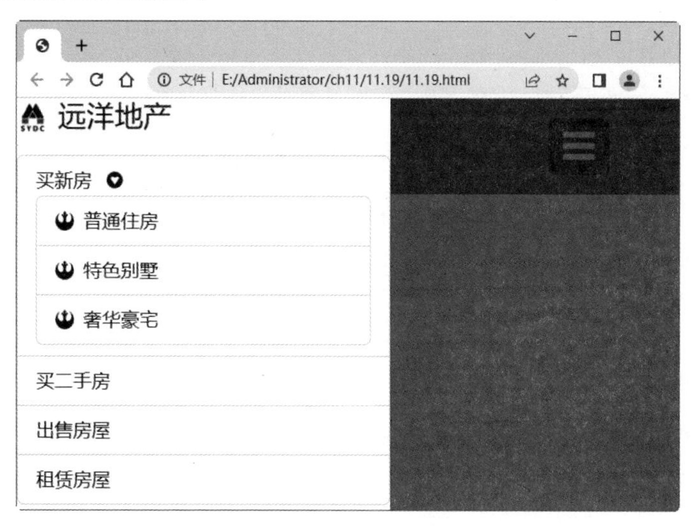

图 11-20　侧边栏导航

具体实现步骤如下：

01 设计侧边栏导航顶部导航条，代码如下：

```
    <div class="main">
    <div class="head fixed-top">
        <div class="mx-5 row py-3 ">
            <div class="col-4">
                <a class="btn btn-primary" data-bs-toggle="offcanvas"
href="#offcanvasExample" role="button" aria-controls="offcanvasExample"><i
```

```
                class="fa fa-bars fa-2x"></i></a>
            </div>
            <div class="col-4 text-center d-none d-sm-block">
                <a class="btn btn-primary" href="" role="button" aria-controls=
"offcanvasExample"><i class="fa fa-television fa-2x"></i></a>
            </div>
            <div class="col-4 text-end">
                <a a href="#myModal" class="btn btn-primary" data-bs-toggle="modal"><i
class="fa fa-bars fa-2x"></i></a>
            </div>
        </div>
    </div>
```

02 设计侧边栏导航内容，代码如下：

```
    <!--侧边栏-->
    <div class="offcanvas offcanvas-start" tabindex="-1" id="offcanvasExample"
aria-labelledby="offcanvasExampleLabel">
        <h3 class="mb-0 pb-3  pl-4"><img src="images/logo.jpg" alt="" class="img-fluid me-2"
width="35">远洋地产</h3>
```

03 设计侧边栏导航折叠面板内容，代码如下：

```
     <ul class="list-group">
          <!--折叠面板-->
           <li class="list-group-item" data-bs-toggle="collapse" href="#collapse">
                  买新房 <i class="fa fa-gratipay ms-2"></i>
               <div class="collapse border-bottom border-top border-white" id="collapse">
                   <ul class="list-group">
                       <li class="list-group-item"><i class="fa fa-rebel me-2"></i>普通住房
</li>
                       <li class="list-group-item"><i class="fa fa-rebel me-2"></i>特色别墅
</li>
                       <li class="list-group-item"><i class="fa fa-rebel me-2"></i>奢华豪宅
</li>
                   </ul>
               </div>
           </li>
           <li class="list-group-item">买二手房</li>
           <li class="list-group-item">出售房屋</li>
           <li class="list-group-item">租赁房屋</li>
       </ul>
    </div>
```

04 设计网页显示样式。样式主要使用CSS 3来设计，部分代码如下：

```
    .sidebar{
       width:200px;                          /* 定义宽度*/
       background: #00aa88;                  /* 定义背景颜色*/
       position: fixed;                      /* 定义固定定位*/
       left: -200px;                         /* 距离左侧为-200px*/
       top:0;                                /* 距离顶部为0px*/
       z-index: 100;                         /* 定义堆叠顺序*/
```

```
}
.sidebar-header{
   background: #066754;                    /* 定义背景颜色*/
}
.sidebar ul li{
  border: 0;                               /* 定义边框为0*/
   background: #00aa88;                    /* 定义背景颜色*/
}
.sidebar ul li:hover{
   background:#066754;                     /* 定义背景颜色*/
}
.sidebar h3{
   background: #066754;                    /* 定义背景颜色*/
   border-bottom: 2px solid white;         /* 定义底边框为2px、实线、白色边框*/
}
```

第 12 章

Bootstrap 表单的应用

在网页中，表单的作用比较重要，主要负责采集浏览者的相关数据。常见的表单有登录表、调查表和留言表等。表单包括表单域、输入框、下拉列表、单选按钮、复选框等控件，每个表单控件在交互中所起到的作用各不相同。本章就来介绍Bootstrap表单的应用。

12.1 Bootstrap 创建表单

Bootstrap通过一些简单的HTML标签和扩展的类来创建不同样式的表单。

12.1.1 定义表单控件

表单控件（例如<input>、<select>、<textarea>）统一采用.form-control类样式进行处理优化，包括常规外观、focus选中状态、尺寸大小等。表单一般都放在表单组（form-group）中，表单组也是Bootstrap为表单控件设置的类，默认设置1rem的底外边距。

实例 1：使用表单控件（案例文件：ch12\12.1.html）

```
    <h2 align="center">使用表单控件</h2>
    <form>
        <div class="form-group">
            <label for="formGroup1">账户名称</label>
            <input type="text" class="form-control" id="formGroup1" placeholder="Name">
        </div>
        <div class="form-group">
            <label for="formGroup2">账户密码</label>
            <input type="password" class="form-control" id="formGroup2"
placeholder="Password">
        </div>
        <div class="mb-3 mt-3">
          <label for="comment">请输入评论：</label>
          <textarea class="form-control" rows="3" id="comment" name="text"></textarea>
        </div>
```

```
    <button type="submit" class="btn btn-primary">提交</button>
</form>
```

程序运行结果如图12-1所示。

图 12-1　表单控件效果

12.1.2　设置表单控件的大小

Bootstrap 5中定义了.form-control-lg（大号）和.form-control-sm（小号）类来设置表单控件的大小。

实例 2：设置表单控件的大小（案例文件：ch12\12.2.html）

```
<h2 align="center">设置表单控件的大小</h2>
<form>
    <input class="form-control form-control-lg" type="text" placeholder="大尺寸
(form-control-lg) "><br/>
    <input class="form-control" type="text" placeholder="默认大小"><br/>
    <input class="form-control form-control-sm" type="text" placeholder="小尺寸
(form-control-sm) ">
</form>
```

程序运行结果如图12-2所示。

图 12-2　表单控件的大小效果

12.1.3　设置表单控件只读

在表单控件上添加readonly属性，使表单只能阅读，无法修改，但保留了鼠标效果。

实例 3：设置表单控件只读（案例文件：ch12\12.3.html）

```
<h2 align="center">设置表单控件只读</h2>
<form>
    <input class="form-control" type="text" placeholder="只读表单" readonly>
</form>
```

程序运行结果如图12-3所示。

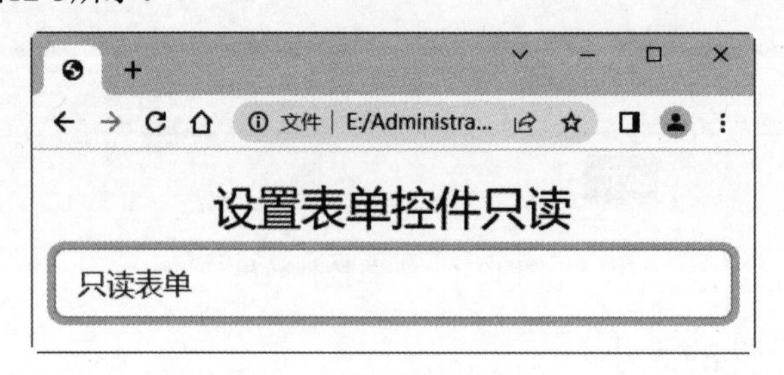

图 12-3　表单控件只读效果

12.1.4　设置只读纯文本

如果希望将表单中的<input readonly>元素样式化为纯文本，可以使用.form-control-plain-text类删除默认的表单字段样式。

实例 4：设置只读纯文本（案例文件：ch12\12.4.html）

```
<h2 align="center">设置只读纯文本</h2>
<form>
    <div class="form-group row">
        <label for="formGroup1">账户名称</label>
        <div class="col-sm-10">
            <input type="text" readonly class="form-control-plaintext" value="张晓明">
        </div>
    </div>
    <div class="form-group row">
        <label for="password" class="col-sm-2 col-form-label">密码</label>
        <div class="col-sm-10">
            <input type="password" class="form-control" id="password" 
placeholder="Password">
        </div>
    </div>
</form>
```

程序运行结果如图12-4所示。

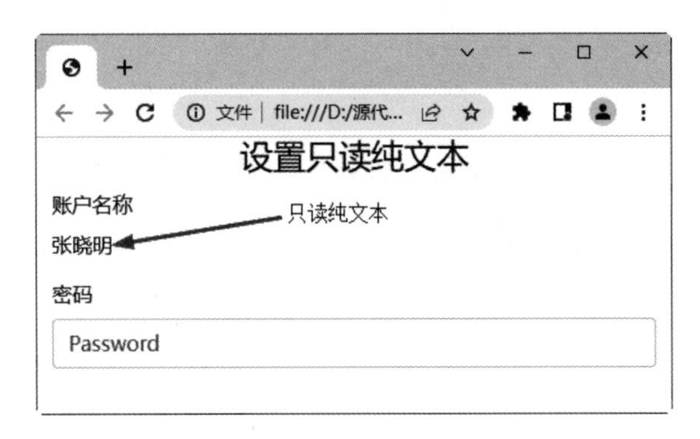

图 12-4　只读纯文本效果

12.1.5　范围输入

使用.form-range类设置水平滚动范围输入。

实例 5：范围输入（案例文件：ch12\12.5.html）

```
<h3 align="center">范围输入</h3>
<form>
   <input type="range" class="form-range">
</form>
```

程序运行结果如图12-5所示。

图 12-5　范围输入效果

提示　范围输入的步长可以通过step属性来设置，默认情况下范围输入的步长为1。最小值和最大值可以分别通过min（最小）和max（最大）属性来设置，默认的最小值为0，最大值为100。例如，以下代码设置步长为2，最小值为10，最大值为80:

```
<input type="range" class="form-range" step="10" min="20" max="80">
```

12.2　复选框和单选按钮

复选框用于在列表中选择一个或多个选项，单选按钮用于在列表中选择一个选项。使用.form-check类可以格式化复选框和单选按钮，用以改进它们的默认布局和动作呈现。使用disabled类可以设置复选框和单选按钮的禁用状态。

12.2.1　默认堆叠方式

下面通过案例来学习复选框和单选按钮的默认堆叠方式。

实例 6：默认堆叠方式（案例文件：ch12\12.6.html）

```
<h2 align="center">复选框和单选按钮——默认堆叠方式</h2>
<h5>请选择您感兴趣的专业：</h5>
<form>
    <p>只能选择一种专业：</p>
    <div class="form-check">
        <input class="form-check-input" type="radio">
        <label class="form-check-label">
            生物工程
        </label>
    </div>
    <div class="form-check">
        <input class="form-check-input" type="radio">
        <label class="form-check-label">
            人工智能
        </label>
    </div>
    <div class="form-check">
        <input class="form-check-input" type="radio">
        <label class="form-check-label">
            动物医学
        </label>
    </div>
</form>
<form>
    <p class="mt-4">可以多选的专业：</p>
    <div class="form-check">
        <input class="form-check-input" type="checkbox">
        <label class="form-check-label">
            摄影
        </label>
    </div>
    <div class="form-check">
        <input class="form-check-input" type="checkbox">
        <label class="form-check-label">
            会计
        </label>
    </div>
    <div class="form-check">
        <input class="form-check-input" type="checkbox">
        <label class="form-check-label">
            舞蹈
        </label>
    </div>
</form>
```

程序运行结果如图12-6所示。

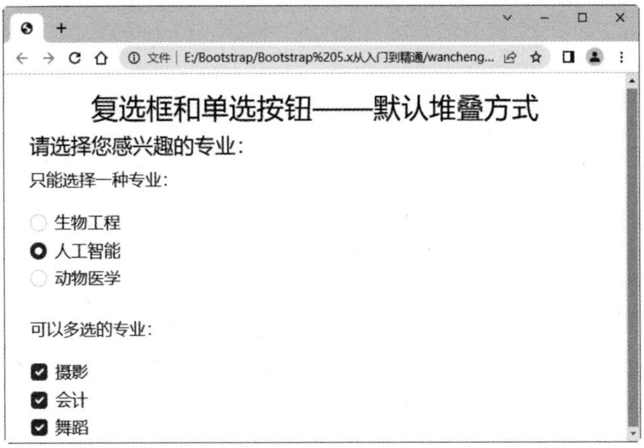

图 12-6　默认堆叠效果

12.2.2　水平排列方式

为每一个.form-check类容器都添加.form-check-inline类，可以设置其水平排列方式。

实例 7：水平排列方式（案例文件：ch12\12.7.html）

```
<h3 align="center">水平排列方式</h3>
<h5>请选择您感兴趣的专业：</h5>
<form>
    <p>只能选择一种专业：</p>
    <div class="form-check form-check-inline">
        <input class="form-check-input" type="radio">
        <label class="form-check-label">
            生物工程
        </label>
    </div>
    <div class="form-check form-check-inline">
        <input class="form-check-input" type="radio">
        <label class="form-check-label">
            人工智能
        </label>
    </div>
    <div class="form-check form-check-inline">
        <input class="form-check-input" type="radio">
        <label class="form-check-label">
            动物医学
        </label>
    </div>
</form>
<form>
    <p class="mt-4">可以多选的专业：</p>
    <div class="form-check form-check-inline">
        <input class="form-check-input" type="checkbox">
```

```
        <label class="form-check-label">
            摄影
        </label>
    </div>
    <div class="form-check form-check-inline">
        <input class="form-check-input" type="checkbox">
        <label class="form-check-label">
            会计
        </label>
    </div>
    <div class="form-check form-check-inline">
        <input class="form-check-input" type="checkbox">
        <label class="form-check-label">
            舞蹈
        </label>
    </div>
</form>
```

程序运行结果如图12-7所示。

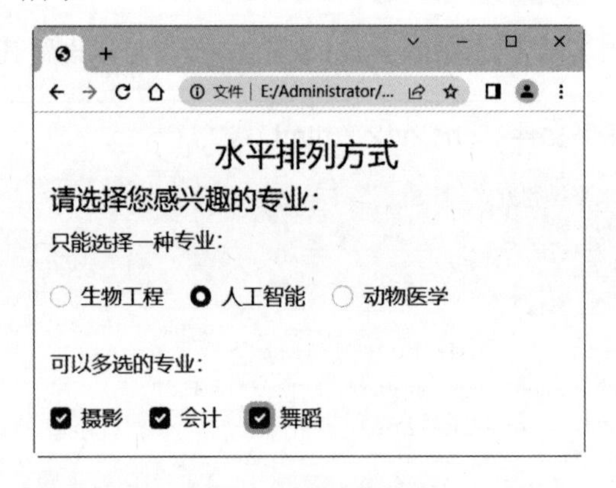

图 12-7　水平排列效果

12.2.3　开关形式的复选框

如果想把复选框变成一个可切换的开关，可以在.form-check容器内使用.form-switch类。

实例 8：制作开关形式复选框（案例文件：ch12\12.8.html）

```
<h2>开关形式复选框</h2>
<p>请选择当前学生是否在校:</p>
<form action="">
    <div class="form-check form-switch">
        <input class="form-check-input" type="checkbox" id="mySwitch" name="darkmode"
value="yes" checked>
        <label class="form-check-label" for="mySwitch">在校</label>
    </div>
    <button type="submit" class="btn btn-primary mt-3">提交</button>
</form>
```

程序运行结果如图12-8所示。

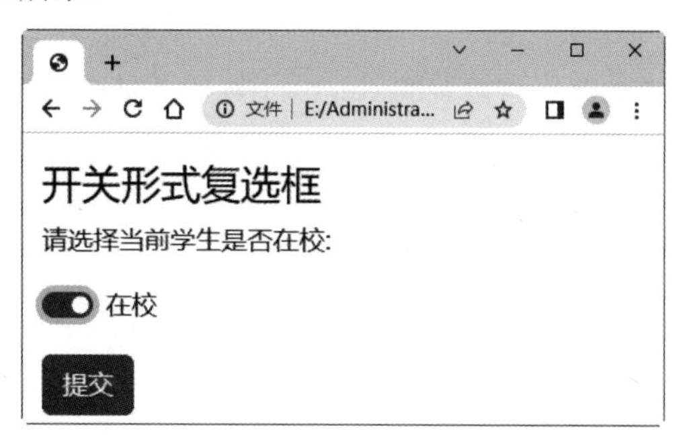

图 12-8　开关形式的复选框

12.3　设计表单的布局

自从Bootstrap在input控件上使用display: block和width: 100%后，表单默认都是基于垂直堆叠排列的，可以使用Bootstrap中的其他样式类来改变表单的布局。

12.3.1　使用网格系统布局表单

对于需要多个列、不同宽度和附加对齐选项的表单布局，可以使用网格系统来设置表单的布局。

实例 9：用网格系统来设置表单的布局（案例文件：ch12\12.9.html）

```
<h2 align="center">表单网格</h2>
<form>
    <div class="row">
        <div class="col">
            <input type="text" class="form-control" placeholder="姓名">
        </div>
        <div class="col">
            <input type="password" class="form-control" placeholder="密码">
        </div>
    </div>
</form>
```

程序运行结果如图12-9所示。

图 12-9　表单网格效果

12.3.2 设置列的宽度布局表单

网格系统允许在.row类中放置任意数量的.col-*类，例如可以选择一个特定的列类（如.col-4类），来占用或多或少的空间，而其余的.col-*类平分剩余的空间。

实例 10：设置列的宽度（案例文件：ch12\12.10.html）

```
<h3 align="center">设置列的宽度</h3>
<form>
    <div class="row">
        <div class="col-4">
            <input type="text" class="form-control" placeholder="姓名">
        </div>
        <div class="col">
            <input type="text" class="form-control" placeholder="部门">
        </div>
        <div class="col">
            <input type="text" class="form-control" placeholder="职位">
        </div>
        <div class="col">
            <input type="text" class="form-control" placeholder="薪资">
        </div>
    </div>
</form>
```

程序运行结果如图12-10所示。

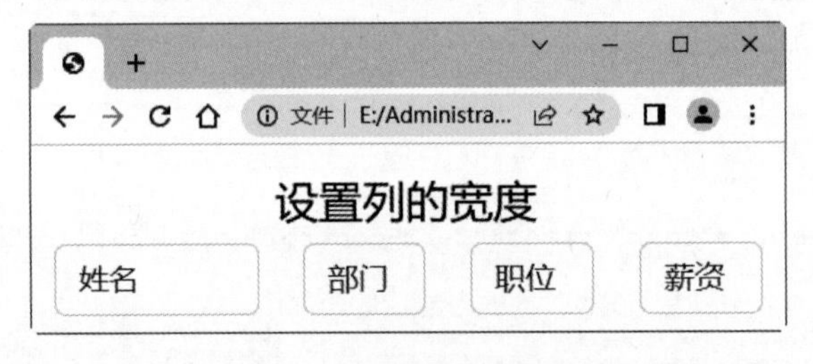

图 12-10 设置列的宽度效果

12.4 下 拉 列 表

下拉列表是网页中常见的表单形式之一，可以说常见的网页中都有它的影子。一个设计新颖、美观的下拉列表，会为网页增色不少。

12.4.1 单选和多选下拉列表

在Bootstrap 5中，下拉列表<select>元素可以使用.form-select类来渲染。

实例 11：设置单选和多选下拉列表（案例文件：ch12\12.11.html）

```
<h2>使用.form-select类渲染下拉列表</h2>
<form action="">
    <label for="sel1" class="form-label">单选下拉列表：</label>
    <select class="form-select" id="sel1" name="sellist1">
      <option>香蕉</option>
      <option>苹果</option>
      <option>西瓜</option>
      <option>橘子</option>
    </select><br> <br> <br> <br>
        <label for="sel2" class="form-label">多选下拉列表：</label>
    <select multiple class="form-select" id="sel2" name="sellist2">
      <option>香蕉</option>
      <option>苹果</option>
      <option>西瓜</option>
      <option>橘子</option>
    </select>
    <button type="submit" class="btn btn-primary mt-3">提交</button>
</form>
```

程序运行效果如图12-11所示。

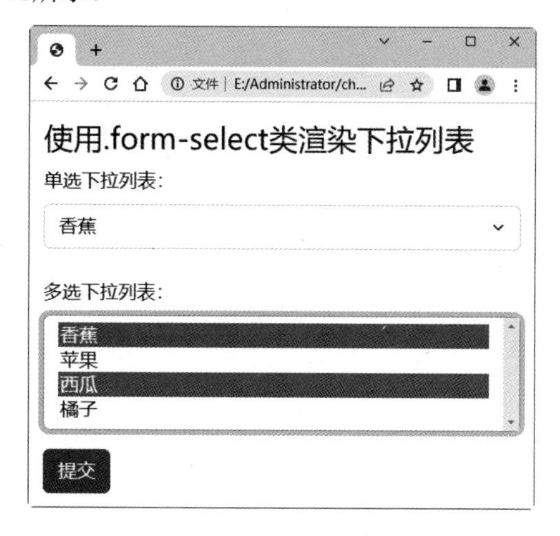

图 12-11　单选和多选下拉列表效果

提示　下拉列表可以通过.form-select-lg或.form-select-sm类来修改大小。

12.4.2　为<input>元素设置下拉列表

在Bootstrap 5中，使用datalist标签可以为<input>元素设置下拉列表。

实例 12：为<input>元素设置下拉列表（案例文件：ch12\12.12.html）

```
<div class="container mt-3">
  <form action="">
```

```
    <label for="browser" class="form-label">选择您需要的商品：</label>
    <input class="form-control" list="sites" name="site" id="site">
    <datalist id="sites">
      <option value="洗衣机">
      <option value="冰箱">
      <option value="空调">
      <option value="电视机">
      <option value="电脑">
    </datalist>
    <button type="submit" class="btn btn-primary mt-3">提交</button>
  </form>
</div>
```

程序运行效果如图12-12所示。

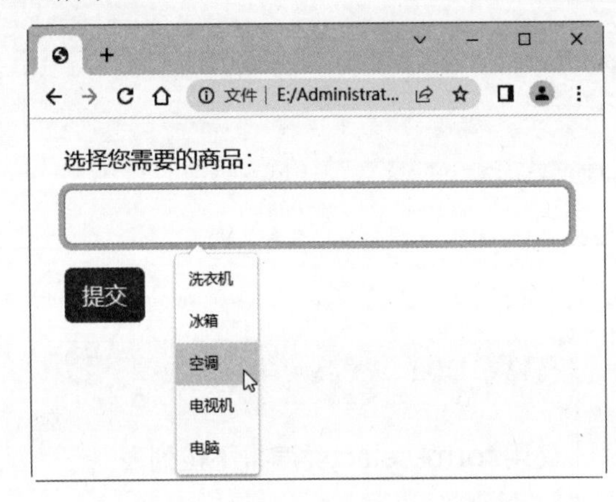

图 12-12　为<input>元素设置下拉列表

12.5　帮 助 文 本

可以使用.form-text类来创建表单中的帮助文本，也可以使用任何内联HTML元素和通用样式（如.text-muted）来设计帮助文本。

实例 13：创建表单中的帮助文本（案例文件：ch12\12.13.html）

```
<h3 align="center">帮助文本</h3>
<form>
    <div class="form-group row">
        <label for="password">密码</label>
        <input type="password" id="password" class="form-control">
        <small class="form-text text-muted">
            密码必须有8-18个字符，包含字母和数字，并且不能包含空格、特殊字符或表情符号。
        </small>
    </div>
</form>
```

程序运行结果如图12-13所示。

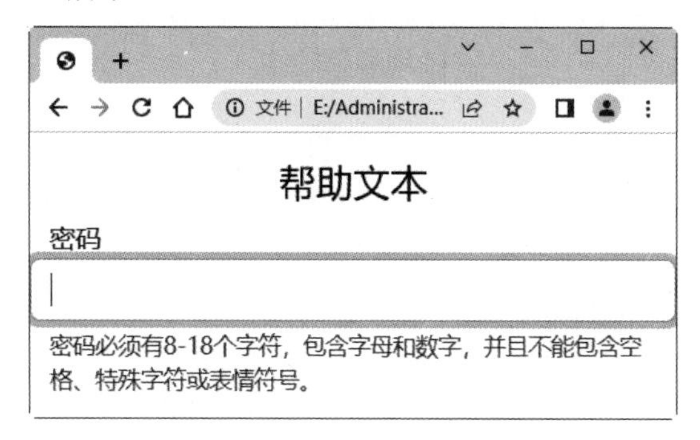

图 12-13　帮助文本效果

12.6 禁用表单

通过在<input>中添加disabled属性就能防止用户操作表单，此时表单背景颜色呈现灰色。

实例 14：禁用表单控件（案例文件：ch12\12.14.html）

```
    <h3 align="center">禁用表单控件</h3>
    <form>
        <fieldset disabled>
            <div class="form-group">
                <label for="testInput">禁用表单</label>
                <input type="text" id="testInput" class="form-control" placeholder="Disabled
input">
            </div>
            <div class="form-group">
                <label for="testSelect">禁用选择菜单</label>
                <select id="testSelect" class="form-control">
                    <option>Disabled select</option>
                </select>
            </div>
            <div class="form-group">
                <div class="form-check">
                    <input class="form-check-input" type="checkbox" id="testCheck" disabled>
                    <label class="form-check-label" for="testCheck">
                        禁用复选框
                    </label>
                </div>
            </div>
            <button type="submit" class="btn btn-primary">提交</button>
        </fieldset>
    </form>
```

程序运行结果如图12-14所示。

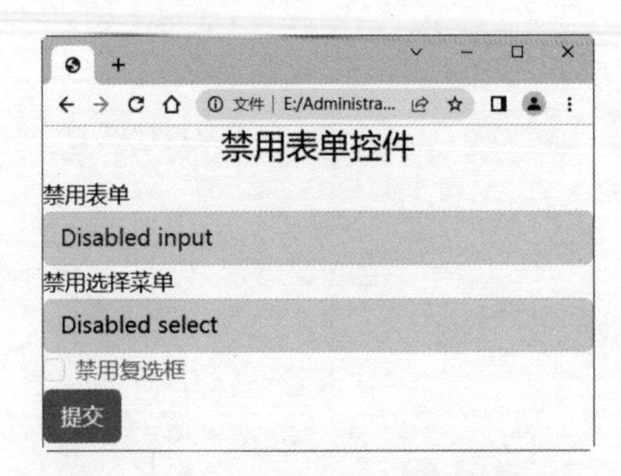

图 12-14　禁用表单控件效果

12.7　浮 动 标 签

默认情况下，标签内容一般显示在input输入框的上方。使用Floating Label（浮动标签）可以在input输入框内插入标签，并在单击input输入框时使标签浮动到input输入框上方。

实例 15：添加浮动标签（案例文件：ch12\12.15.html）

```
<div class="container mt-3">
  <form action="">
    <div class="form-floating mb-3 mt-3">
      <input type="text" class="form-control" id="email" placeholder="输入邮箱" 
name="email">
      <label for="email">输入邮箱</label>
    </div>
    <div class="form-floating mt-3 mb-3">
      <input type="text" class="form-control" id="pwd" placeholder="输入密码" 
name="pswd">
      <label for="pwd">输入密码</label>
    </div>
    <button type="submit" class="btn btn-primary">提交</button>
  </form>
</div>
```

程序运行效果如图12-15所示。

注意 <label>元素必须在<input>元素之后，并且每个<input>元素都需要placeholder属性。

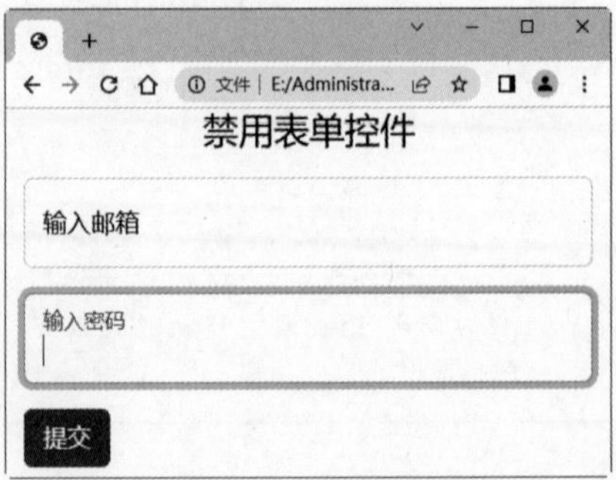

图 12-15　添加浮动标签

12.8　实战案例——设计联系信息页面

本案例使用Bootstrap的表单设计一个联系信息页面，该页面分为两部分：表单用于预留访客，右侧显示网站作者的信息。表单左侧还设计了Bootstrap工具提示效果。在大屏设备（≥992px）中分为1行2列，如图12-16所示。在中屏和小屏设备（<992px）中显示为1行1列，如图12-17所示。

图 12-16　大屏设备上的显示效果

图 12-17　小屏设备上的显示效果

具体实现步骤如下：

01 设计页面主体布局。页面主体区域使用Bootstrap网格系统进行设计，为了适应不同的设备，还添加了响应性的类：

```
<div class="row">
    <div class="col-12 col-lg-8 "></div>
    <div class="col-12 col-lg-4"></div>
</div>
```

02 设计表单。表单使用Bootstrap表单组件来设计；每个表单元素都添加.form-control类，并包含在<div class="form-group">容器中；使用通用样式类.w-75（75%）来设置表单宽度。代码如下：

```
<div class="row border bg-white m-0 px-3 pt-4 pb-5 blog-border">
<div class="col-12 col-lg-8 pb-5">
<h4><i class="fa fa-volume-control-phone me-2"></i><span>你的联系方式</span></h4><hr/>
<form>
<div class="form-group">
    <input type="text" class="form-control w-75" placeholder="姓名">
</div>
<div class="form-group">
    <input type="email" class="form-control w-75" placeholder="邮箱" >
</div>
<div class="form-group">
    <input type="tel" class="form-control w-75" placeholder="手机号" >
</div>
<div class="form-group">
    <textarea class="form-control w-75" rows="5" placeholder="留言板"></textarea>
</div>
<button type="submit" class="btn btn-primary">提交</button>
    </form>
</div>
</div>
```

03 设计联系信息部分。联系信息部分使用Bootstrap中的警告组件进行设计，每个警告框使用<div class="alert">定义，并根据需要添加不同的背景颜色类。代码如下：

```
<div class="col-12 col-lg-4">
    <h4 class="shadow mb-4"><i class="fa fa-phone-square mx-2"></i><span>联系我们
</span></h4>
    <div class="alert alert-primary" role="alert">
        <i class="fa fa-qq me-2"></i>
        <span>625948078</span>
    </div>
    <div class="alert alert-info" role="alert">
        <i class="fa fa-weixin me-2"></i>
        <span>codehome6</span>
    </div>
    <div class="alert alert-success" role="alert">
        <i class="fa fa-mobile fa-2x me-2"></i>
        <span>130XXXXXXXX</span>
    </div>
    <div class="alert alert-danger" role="alert">
        <i class="fa fa-map-marker fa-2x mr-2"></i>
        <span>金色童年儿童乐园</span>
    </div>
</div>
```

第 13 章
综合项目——开发网上商城网站

本章将开发一个网上商城网站，网站开发以使用Bootstrap框架技术为主，利用Bootstrap技术特点来实现响应式的布局，可以在不同分辨率的设备上自适应显示。该网站页面设计简洁、大气，完美地诠释了Bootstrap框架的基本风格特点。

13.1 网站概述

本案例将设计一个复杂的网上购物商城网站，主要设计目标说明如下：

（1）完成复杂的首页头部区域的设计，包括微信、商城名称的显示等。
（2）实现购物商城风格的配色方案。
（3）实现特色展示区的响应式布局。
（4）实现特色展示图片的动画效果。
（5）实现页脚区域的多栏布局效果。

13.1.1 网站结构

本案例主要目录文件说明如下：

（1）css：样式表文件夹，包含Bootstrap框架文件夹和样式表文件。
（2）images：图片素材。
（3）js：JavaScript脚本文件夹，包含main.js文件。
（4）index.html：主页面。

13.1.2　项目效果

本案例包含多个网页，首先打开的是index.html页面。在计算机等宽屏中浏览主页，页面上半部分显示效果如图13-1所示，页面下半部分显示效果如图13-2所示。

图 13-1　页面上半部分显示效果

图 13-2　页面下半部分显示效果

13.1.3　设计准备

建议应用Bootstrap框架的页面为HTML 5文档类型。同时在页面头部区域导入框架的基本样式文件、脚本文件和自定义的CSS样式及JavaScript文件。

```
<!DOCTYPE html>
<html>
```

```
<head>
    <meta charset="utf-8">
    <title>泽慧果蔬商城</title>
    <link href="img/favicon.ico" rel="icon">
    <link href="lib/owlcarousel/assets/owl.carousel.min.css" rel="stylesheet">
    <link href="css/bootstrap.min.css" rel="stylesheet">
    <link href="css/style.css" rel="stylesheet">
    <script src="lib/easing/easing.min.js"></script>
    <script src="lib/waypoints/waypoints.min.js"></script>
    <script src="lib/counterup/counterup.min.js"></script>
    <script src="lib/owlcarousel/owl.carousel.min.js"></script>
    <script src="js/main.js"></script>
</head>
<body>
</body>
</html>
```

13.2 设 计 主 页

在网站开发中，主页的设计和制作将会占据整个制作时间的30%~40%。主页设计是一个网站成功与否的关键，设计的目标是当用户看到主页时就会对整个网站有一个整体的感觉。在本例中，主页主要包括页头、导航条、轮播广告区、功能区、特色展示区和脚注等。

13.2.1 设计网页头部

具体实现步骤如下：

01 构建网页头部的HTML结构，整个结构包含3个区域，区域的布局使用Bootstrap网格系统，代码如下：

```
<div class="row">
    <div class="col-lg-3"></div>
    <div class="col-lg-6 "></div>
    <div class="col-lg-3"></div>
</div>
```

02 应用Bootstrap的样式设计网页头部效果：

```
<div class="container-fluid px-5 d-none d-lg-block">
    <div class="row gx-5 py-3 align-items-center">
        <div class="col-lg-3">
            <div class="d-flex align-items-center justify-content-start">
                <i class="bi bi-phone-vibrate fs-1 text-primary me-2"></i>
                <h2 class="mb-0">微信：codehome6</h2>
            </div>
        </div>
        <div class="col-lg-6">
            <div class="d-flex align-items-center justify-content-center">
```

```
                <a href="index.html" class="navbar-brand ms-lg-5">
                    <h1 class="m-0 display-4 text-primary"><span class="text-secondary">
泽慧</span>果蔬</h1>
                </a>
            </div>
        </div>
        <div class="col-lg-3">
            <div class="d-flex align-items-center justify-content-end">
                <a class="btn btn-primary btn-square rounded-circle me-2" href="#"><i
class="fab fa-twitter"></i></a>
                <a class="btn btn-primary btn-square rounded-circle me-2" href="#"><i
class="fab fa-facebook-f"></i></a>
                <a class="btn btn-primary btn-square rounded-circle me-2" href="#"><i
class="fab fa-linkedin-in"></i></a>
                <a class="btn btn-primary btn-square rounded-circle" href="#"><i
class="fab fa-instagram"></i></a>
            </div>
        </div>
    </div>
</div>
```

网页头部显示效果如图13-3所示。

图 13-3　网页头部显示效果

13.2.2　设计导航条

具体实现步骤如下：

01 应用Bootstrap的样式设计小屏设备下导航条的显示效果，这里通过添加一个按钮来打开导航条内容：

```
    <nav class="navbar navbar-expand-lg bg-primary navbar-dark shadow-sm py-3 py-lg-0
px-3 px-lg-5">
        <a href="index.html" class="navbar-brand d-flex d-lg-none">
            <h1 class="m-0 display-4 text-secondary"><span class="text-white">泽慧</span>
果蔬</h1>
        </a>
        <button class="navbar-toggler" type="button" data-bs-toggle="collapse"
data-bs-target="#navbarCollapse">
            <span class="navbar-toggler-icon"></span>
        </button>
```

02 设计导航条的具体内容。这里在“商城风采”下又嵌套一个子项目，通过单击子项目可以打开网站中的其他页面。

```
        <div class="collapse navbar-collapse" id="navbarCollapse">
            <div class="navbar-nav mx-auto py-0">
                <a href="index.html" class="nav-item nav-link active">主页</a>
```

```
                <a href="about.html" class="nav-item nav-link">关于我们</a>
                <a href="service.html" class="nav-item nav-link">服务</a>
                <a href="product.html" class="nav-item nav-link">产品</a>
                <div class="nav-item dropdown">
                    <a href="#" class="nav-link dropdown-toggle" data-bs-toggle="dropdown">
商城风采</a>
                    <div class="dropdown-menu m-0">
                        <a href="blog.html" class="dropdown-item">博客文章</a>
                        <a href="detail.html" class="dropdown-item">博客详情</a>
                        <a href="feature.html" class="dropdown-item">产品特色</a>
                        <a href="team.html" class="dropdown-item">优秀的团队</a>
                        <a href="testimonial.html" class="dropdown-item">客户评价</a>
                    </div>
                </div>
                <a href="contact.html" class="nav-item nav-link">联系我们</a>
            </div>
        </div>
    </nav>
```

03 设计页面的整体效果，为导航条自定义样式，具体代码如下：

```
.navbar-dark .navbar-nav .nav-link {
    padding: 30px 15px;
    font-size: 16px;
    font-weight: 600;
    color: #FFFFFF;
    text-transform: uppercase;
    transition: .5s;
}
.sticky-top.navbar-dark .navbar-nav .nav-link {
    padding: 20px 15px;
}
.navbar-dark .navbar-nav .nav-link:hover,
.navbar-dark .navbar-nav .nav-link.active {
    background: var(--secondary);
}
```

导航条在小屏设备（<768px）上的显示效果如图13-4所示，在中屏及以上设备（≥768px）上的显示效果如图13-5所示。

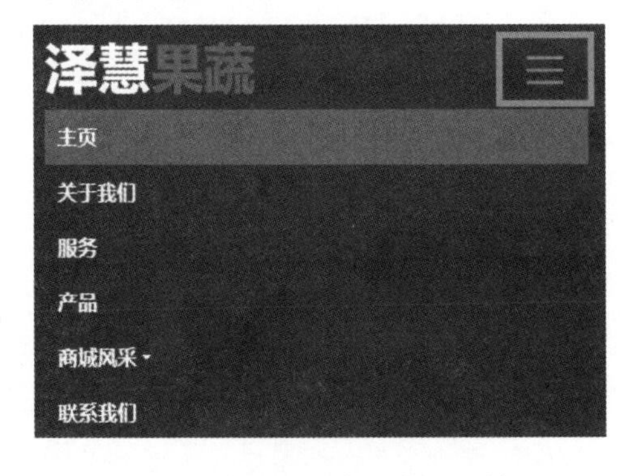

图 13-4　在小屏设备上的显示效果

图 13-5　在中屏及以上设备上的显示效果

13.2.3　设计轮播广告

在Bootstrap框架中，轮播插件的结构比较固定，轮播包含框需要指明ID值和.carousel、.slide类。框内包含3部分组件：轮播指示符（carousel-indicators）、图文内容框（carousel-inner）和左右导航按钮（carousel-control-prev、carousel-control-next）。通过data-bs-target="#header-carousel"属性启动轮播，使用data-bs-slide ="pre"、data-bs-slide ="next"定义交互按钮的行为。具体代码如下：

```
    <div class="container-fluid p-0">
        <div id="header-carousel" class="carousel slide carousel-fade"
data-bs-ride="carousel">
            <div class="carousel-inner">
                <div class="carousel-item active">
                    <img class="w-100" src="img/carousel-1.jpg" alt="Image">
                    <div class="carousel-caption top-0 bottom-0 start-0 end-0 d-flex
flex-column align-items-center justify-content-center">
                        <div class="text-start p-5" style="max-width: 900px;">
                            <h3 class="text-white">有机蔬菜</h3>
                            <h1 class="display-1 text-white mb-md-4">健康生活从有机蔬菜开始!
</h1>
                            <a href="" class="btn btn-primary py-md-3 px-md-5 me-3">有机农
场</a>
                            <a href="" class="btn btn-secondary py-md-3 px-md-5">更多</a>
                        </div>
                    </div>
                </div>
                <div class="carousel-item">
                    <img class="w-100" src="img/carousel-2.jpg" alt="Image">
                    <div class="carousel-caption top-0 bottom-0 start-0 end-0 d-flex
flex-column align-items-center justify-content-center">
                        <div class="text-start p-5" style="max-width: 900px;">
                            <h3 class="text-white">有机水果</h3>
                            <h1 class="display-1 text-white mb-md-4">健康生活从有机蔬菜开始!
</h1>
                            <a href="" class="btn btn-primary py-md-3 px-md-5 me-3">有机农
场</a>
                            <a href="" class="btn btn-secondary py-md-3 px-md-5">更多</a>
                        </div>
                    </div>
                </div>
            </div>
            <button class="carousel-control-prev" type="button"
data-bs-target="#header-carousel"
                data-bs-slide="prev">
                <span class="carousel-control-prev-icon" aria-hidden="true"></span>
                <span class="visually-hidden">上一个</span>
            </button>
            <button class="carousel-control-next" type="button"
data-bs-target="#header-carousel"
                data-bs-slide="next">
                <span class="carousel-control-next-icon" aria-hidden="true"></span>
```

```
                <span class="visually-hidden">下一个</span>
            </button>
        </div>
    </div>
```

设计轮播效果如图13-6所示。

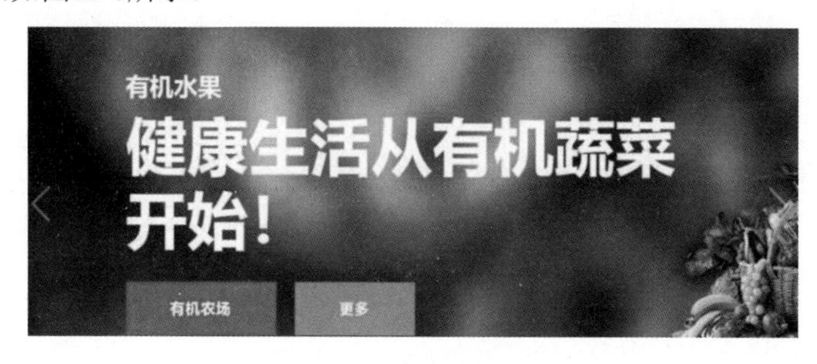

图 13-6　轮播效果

考虑到布局设计，在图文内容框中添加了CSS样式，用来设置图文内容框的最大宽度，以免由于图片过宽而影响整个页面布局：

```
    <div class="text-start p-5" style="max-width: 900px;">
```

13.3.4　设计横幅广告

具体实现步骤如下：

01 构建横幅广告的HTML结构，整个结构包含两个区域，区域的布局使用Bootstrap网格系统，代码如下：

```
    <div class="container">
            <div class="col-md-6">
            <div class="col-md-6">
    </div>
```

02 应用Bootstrap的样式设计横幅广告效果：

```
    <div class="container-fluid banner mb-5">
        <div class="container">
            <div class="row gx-0">
                <div class="col-md-6">
                    <div class="bg-primary bg-vegetable d-flex flex-column
justify-content-center p-5" style="height: 300px;">
                        <h3 class="text-white mb-3">有机蔬菜</h3>
                        <p class="text-white">有机蔬菜，禁止使用任何农药、化肥、生长调节剂等化学物质，
遵循自然规律和生态学原理，采取一系列可持续发展的农业技术，协调种植平衡，维持农业生态系统持续稳定。</p>
                        <a class="text-white fw-bold" href="">更多内容<i class="bi
bi-arrow-right ms-2"></i></a>
                    </div>
                </div>
                <div class="col-md-6">
                    <div class="bg-secondary bg-fruit d-flex flex-column
justify-content-center p-5" style="height: 300px;">
```

```
                    <h3 class="text-white mb-3">有机水果</h3>
                    <p class="text-white">有机水果，禁止使用任何农药、化肥、生长调节剂等化学物质，
遵循自然规律和生态学原理，采取一系列可持续发展的农业技术，协调种植平衡，维持农业生态系统持续稳定。</p>
                    <a class="text-white fw-bold" href="">更多内容<i class="bi
bi-arrow-right ms-2"></i></a>
                </div>
            </div>
        </div>
    </div>
</div>
```

03 设计页面的整体效果，为横幅广告自定义样式，具体代码如下：

```
.bg-vegetable {
    background: linear-gradient(rgba(52, 173, 84, .2), rgba(52, 173, 84, .2)),
url(../img/vegetable.png) bottom right no-repeat;
    background-size: contain;
}
.bg-fruit {
    background: linear-gradient(rgba(255, 153, 51, .2), rgba(255, 153, 51, .2)),
url(../img/fruit.png) bottom right no-repeat;
    background-size: contain;
}
```

横幅广告在中屏及以上设备中的显示效果如图13-7所示，在小屏设备中的显示效果如图13-8所示。

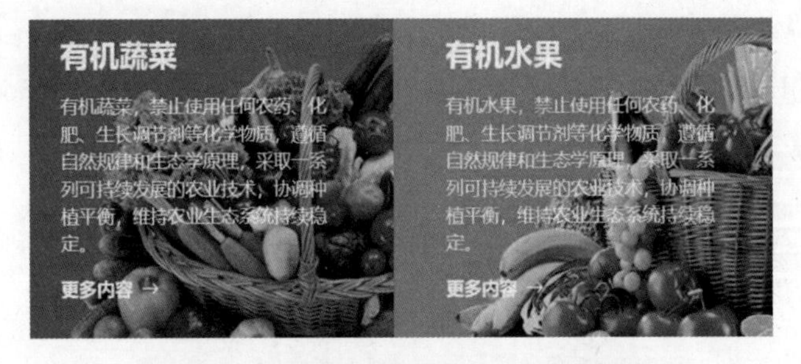

图 13-7 在中屏及以上设备中的显示效果

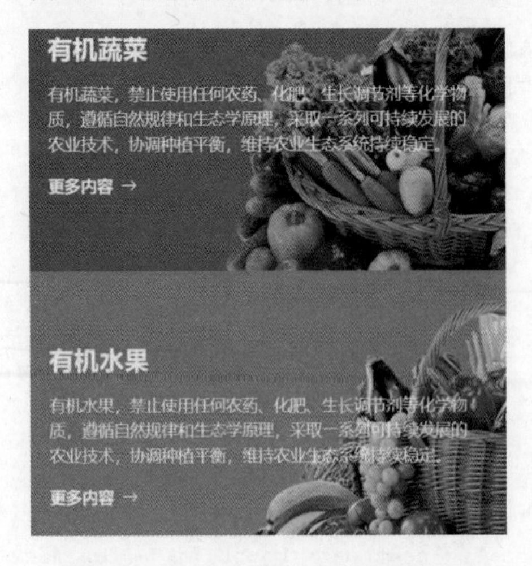

图 13-8 在小屏设备中的显示效果

13.2.5　设计产品介绍

具体实现步骤如下：

01 构建产品介绍的HTML结构，整个结构包含两个区域，区域的布局使用Bootstrap网格系统，代码如下：

```
<div class="mb-5">
      <h3">产品</h3>
      <h1>提供新鲜的有机食品！</h1>
</div>
<div class="px-5">
       <div class="pb-5">
       <div class="pb-5">
       <div class="pb-5">
       <div class="pb-5">
       <div class="pb-5">
       <div class="pb-5">
</div>
```

02 应用Bootstrap的样式设计产品介绍页面效果：

```
<div class="container-fluid py-5">
        <div class="container">
            <div class="mx-auto text-center mb-5" style="max-width: 500px;">
                <h3 class="text-primary text-uppercase">产品</h3>
                <h1 class="display-5">提供新鲜的有机食品！</h1>
            </div>
            <div class="owl-carousel product-carousel px-5">
                <div class="pb-5">
                    <div class="product-item position-relative bg-white d-flex flex-column
text-center">
                        <img class="img-fluid mb-4" src="img/product-1.png" alt="">
                        <h5 class="mb-3">有机蔬菜套餐1</h5>
                        <h5 class="text-primary mb-0">¥36.00</h5>
                        <div class="btn-action d-flex justify-content-center">
                            <a class="btn bg-primary py-2 px-3" href=""><i class="bi bi-cart
text-white"></i></a>
                            <a class="btn bg-secondary py-2 px-3" href=""><i class="bi
bi-eye text-white"></i></a>
                        </div>
                    </div>
                </div>
                <div class="pb-5">
                    <div class="product-item position-relative bg-white d-flex flex-column
text-center">
                        <img class="img-fluid mb-4" src="img/product-2.png" alt="">
                        <h5 class="mb-3">有机蔬菜套餐2</h5>
                        <h5 class="text-primary mb-0">$28.00</h5>
                        <div class="btn-action d-flex justify-content-center">
                            <a class="btn bg-primary py-2 px-3" href=""><i class="bi bi-cart
text-white"></i></a>
```

```
                    <a class="btn bg-secondary py-2 px-3" href=""><i class="bi
bi-eye text-white"></i></a>
                </div>
            </div>
        </div>
        <div class="pb-5">
            <div class="product-item position-relative bg-white d-flex flex-column
text-center">
                <img class="img-fluid mb-4" src="img/product-1.png" alt="">
                <h5 class="mb-3">有机蔬菜套餐3</h5>
                <h5 class="text-primary mb-0">¥38.00</h5>
                <div class="btn-action d-flex justify-content-center">
                    <a class="btn bg-primary py-2 px-3" href=""><i class="bi bi-cart
text-white"></i></a>
                    <a class="btn bg-secondary py-2 px-3" href=""><i class="bi
bi-eye text-white"></i></a>
                </div>
            </div>
        </div>
        <div class="pb-5">
            <div class="product-item position-relative bg-white d-flex flex-column
text-center">
                <img class="img-fluid mb-4" src="img/product-2.png" alt="">
                <h5 class="mb-3">有机蔬菜套餐4</h5>
                <h5 class="text-primary mb-0">¥18.00</h5>
                <div class="btn-action d-flex justify-content-center">
                    <a class="btn bg-primary py-2 px-3" href=""><i class="bi bi-cart
text-white"></i></a>
                    <a class="btn bg-secondary py-2 px-3" href=""><i class="bi
bi-eye text-white"></i></a>
                </div>
            </div>
        </div>
        <div class="pb-5">
            <div class="product-item position-relative bg-white d-flex flex-column
text-center">
                <img class="img-fluid mb-4" src="img/product-1.png" alt="">
                <h5 class="mb-3">有机蔬菜套餐5</h5>
                <h5 class="text-primary mb-0">¥88.00</h5>
                <div class="btn-action d-flex justify-content-center">
                    <a class="btn bg-primary py-2 px-3" href=""><i class="bi bi-cart
text-white"></i></a>
                    <a class="btn bg-secondary py-2 px-3" href=""><i class="bi
bi-eye text-white"></i></a>
                </div>
            </div>
        </div>
      </div>
    </div>
</div>
```

03 设计页面的整体效果，为产品介绍页面自定义样式，具体代码如下：

```
    .product-item {
       padding: 0 30px 30px 30px;
    }
    .product-item .btn-action {
       position: absolute;
       width: 100%;
       bottom: -40px;
       left: 0;
       opacity: 0;
       transition: .5s;
    }
    .product-item:hover .btn-action {
       bottom: 0;
       opacity: 1;
    }
    .product-item h5 {
       transition: .5s;
    }
    .product-item:hover h5 {
       opacity: 0;
    }
    .product-carousel::after {
       position: absolute;
       content: "";
       width: 100%;
       height: 55%;
       bottom: 0;
       left: 0;
       background: url(../img/bg-product-1.png) left bottom no-repeat,
url(../img/bg-product-2.png) right bottom no-repeat;
       background-size: contain;
       background-color: var(--primary);
       z-index: -1;
    }
    .product-carousel .owl-nav {
       width: 100%;
       text-align: center;
       display: flex;
       justify-content: center;
    }
    .product-carousel .owl-nav .owl-prev,
    .product-carousel .owl-nav .owl-next{
       position: relative;
       width: 55px;
       height: 45px;
       display: flex;
       align-items: center;
       justify-content: center;
       color: var(--primary);
```

```
    background: #FFFFFF;
    font-size: 22px;
    transition: .5s;
}
.product-carousel .owl-nav .owl-prev:hover,
.product-carousel .owl-nav .owl-next:hover {
    color: var(--secondary);
}
```

运行程序，产品介绍效果如图13-9所示。

图 13-9　产品介绍效果

13.2.6　设计特色展示

01 使用网格系统设计布局，并添加响应类。在中屏及以上设备（≥768px）上显示为1行3列；在小屏设备（<768px）上显示为1行1列。

```
<div class="row g-5">
    <div class="col-lg-3">
    <div class="col-lg-6">
    <div class="col-lg-3">
</div>
```

02 设计特色展示区域中的图片与文字信息，代码如下：

```
<div class="container-fluid bg-primary feature py-5 pb-lg-0 my-5">
        <div class="container py-5 pb-lg-0">
            <div class="mx-auto text-center mb-3 pb-2" style="max-width: 500px;">
                <h3 class="text-uppercase text-secondary">特色</h3>
                <h1 class="display-5 text-white">选择我们的原因!</h1>
            </div>
            <div class="row g-5">
                <div class="col-lg-3">
                    <div class="text-white mb-5">
```

```
                    <div class="bg-secondary rounded-pill d-flex align-items-center
justify-content-center mb-3" style="width: 60px; height: 60px;">
                        <i class="fa fa-seedling fs-4 text-white"></i>
                    </div>
                    <h4 class="text-white">100% 有机</h4>
                    <p class="mb-0">有机食品的介绍内容！</p>
                </div>
                <div class="text-white">
                    <div class="bg-secondary rounded-pill d-flex align-items-center
justify-content-center mb-3" style="width: 60px; height: 60px;">
                        <i class="fa fa-award fs-4 text-white"></i>
                    </div>
                    <h4 class="text-white">获奖情况</h4>
                    <p class="mb-0">有机食品获奖情况的介绍内容！</p>
                </div>
            </div>
            <div class="col-lg-6">
                <div class="d-block bg-white h-100 text-center p-5 pb-lg-0">
                    <h4>详细介绍有机食品的优势！</h4>
                    <img class="img-fluid" src="img/feature.png" alt="">
                </div>
            </div>
            <div class="col-lg-3">
                <div class="text-white mb-5">
                    <div class="bg-secondary rounded-pill d-flex align-items-center
justify-content-center mb-3" style="width: 60px; height: 60px;">
                        <i class="fa fa-tractor fs-4 text-white"></i>
                    </div>
                    <h4 class="text-white">现代农业</h4>
                    <p class="mb-0">现代农业的介绍内容！</p>
                </div>
                <div class="text-white">
                    <div class="bg-secondary rounded-pill d-flex align-items-center
justify-content-center mb-3" style="width: 60px; height: 60px;">
                        <i class="fa fa-phone-alt fs-4 text-white"></i>
                    </div>
                    <h4 class="text-white">24小时客服支持</h4>
                    <p class="mb-0">24小时客服支持的内容介绍！</p>
                </div>
            </div>
        </div>
    </div>
</div>
```

运行程序，在中屏及以上设备(≥768px)上显示为1行3列，如图13-10所示。在小屏设备(<768px)上显示为1行1列，如图13-11所示。

图 13-10　中屏及以上设备的显示效果

图 13-11　小屏设备的显示效果

13.2.7　设计主页底部

页面的脚注由两部分构成：第一部分分为联系我们、主页导航、热门博客文章和加入会员4个区域，第二部分是版权信息。

具体实现步骤如下：

01 使用网格系统设计布局，并添加响应类：

```
<div class="row gx-5">
        <div class="col-lg-4 col-md-12 pt-5 mb-5">
        <div class="col-lg-4 col-md-12 pt-0 pt-lg-5 mb-5">
        <div class="col-lg-4 col-md-12 pt-0 pt-lg-5 mb-5">
        <div class="col-lg-4 col-md-6 mt-lg-n5">
</div>
```

02 应用Bootstrap的样式设计主页底部效果：

```
    <div class="container-fluid bg-footer bg-primary text-white mt-5">
        <div class="container">
            <div class="row gx-5">
                <div class="col-lg-8 col-md-6">
                    <div class="row gx-5">
                        <div class="col-lg-4 col-md-12 pt-5 mb-5">
                            <h4 class="text-white mb-4">联系我们</h4>
                            <div class="d-flex mb-2">
                                <i class="bi bi-geo-alt text-white me-2"></i>
                                <p class="text-white mb-0">微信：codehome6</p>
                            </div>
                            <div class="d-flex mb-2">
                                <i class="bi bi-envelope-open text-white me-2"></i>
                                <p class="text-white mb-0">357975357@qq.com</p>
                            </div>
                            <div class="d-flex mt-4">
                                <a class="btn btn-secondary btn-square rounded-circle me-2"
href="#"><i class="fab fa-twitter"></i></a>
                                <a class="btn btn-secondary btn-square rounded-circle me-2"
href="#"><i class="fab fa-facebook-f"></i></a>
                                <a class="btn btn-secondary btn-square rounded-circle me-2"
href="#"><i class="fab fa-linkedin-in"></i></a>
                                <a class="btn btn-secondary btn-square rounded-circle"
href="#"><i class="fab fa-instagram"></i></a>
                            </div>
                        </div>
                        <div class="col-lg-4 col-md-12 pt-0 pt-lg-5 mb-5">
                            <h4 class="text-white mb-4">主页导航</h4>
                            <div class="d-flex flex-column justify-content-start">
                                <a class="text-white mb-2" href="#"><i class="bi
bi-arrow-right text-white me-2"></i>主页</a>
                                <a class="text-white mb-2" href="#"><i class="bi
bi-arrow-right text-white me-2"></i>关于我们</a>
                                <a class="text-white mb-2" href="#"><i class="bi
bi-arrow-right text-white me-2"></i>服务</a>
                                <a class="text-white mb-2" href="#"><i class="bi
bi-arrow-right text-white me-2"></i>认识团队</a>
                                <a class="text-white mb-2" href="#"><i class="bi
bi-arrow-right text-white me-2"></i>最新博客</a>
                                <a class="text-white" href="#"><i class="bi bi-arrow-right
text-white me-2"></i>联系我们</a>
                            </div>
                        </div>
                        <div class="col-lg-4 col-md-12 pt-0 pt-lg-5 mb-5">
                            <h4 class="text-white mb-4">热门博客文章</h4>
                            <div class="d-flex flex-column justify-content-start">
                                <a class="text-white mb-2" href="#"><i class="bi
bi-arrow-right text-white me-2"></i>博客文章1</a>
```

```
                    <a class="text-white mb-2" href="#"><i class="bi
bi-arrow-right text-white me-2"></i>博客文章2</a>
                    <a class="text-white mb-2" href="#"><i class="bi
bi-arrow-right text-white me-2"></i>博客文章3</a>
                    <a class="text-white mb-2" href="#"><i class="bi
bi-arrow-right text-white me-2"></i>博客文章4</a>
                    <a class="text-white mb-2" href="#"><i class="bi
bi-arrow-right text-white me-2"></i>博客文章5</a>
                    <a class="text-white" href="#"><i class="bi bi-arrow-right
text-white me-2"></i>博客文章6</a>
                  </div>
                </div>
              </div>
            </div>
            <div class="col-lg-4 col-md-6 mt-lg-n5">
              <div class="d-flex flex-column align-items-center
justify-content-center text-center h-100 bg-secondary p-5">
                <h4 class="text-white">加入会员</h4>
                <h6 class="text-white">加入我们的会员吧！</h6>
                <p>会员的详细介绍！</p>
                <form action="">
                  <div class="input-group">
                    <input type="text" class="form-control border-white p-3"
placeholder="您的邮箱">
                    <button class="btn btn-primary">加入</button>
                  </div>
                </form>
              </div>
            </div>
          </div>
        </div>
    </div>
```

03 应用Bootstrap的样式设计主页脚注效果：

```
    <div class="container-fluid bg-dark text-white py-4">
        <div class="container text-center">
          <p class="mb-0">&copy; <a class="text-secondary fw-bold" href="#">泽慧果蔬商
城</a>. All Rights Reserved. Designed by <a class="text-secondary fw-bold" >泽慧果蔬</a></p>
        </div>
    </div>
```

04 设计页面的整体效果，为主页底部自定义样式，具体代码如下：

```
    .bg-footer {
        background: linear-gradient(rgba(52, 173, 84, .7), rgba(52, 173, 84, .7)),
url(../img/footer.png) center bottom no-repeat;
        background-size: contain;
    }
```

运行程序，主页底部效果如图13-12所示。

图 13-12　主页底部

13.3　设计其他页面

一个完整的网站，除了主页外，还包含其他页面。本实例的其他页面包括“关于我们”“服务介绍”“联系我们”“团队介绍”等页面。

13.3.1　“关于我们”页面

“关于我们”页面的内容主要分为两个部分，采用左右布局样式，左侧是图片，右侧是文字介绍，具体实现步骤如下：

01 设计左侧的图片，代码如下：

```
<div class="container-fluid about pt-5">
        <div class="container">
            <div class="row gx-5">
                <div class="col-lg-6 mb-5 mb-lg-0">
                    <div class="d-flex h-100 border border-5 border-primary
border-bottom-0 pt-4">
                        <img class="img-fluid mt-auto mx-auto" src="img/about.png">
                    </div>
                </div>
```

02 设计左侧的文字信息，代码如下：

```
<div class="col-lg-6 pb-5">
                    <div class="mb-3 pb-2">
                        <h4 class="text-primary text-uppercase">关于我们</h4>
                        <h1 class="display-5">我们为您的家人生产有机食品！</h1>
                    </div>
                    <h5 class="mb-4">本商城的食品全部是有机食品！</h5>
                    <div class="row gx-5 gy-4">
                        <div class="col-sm-6">
                            <i class="fa fa-seedling display-1 text-secondary"></i>
```

```
                    <h4>100% 有机</h4>
                    <h5 class="mb-0">本商城的食品百分百为有机食品！</h5>
                </div>
                <div class="col-sm-6">
                    <i class="fa fa-award display-1 text-secondary"></i>
                    <h4>有机食品证书</h4>
                    <h5 class="mb-0">本商城的食品经过有机食品认证机构鉴定认证，并获得有机
食品证书！</h5>
                </div>
            </div>
    </div>
```

运行程序，在中屏及以上设备（≥768px）上显示为1行2列，如图13-13所示；在小屏设备（<768px）上显示为1行1列，如图13-14所示。

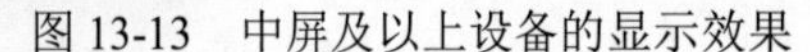

图 13-13　中屏及以上设备的显示效果

图 13-14　小屏设备的显示效果

在“关于我们”页面的下方还有发展现状内容，代码如下：

```
    <div class="container-fluid bg-primary facts py-5 mb-5">
            <div class="container py-5">
                <div class="row gx-5 gy-4">
                    <div class="col-lg-3 col-md-6">
                        <div class="d-flex">
                            <div class="bg-secondary rounded-circle d-flex align-items-center
justify-content-center mb-3" style="width: 60px; height: 60px;">
                                <i class="fa fa-star fs-4 text-white"></i>
                            </div>
                            <div class="ps-4">
                                <h5 class="text-white">我们的企业</h5>
```

```
                        <h1 class="display-5 text-white mb-0"
data-toggle="counter-up">866</h1>
                     </div>
                  </div>
               </div>
               <div class="col-lg-3 col-md-6">
                  <div class="d-flex">
                     <div class="bg-secondary rounded-circle d-flex align-items-center
justify-content-center mb-3" style="width: 60px; height: 60px;">
                        <i class="fa fa-users fs-4 text-white"></i>
                     </div>
                     <div class="ps-4">
                        <h5 class="text-white">农场专家</h5>
                        <h1 class="display-5 text-white mb-0"
data-toggle="counter-up">86</h1>
                     </div>
                  </div>
               </div>
               <div class="col-lg-3 col-md-6">
                  <div class="d-flex">
                     <div class="bg-secondary rounded-circle d-flex align-items-center
justify-content-center mb-3" style="width: 60px; height: 60px;">
                        <i class="fa fa-check fs-4 text-white"></i>
                     </div>
                     <div class="ps-4">
                        <h5 class="text-white">我们的项目</h5>
                        <h1 class="display-5 text-white mb-0"
data-toggle="counter-up">168</h1>
                     </div>
                  </div>
               </div>
               <div class="col-lg-3 col-md-6">
                  <div class="d-flex">
                     <div class="bg-secondary rounded-circle d-flex align-items-center
justify-content-center mb-3" style="width: 60px; height: 60px;">
                        <i class="fa fa-mug-hot fs-4 text-white"></i>
                     </div>
                     <div class="ps-4">
                        <h5 class="text-white">客户反馈</h5>
                        <h1 class="display-5 text-white mb-0"
data-toggle="counter-up">8668</h1>
                     </div>
                  </div>
               </div>
            </div>
         </div>
   </div>
   <!-- 发展现状结束 -->
```

运行程序，发展现状效果如图13-15所示。

图 13-15　发展现状效果

13.3.2　“服务介绍”页面

在主页中单击“服务”菜单项，即可进入服务介绍页面。服务介绍页面的实现步骤如下：

01 构建服务介绍页面的HTML结构，整个结构包含6个区域，区域的布局使用Bootstrap网格系统，代码如下：

```
<div class="row g-5">
   <div class="col-lg-4 col-md-6">
   <div class="col-lg-4 col-md-6">
   <div class="col-lg-4 col-md-6">
   <div class="col-lg-4 col-md-6">
   <div class="col-lg-4 col-md-6">
   <div class="col-lg-4 col-md-6">
</div>
```

02 应用Bootstrap的样式设计服务介绍页面效果：

```
<div class="container-fluid py-5">
      <div class="container">
         <div class="row g-5">
            <div class="col-lg-4 col-md-6">
               <div class="mb-3">
                  <h4 class="text-primary text-uppercase">服务</h4>
                  <h1 class="display-5">商城提供的服务</h1>
               </div>
               <h4 class="mb-4">商城提供的服务介绍内容！</h4>
               <a href="" class="btn btn-primary py-md-3 px-md-5">联系我们</a>
            </div>
            <div class="col-lg-4 col-md-6">
               <div class="service-item bg-light text-center p-5">
                  <i class="fa fa-carrot display-1 text-primary mb-3"></i>
                  <h4>有机蔬菜</h4>
                  <h5 class="mb-0">有机蔬菜的介绍内容！</h5>
               </div>
            </div>
            <div class="col-lg-4 col-md-6">
               <div class="service-item bg-light text-center p-5">
                  <i class="fa fa-apple-alt display-1 text-primary mb-3"></i>
                  <h4>有机水果</h4>
                  <h5 class="mb-0">有机水果的介绍内容！</h5>
               </div>
            </div>
            <div class="col-lg-4 col-md-6">
               <div class="service-item bg-light text-center p-5">
```

```
                <i class="fa fa-dog display-1 text-primary mb-3"></i>
                <h4>健康食品</h4>
                <h5 class="mb-0">健康食品的介绍内容！</h5>
            </div>
        </div>
        <div class="col-lg-4 col-md-6">
            <div class="service-item bg-light text-center p-5">
                <i class="fa fa-tractor display-1 text-primary mb-3"></i>
                <h4>农场耕种</h4>
                <h5 class="mb-0">农场耕种的介绍内容！</h5>
            </div>
        </div>
        <div class="col-lg-4 col-md-6">
            <div class="service-item bg-light text-center p-5">
                <i class="fa fa-seedling display-1 text-primary mb-3"></i>
                <h4>农业前景</h4>
                <h5 class="mb-0">农业前景的介绍内容！</h5>
            </div>
        </div>
    </div>
  </div>
</div>
```

03 设计页面的整体效果，为服务介绍页面自定义样式，具体代码如下：

```
.service-item {
   box-shadow: 0 0 45px #EDEDED;
   transition: .5s;
}
.about i,
.service-item i {
   background-image: linear-gradient(var(--primary), var(--secondary));
   -webkit-background-clip: text;
   -webkit-text-fill-color: transparent;
   transition: .5s;
}
.service-item:hover {
   color: var(--light);
   background: var(--primary) !important;
}
.service-item:hover i {
   background-image: linear-gradient(var(--light), var(--secondary));
}
.service-item:hover h4 {
   transition: .5s;
}
.service-item:hover h4 {
   color: var(--light);
}
```

运行程序，服务介绍页面的效果如图13-16所示。

图 13-16　服务介绍页面效果

13.3.3　“联系我们”页面

“联系我们”页面包括提交用户信息的表单以及含有企业联系方式两块内容。

01　“联系我们”页面中的提交用户信息是使用Bootstrap表单组件进行设计的，代码如下：

```
<div class="container-fluid py-5">
      <div class="container">
         <div class="mx-auto text-center mb-5" style="max-width: 500px;">
            <h4 class="text-primary text-uppercase">联系我们</h4>
            <h1 class="display-5">请联系我们哦！</h1>
         </div>
         <div class="row g-0">
            <div class="col-lg-7">
               <div class="bg-primary h-100 p-5">
                  <form>
                     <div class="row g-3">
                        <div class="col-6">
                           <input type="text" class="form-control bg-light border-0
px-4" placeholder="您的姓名" style="height: 55px;">
                        </div>
                        <div class="col-6">
                           <input type="email" class="form-control bg-light
border-0 px-4" placeholder="您的邮箱" style="height: 55px;">
                        </div>
                        <div class="col-12">
                           <input type="text" class="form-control bg-light border-0
px-4" placeholder="标题" style="height: 55px;">
                        </div>
                        <div class="col-12">
                           <textarea class="form-control bg-light border-0 px-4
py-3" rows="2" placeholder="内容"></textarea>
                        </div>
                        <div class="col-12">
```

```
                    <button class="btn btn-secondary w-100 py-3"
type="submit">发送消息</button>
                  </div>
                </div>
              </form>
            </div>
          </div>
```

02 “联系我们”页面中的企业信息代码如下：

```
          <div class="col-lg-5">
            <div class="bg-secondary h-100 p-5">
              <h2 class="text-white mb-4">保持联系</h2>
              <div class="d-flex mb-4">
                <div class="bg-primary rounded-circle d-flex align-items-center
justify-content-center" style="width: 60px; height: 60px;">
                  <i class="bi bi-geo-alt fs-4 text-white"></i>
                </div>
                <div class="ps-3">
                  <h5 class="text-white">邮箱</h5>
                  <span class="text-white">357975357@qq.com</span>
                </div>
              </div>
              <div class="d-flex mb-4">
                <div class="bg-primary rounded-circle d-flex align-items-center
justify-content-center" style="width: 60px; height: 60px;">
                  <i class="bi bi-envelope-open fs-4 text-white"></i>
                </div>
                <div class="ps-3">
                  <h5 class="text-white">微信公众号</h5>
                  <span class="text-white">zhihui8home</span>
                </div>
              </div>
              <div class="d-flex">
                <div class="bg-primary rounded-circle d-flex align-items-center
justify-content-center" style="width: 60px; height: 60px;">
                  <i class="bi bi-phone-vibrate fs-4 text-white"></i>
                </div>
                <div class="ps-3">
                  <h5 class="text-white">微信</h5>
                  <span class="text-white">cohehome6</span>
                </div>
              </div>
            </div>
          </div>
        </div>
      </div>
    </div>
```

运行程序，“联系我们”页面的效果如图13-17所示。

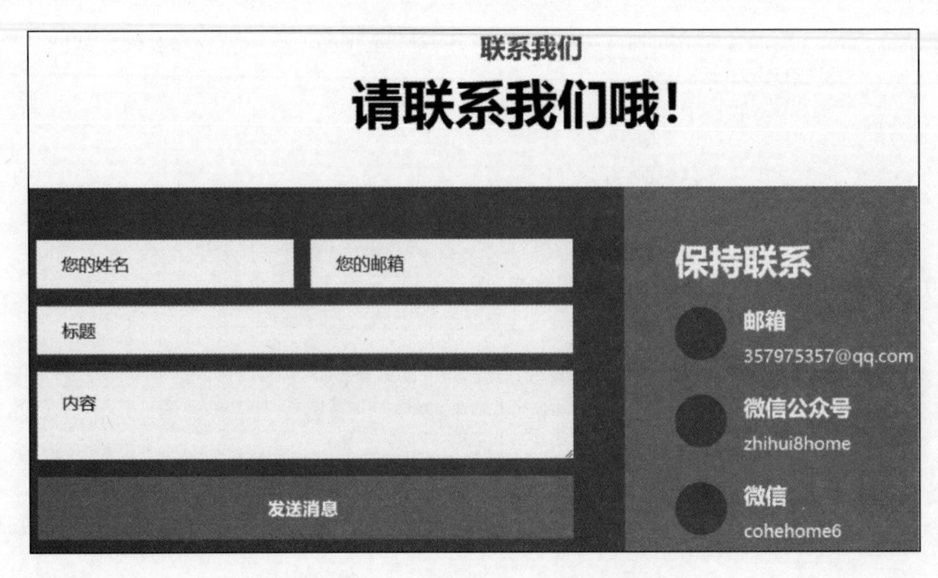

图 13-17 “联系我们”页面的效果

13.3.4 “客户评价”页面

01 本实例的客户评价页面比较简单，使用了Bootstrap中的轮播插件，代码如下：

```
<div class="container-fluid bg-testimonial py-5 my-5">
        <div class="container py-5">
            <div class="row justify-content-center">
                <div class="col-lg-7">
                    <div class="owl-carousel testimonial-carousel p-5">
                        <div class="testimonial-item text-center text-white">
                            <img class="img-fluid mx-auto p-2 border border-5
border-secondary rounded-circle mb-4" src="img/testimonial-2.jpg" alt="">
                            <p class="fs-5">客户评价的具体内容！</p>
                            <hr class="mx-auto w-25">
                            <h4 class="text-white mb-0">客户小明</h4>
                        </div>
                        <div class="testimonial-item text-center text-white">
                            <img class="img-fluid mx-auto p-2 border border-5
border-secondary rounded-circle mb-4" src="img/testimonial-2.jpg" alt="">
                            <p class="fs-5">客户评价的具体内容！</p>
                            <hr class="mx-auto w-25">
                            <h4 class="text-white mb-0">客户小兰</h4>
                        </div>
                    </div>
                </div>
            </div>
        </div>
</div>
```

02 设计页面的整体效果，为客户评价页面自定义样式，具体代码如下：

```
.bg-testimonial {
    background: url(../img/testimonial.jpg) top center no-repeat;
```

```
    background-size: cover;
}
.testimonial-carousel {
    background: rgba(52, 173, 84, .7);
}
.testimonial-carousel .owl-nav {
    position: absolute;
    width: calc(100% + 46px);
    height: 46px;
    top: calc(50% - 23px);
    left: -23px;
    display: flex;
    justify-content: space-between;
    z-index: 1;
}
.testimonial-carousel .owl-nav .owl-prev,
.testimonial-carousel .owl-nav .owl-next {
    position: relative;
    width: 46px;
    height: 46px;
    display: flex;
    align-items: center;
    justify-content: center;
    color: var(--primary);
    background: #FFFFFF;
    font-size: 22px;
    transition: .5s;
}
.testimonial-carousel .owl-nav .owl-prev:hover,
.testimonial-carousel .owl-nav .owl-next:hover {
    color: var(--secondary);
}
.testimonial-carousel .owl-item img {
    width: 120px;
    height: 120px;
}
```

运行程序，“客户评价”页面的效果如图13-18所示。

图 13-18　“客户评价”页面的效果

13.3.5　“团队介绍”页面

01 构建团队介绍的HTML结构，整个结构包含3个区域，区域的布局使用Bootstrap网格系统，代码如下：

```
<div class="row g-5">
    <div class="col-lg-4 col-md-6">
    <div class="col-lg-4 col-md-6">
    <div class="col-lg-4 col-md-6">
</div>
```

02 应用Bootstrap的样式设计团队介绍页面效果：

```
<div class="container-fluid py-5">
        <div class="container">
            <div class="mx-auto text-center mb-5" style="max-width: 500px;">
                <h6 class="text-primary text-uppercase">我们的团队</h6>
                <h1 class="display-5">我们是专业的有机农夫！</h1>
            </div>
            <div class="row g-5">
                <div class="col-lg-4 col-md-6">
                    <div class="row g-0">
                        <div class="col-10">
                            <div class="position-relative">
                                <img class="img-fluid w-100" src="img/team-1.jpg" alt="">
                                <div class="position-absolute start-0 bottom-0 w-100 py-3
px-4" style="background: rgba(52, 173, 84, .85);">
                                    <h4 class="text-white">张明</h4>
                                    <span class="text-white">详细介绍</span>
                                </div>
                            </div>
                        </div>
                        <div class="col-2">
                            <div class="h-100 d-flex flex-column align-items-center
justify-content-around bg-secondary py-5">
                                <a class="btn btn-square rounded-circle bg-white"
href="#"><i class="fab fa-twitter text-secondary"></i></a>
                                <a class="btn btn-square rounded-circle bg-white"
href="#"><i class="fab fa-facebook-f text-secondary"></i></a>
                                <a class="btn btn-square rounded-circle bg-white"
href="#"><i class="fab fa-linkedin-in text-secondary"></i></a>
                                <a class="btn btn-square rounded-circle bg-white"
href="#"><i class="fab fa-instagram text-secondary"></i></a>
                            </div>
                        </div>
                    </div>
                </div>
                <div class="col-lg-4 col-md-6">
                    <div class="row g-0">
                        <div class="col-10">
                            <div class="position-relative">
```

```
                        <img class="img-fluid w-100" src="img/team-2.jpg" alt="">
                        <div class="position-absolute start-0 bottom-0 w-100 py-3
px-4" style="background: rgba(52, 173, 84, .85);">
                            <h4 class="text-white">夏敏</h4>
                            <span class="text-white">详细介绍</span>
                        </div>
                    </div>
                </div>
                <div class="col-2">
                    <div class="h-100 d-flex flex-column align-items-center
justify-content-around bg-secondary py-5">
                        <a class="btn btn-square rounded-circle bg-white"
href="#"><i class="fab fa-twitter text-secondary"></i></a>
                        <a class="btn btn-square rounded-circle bg-white"
href="#"><i class="fab fa-facebook-f text-secondary"></i></a>
                        <a class="btn btn-square rounded-circle bg-white"
href="#"><i class="fab fa-linkedin-in text-secondary"></i></a>
                        <a class="btn btn-square rounded-circle bg-white"
href="#"><i class="fab fa-instagram text-secondary"></i></a>
                    </div>
                </div>
            </div>
        </div>
        <div class="col-lg-4 col-md-6">
            <div class="row g-0">
                <div class="col-10">
                    <div class="position-relative">
                        <img class="img-fluid w-100" src="img/team-3.jpg" alt="">
                        <div class="position-absolute start-0 bottom-0 w-100 py-3
px-4" style="background: rgba(52, 173, 84, .85);">
                            <h4 class="text-white">华龙</h4>
                            <span class="text-white">详细介绍</span>
                        </div>
                    </div>
                </div>
                <div class="col-2">
                    <div class="h-100 d-flex flex-column align-items-center
justify-content-around bg-secondary py-5">
                        <a class="btn btn-square rounded-circle bg-white"
href="#"><i class="fab fa-twitter text-secondary"></i></a>
                        <a class="btn btn-square rounded-circle bg-white"
href="#"><i class="fab fa-facebook-f text-secondary"></i></a>
                        <a class="btn btn-square rounded-circle bg-white"
href="#"><i class="fab fa-linkedin-in text-secondary"></i></a>
                        <a class="btn btn-square rounded-circle bg-white"
href="#"><i class="fab fa-instagram text-secondary"></i></a>
                    </div>
                </div>
            </div>
        </div>
```

```
            </div>
        </div>
</div>
```

运行程序，团队介绍页面的效果如图13-19所示。

图 13-19　团队介绍页面的效果